Elektronik

Springer

Berlin
Heidelberg
New York
Barcelona
Budapest
Hongkong
London
Mailand
Paris
Santa Clara
Singapur
Tokio

Hermann Hinsch

Elektronik

Ein Werkzeug
für Naturwissenschaftler

Mit 232 Abbildungen

 Springer

Dr. Hermann Hinsch
Institut für Angewandte Physik
Universität Heidelberg
Albert-Überle-Straße 3–5
D-69120 Heidelberg
Deutschland

e-mail: e19@urz.uni-heidelberg.de

Die Deutsche Bibliothek – CIP-Einheitsaufnahme

Hinsch, Hermann:
Elektronik : ein Werkzeug für Naturwissenschaftler / Hermann Hinsch. – Berlin ;
Heidelberg ; New York ; Barcelona ; Budapest ; Hongkong ; Mailand ; Paris ;
Santa Clara ; Singapur; Tokio : Springer, 1996
ISBN 3-540-61360-9

ISBN 3-540-61360-9 Springer-Verlag Berlin Heidelberg New York

Satz: Reproduktionsfertige Vorlage vom Autor mit Springer T$_E$X-Makro
Einbandgestaltung: Design & Production, Heidelberg
Hersteller: P. Treiber, Heidelberg
SPIN: 10540989   55/3144 - 5 4 3 2 1 0 – Gedruckt auf säurefreiem Papier

Vorwort

Die Elektronik ist in der modernen Experimentier- und Meßtechnik zu einem unentbehrlichen Werkzeug geworden. Für den richtigen und sinnvollen Einsatz der elektronischen Hilfsmittel ist eine wichtige Voraussetzung erforderlich: eine gute Kenntnis zumindest der grundlegenden Prinzipien der eingesetzten Geräte. Ohne diese Kenntnisse besteht für den Benutzer der Geräte die Gefahr, daß er die Ergebnisse, die von einer elektronischen Apparatur geliefert werden, falsch interpretiert.

In sehr vielen Fällen stehen Meßgeräte als black box zur Verfügung, die im Detail sehr komplex aufgebaut sein können und daher ganz besonders die Gefahr beinhalten, daß ihre einwandfreie Funktion bei Nichtkenntnis der Eigenschaften und des Aufbaus nicht korrekt beurteilt werden kann. Dieses Problem wird durch den immer stärker werdenden Einsatz der Mikroprozessortechnik noch vergrößert, da neben der steigenden Komplexität der so entstehenden Systeme die Einsatzmöglichkeiten immer vielfältiger und von der Bedienung anspruchsvoller werden. Die eigenen Kenntnisse des Anwenders ermöglichen es, in vielen Fällen z.B. etwaiges Fehlverhalten der Geräte zu erkennen.

Da in der experimentellen Praxis immer wieder die Forderung nach neuen elektronischen Verfahren auftritt, für die keine Geräte oder Systeme käuflich zu erwerben sind, ist der Anwender gezwungen, sich selbst um die Entwicklung entsprechender Elektronik zu bemühen. Diese Aufgabe verlangt, daß der Anwender einem Elektroniker verdeutlichen kann, welche Elektronik er benötigt. Dazu muß er die Sprache des Elektronikers sprechen können, d.h. er muß ausreichende elektronische Kenntnisse besitzen.

Schließlich befindet man sich gar nicht so selten in der Situation, selbst Elektronik aufbauen zu müssen. Hierzu sind natürlich schon Detailkenntnisse notwendig, für die das vorliegende Buch als Grundlage dienen kann.

Letztendlich kann die Elektronik auch für einen Naturwissenschaftler zu einem interessanten und faszinierenden Gebiet werden.

Das Buch umfaßt den Inhalt meiner vierstündigen Elektronik-Vorlesung vorallem für Physikstudenten an der Universität Heidelberg, die den angehenden Physikern entsprechend den oben genannten Argumenten nützliche Kenntnisse in der Elektronik vermittelt. Die Vorlesung verlangt jedoch keine besonderen physikalischen Vorkenntnisse, so daß das Buch ebenso gut für andere Naturwissenschaftler, die in ihren Experimenten Elektronik einsetzen, geeignet ist.

Durch den beschränkten Zeitumfang einer Vorlesung kann immer nur ein Ausschnitt aus dem großen Gebiet der Elektronik behandelt werden, so daß auf manches wichtige und interessante Thema verzichtet werden muß.

Dem Springer-Verlag, insbesondere Herrn Prof. Dr. W. Beiglböck danke ich für die angenehme Zusammenarbeit und das schnelle Erscheinen des Buches.

Heidelberg, im Juli 1996   H. Hinsch

Inhaltsverzeichnis

1. Grundbegriffe der Systemtheorie

1.1 LTI-Systeme

Die Systemtheorie behandelt insbesondere die Veränderung eines Signales, das auf den Eingang eines beliebigen Systems gegeben wird, durch die Eigenschaften des Systems. In diesem Kapitel werden nur die wichtigsten Zusammenhänge aus dieser Theorie behandelt.

Viele Systeme zeichnen sich durch einen linearen und zeitunabhängigen Zusammenhang zwischen dem Eingangs- und dem Ausgangssignal aus. Solche Systeme werden *linear* und *zeitinvariant* genannt. Häufig werden diese Systeme abgekürzt als *LTI-Systeme* (s. Abb. 1.1) bezeichnet. Für solche Systeme ergibt sich ein relativ einfacher Formalismus zur Beschreibung des Zusammenhanges zwischen dem Eingangs- und dem Ausgangssignal. Der wesentliche Grundgedanke dabei ist, die Reaktion eines Systemes auf definierte Testfunktionen für den Formalismus zu benutzen.

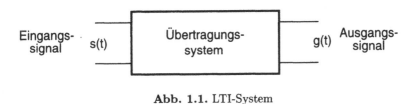

Abb. 1.1. LTI-System

Für den Formalismus gibt es grundsätzlich zwei Beschreibungsmöglichkeiten:

1. im Zeitbereich
2. im Frequenzbereich

Beide Möglichkeiten sind über die Fouriertransformation miteinander verknüpft. Für die Beschreibung im Zeitbereich wird als Testfunktion die *Deltafunktion* $\delta(t)$ und für den Frequenzbereich eine *periodische Funktion* mit einer definierten Frequenz ω benutzt. Daneben wird vor allem im regeltechnischen Bereich (s. Kap. 6 über Regelung) als Testfunktion im Zeitbereich die *Sprungfunktion* $E(t)$ eingesetzt. Die Deltafunktion führt auf die Begriffe *Impulsantwort* $h(t)$ und *Faltung* und die periodische Funktion auf die *Übertragungsfunktion* $H(\omega)$.

1.2 Deltafunktion, Impulsantwort, Faltung

Im Zeitbereich wird der Zusammenhang zwischen Eingangs- und Ausgangssignal (s. Abb. 1.1) durch eine Transformation F beschrieben:

$$g(t) = F[s(t)] \ . \tag{1.1}$$

Ohne großen mathematischen Aufwand kann durch eine anschauliche Betrachtung ein Ausdruck für die Transformation F gewonnen werden. Dazu wird auf ein lineares System ein Einheitsimpuls $s_0(t)$ mit der Breite T_0 und der Höhe $1/T_0$ gegeben (s. Abb. 1.2). Das System reagiert darauf mit einem Ausgangssignal $g_0(t)$.

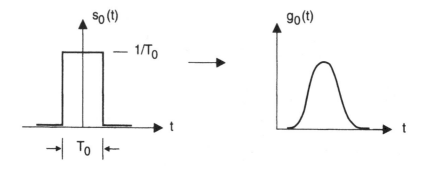

Abb. 1.2. Einheitsimpuls und seine Systemantwort

Im Grenzübergang $T_0 \to 0$ wird aus $s_0(t)$ die Deltafunktion $\delta(t)$ und das Ausgangssignal $g_0(t)$ geht in die Impulsantwort $h(t)$ über, die vollständig durch die Systemeigenschaften bestimmt wird.

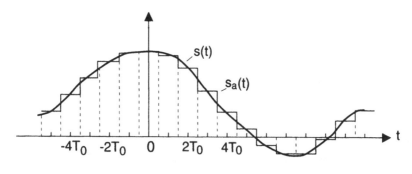

Abb. 1.3. Approximation von $s(t)$

Für den Übergang zu einem beliebigen Eingangssignal $s(t)$ wird dieses zunächst durch eine Treppenfunktion $s_a(t)$ aus einzelnen $s_0(t)$-Impulsen angenähert, wie in Abb. 1.3 gezeigt wird.

$$s_{\mathrm{a}}(t) = \sum_n s(nT_0)s_0(t - nT_0)T_0 \approx s(t) \ . \tag{1.2}$$

Am Ausgang des Systems muß sich dann wegen der Linearität des Systems eine Überlagerung $g_{\mathrm{a}}(t)$ aus einzelnen zu jedem $s_0(t-nT_0)$-Impuls gehörenden $g_0(t - nT_0)$-Antwortsignalen ergeben:

$$g_{\mathrm{a}}(t) = \sum_n s(nT_0)g_0(t - nT_0)T_0 \approx g(t) \ . \tag{1.3}$$

Die Approximation wird umso besser, je kleiner T_0 gewählt wird, und im Grenzübergang $T_0 \to 0$ gilt dann:
$$nT_0 \to \tau \quad ; \quad T_0 \to d\tau \quad ; \quad s_0(t) \to \delta(t) \quad ; \quad g_0(t) \to h(t)$$
Die Gleichungen (1.2) und (1.3) gehen dabei in *Faltungsintegrale* über:

$$s(t) = \int_{-\infty}^{\infty} s(\tau)\delta(t - \tau)d\tau \tag{1.4}$$

$$g(t) = \int_{-\infty}^{\infty} s(\tau)h(t - \tau)d\tau \ . \tag{1.5}$$

Häufig wird für die Faltungsintegrale eine abgekürzte Schreibweise = *Faltungsprodukt* benutzt:

$$s(t) = s(t) * \delta(t) \quad ; \quad g(t) = s(t) * h(t) \ .$$

Für das Rechnen mit dem Faltungsprodukt gelten die gleichen Regeln wie für das algebraische Produkt mit der Deltafunktion als Einselement.

In der Elektronik wird die Deltafunktion in den praktischen Anwendungen stets als ein kurzer Rechteckimpuls angesehen.

1.3 Sprungfunktion, Sprungantwort

In der Elektronik sind Schaltvorgänge sehr häufig auftretende Änderungen von Zuständen. Deshalb wird die Sprungfunktion $E(t)$ als eine weitere Testfunktion eingeführt. Sie ist definiert als:

$$E(t) = \left\{ \begin{array}{ll} 1 & \text{für} \quad t > 0 \\ 0 & \text{für} \quad t < 0 \end{array} \right. \ . \tag{1.6}$$

Mit der Eigenschaft (1.4) der Deltafunktion läßt sich die Sprungfunktion schreiben als:

$$E(t) = \delta(t) * E(t) = \int_{-\infty}^{\infty} \delta(\tau)E(t - \tau)d\tau \tag{1.7}$$

und mit der Definition der Sprungfunktion, daß $E(t - \tau) = 1$ für $\tau < t$ und sonst 0, folgt:

$$E(t) = \int_{-\infty}^{t} \delta(\tau)\mathrm{d}\tau \quad \text{oder in Umkehrung} \quad \frac{\mathrm{d}}{\mathrm{d}t}E(t) = \delta(t) \qquad (1.8)$$

d.h. die Sprungfunktion ist das laufende Integral der Deltafunktion.

Aus (1.7) ergibt sich eine interessante Folgerung: Wird $\delta(t)$ durch eine beliebige Zeitfunktion $s(t)$ ersetzt, so lautet (1.7)

$$s(t) * E(t) = \int_{-\infty}^{\infty} s(\tau)E(t - \tau)\mathrm{d}\tau = \int_{-\infty}^{t} s(\tau)\mathrm{d}\tau \ . \qquad (1.9)$$

Dieses Ergebnis ist folgendermaßen zu interpretieren:

Hat ein System die Eigenschaft, daß seine Impulsantwort $h(t)$ die Sprungfunktion ist, so ist das System ein *idealer Integrator*. Umgekehrt gilt: Ein System, dessen Sprungantwort die Deltafunktion ist, ist ein *idealer Differentiator*.

Wird auf (1.9) das Kommutativgesetz angewendet und $s(t)$ durch $h(t)$ ersetzt, so wird:

$$E(t) * h(t) = \int_{-\infty}^{\infty} E(\tau)h(t - \tau)\mathrm{d}\tau = \int_{-\infty}^{t} h(\tau)\mathrm{d}\tau \ . \qquad (1.10)$$

Diese Gleichung besagt, daß die Sprungantwort eines System sich aus dem Integral der Impulsantwort ergibt.

1.4 Fouriertransformation, Übertragungsfunktion

Die Impulsantwort beschreibt ein lineares System im Zeitbereich. In vielen Fällen ist es jedoch sowohl von der Meßtechnik als auch vom Rechenaufwand her günstiger, mit Hilfe der Fouriertransformation $\mathcal{F}$ in den Frequenzbereich überzugehen.

Die Idee der Fouriertransformation besteht darin, eine Zeitfunktion in eine Summe aus diskreten oder bei nichtperiodischen Funktionen beliebig dicht liegenden periodischen Funktionen der Grundform

$$s(t) = \mathrm{e}^{\mathrm{i}\omega t} = \cos\omega t + \mathrm{i}\sin\omega t \qquad (1.11)$$

zu zerlegen.

Solche Funktionen werden bei der Übertragung über ein lineares System nur mit einem vom System und der Frequenz abhängigen Amplitudenfaktor (i.a. komplex) multipliziert:

$$h(t) * e^{i\omega t} = \int h(\tau)e^{i\omega(t-\tau)}d\tau = e^{i\omega t} \int h(\tau)e^{-i\omega\tau}d\tau = e^{i\omega t}H(\omega) \ . \quad (1.12)$$

$H(\omega)$ ist die *Übertragungsfunktion*. Aus der Gleichung ist zu ersehen, daß aus dem Faltungsprodukt im Zeitbereich ein algebraisches Produkt wird. Für beliebige Funktionen $s(t)$ gilt:

$$s(t) * h(t) = g(t) \quad \left\{ \begin{array}{c} \Longrightarrow \mathcal{F} \Longrightarrow \\ \Longleftarrow \mathcal{F}^{-1} \Longleftarrow \end{array} \right\} \quad S(\omega)H(\omega) = G(\omega) \ . \quad (1.13)$$

Die i.a. komplexe Übertragungsfunktion $H(\omega)$ läßt sich meistens direkt aus der Schaltung eines Systems berechnen. Da sie das Verhalten eines Systems im Frequenzbereich beschreibt, wird sie auch als *Frequenzgang* bezeichnet. Der Betrag ist der *Amplitudengang* und der Winkel der *Phasengang*. $S(\omega)$, das Spektrum des Eingangssignales, muß mit dem Formalismus der Fourierreihen bei periodischen Funktionen bzw. des Fourierintegrals bei nichtperiodischen Funktionen ermittelt werden. Aus $G(\omega)$ kann dann durch die inverse Fouriertransformation die Zeitfunktion des Ausgangssignales berechnet werden.

Nach (1.13) gehen die Übertragungsfunktion und die Impulsantwort durch die Fouriertransformation ineinander über.

Zur Erinnerung: Fourierreihen für periodische Funktionen. Eine periodische Funktion $f(t)$ mit der Periode T läßt sich unter der Voraussetzung, daß $f(t)$ beschränkt, stückweise monoton und stückweise stetig ist, als Fourierreihe darstellen ($\omega_0 = 2\pi/T$):

$$f(t) = a_0 + \sum_1^\infty [a_n \cos(n\omega_0 t) + b_n \sin(n\omega_0 t)] \quad (1.14)$$

$$a_0 = \frac{1}{T} \int_0^T f(t)dt \quad (1.15)$$

$$a_n = \frac{2}{T} \int_0^T f(t)\cos(n\omega_0 t)dt \quad (1.16)$$

$$b_n = \frac{2}{T} \int_0^T f(t)\sin(n\omega_0 t)dt \ . \quad (1.17)$$

Die Koeffizienten a_n und b_n stellen im Frequenzbereich ein Linienspektrum dar.

Die praktische Fourieranalyse liefert i.a. nicht die Sinus- und Kosinusterme sondern den Betrag der Schwingungsamplitude bei den einzelnen Frequenzen $n\omega_0$. Die folgende Umrechnung ergibt das Amplitudenspektrum A_n und das Phasenspektrum φ_n:

$$a_n \cos(n\omega_0 t) + b_n \sin(n\omega_0 t) = A_n \sin(n\omega_0 t + \varphi_n)$$
$$= A_n[\sin(n\omega_0 t)\cos\varphi_n + \cos(n\omega_0 t)\sin\varphi_n]$$

daraus: $A_n \sin\varphi_n = a_n$ und $A_n \cos\varphi_n = b_n$

$$A_n = \sqrt{a_n^2 + b_n^2} \tag{1.18}$$

$$\varphi_n = \arctan(a_n/b_n) \ . \tag{1.19}$$

Für nichtperiodische Funktionen ergeben sich mit der Fourierintegral-Darstellung kontinuierliche Spektren, und es gelten die beiden folgenden Transformationsgleichungen:

$$f(t) = \frac{1}{2\pi} \int\limits_{-\infty}^{\infty} F(\omega)e^{i\omega t}d\omega \quad \text{und} \quad F(\omega) = \int\limits_{-\infty}^{\infty} f(t)e^{-i\omega t}dt \ . \tag{1.20}$$

$F(\omega)$ wird als Spektralfunktion bezeichnet bzw. genauer als spektrale Dichtefunktion, da sie die Dimension 1/Frequenz hat, wenn $f(t)$ dimensionslos ist.

1.5 Laplacetransformation

Wird im Zeitbereich die Sprungfunktion als Testfunktion benutzt, und soll zur Vereinfachung der Berechnungen in den Frequenzbereich übergegangen werden, so ergibt sich die Schwierigkeit, daß die Sprungfunktion für die Fouriertransformation nicht die Bedingung der absoluten Integrierbarkeit erfüllt.

Da jedoch sprungförmige Signale in der Elektronik sehr oft auftreten, wird der Formalismus der *Laplacetransformation*, die eine Verallgemeinerung der Fouriertransformation darstellt, herangezogen. Dazu wird ein *konvergenzerzeugender Faktor* benutzt, der die absolute Integrierbarkeit erzwingt: Statt (1.20) für $F(\omega)$ wird $F(\omega, \sigma)$ eingeführt mit

$$F(\omega, \sigma) = \int\limits_{-\infty}^{\infty} f(t)e^{-i\omega t}e^{-\sigma t}dt \ . \tag{1.21}$$

Durch diesen zusätzlichen Faktor wird $f(t)e^{-\sigma t}$ absolut integrierbar, solange $f(t)$ nicht stärker als die e-Funktion ansteigt. σ ist also nur entsprechend groß zu wählen. Der minimal notwendige Wert von σ wird auch als *Konvergenzabzisse* bezeichnet. $\sigma + i\omega$ wird zu der komplexen Größe s, *komplexe Frequenz* genannt, zusammengefaßt. Außerdem beginnt in der Praxis ein Signal zu einem bestimmten Zeitpunkt, der als Zeitnullpunkt gewählt wird, so daß für $t < 0$ $f(t) = 0$, und die Integration ab $t = 0$ ausgeführt wird. Die Definition der Laplacetransformation lautet daher:

$$F(s) = \int\limits_0^\infty f(t)\mathrm{e}^{-st}\mathrm{d}t \ . \qquad (1.22)$$

Symbolisch: $F(s) = \mathcal{L}\{f(t)\}$. Die Funktion im t-Bereich nennt man die *Originalfunktion*, und man spricht vom *Originalbereich*. Die entsprechenden Bezeichnungen im s-Bereich sind *Bildfunktion* und *Bildbereich*.

In der Form (1.21) kann $F(s)$ als Spektralfunktion einer gedämpften Zeitfunktion aufgefaßt werden. $F(s)$ hat damit nicht mehr eine so unmittelbare Bedeutung wie die Spektralfunktion bei der Fouriertransformation. Diese Darstellung bietet aber eine Möglichkeit zur Gewinnung der inversen Laplacetransformation, indem zunächst eine inverse Fouriertransformation angewendet wird:

$$f(t)\mathrm{e}^{-\sigma t} = \frac{1}{2\pi} \int\limits_{-\infty}^\infty F(s)\mathrm{e}^{\mathrm{i}\omega t}\mathrm{d}\omega \qquad (1.23)$$

eine Multiplikation mit $\mathrm{e}^{\sigma t}$ führt dann auf

$$f(t) = \frac{1}{2\pi} \int\limits_{-\infty}^\infty F(s)\mathrm{e}^{\sigma t}\mathrm{e}^{\mathrm{i}\omega t}\mathrm{d}\omega = \frac{1}{2\pi} \int\limits_{-\infty}^\infty F(s)\mathrm{e}^{st}\mathrm{d}\omega \ . \qquad (1.24)$$

Die Integration erfolgt nur über ω. Für σ ist daher ein konstanter Wert zu wählen, der oberhalb der Konvergenzabszisse liegen muß, also $s = \sigma_0 + \mathrm{i}\omega$ und da $\mathrm{d}\omega = \mathrm{d}s/\mathrm{i}$, folgt für die inverse Laplacetransformation:

$$f(t) = \frac{1}{2\pi\mathrm{i}} \int\limits_{\sigma_0-\mathrm{i}\infty}^{\sigma_0+\mathrm{i}\infty} F(s)\mathrm{e}^{st}\mathrm{d}s \ . \qquad (1.25)$$

Ganz in Analogie zur Gleichung (1.13), die im Frequenzbereich beschreibt, wie durch die Übertragungsfunktion eines Systems ein Signalspektrum verändert wird, läßt sich für die Laplacetransformation unter Benutzung des Faltungssatzes im Bildbereich ebenso schreiben:

$$G(s) = H(s)S(s) \ . \qquad (1.26)$$

$H(s)$ wird hier auch als Übertragungsfunktion bezeichnet. Sie wird für Systeme, bestehend aus komplexen Widerständen aus R, L und C, ebenso wie $H(\omega)$ berechnet, indem lediglich $\mathrm{i}\omega$ durch s ersetzt wird. Sind jedoch L und C zum Zeitpunkt $t = 0$ nicht energielos, so sind Zusatzterme zu berücksichtigen ([3] [2]).

Da letztlich aber die Signale im Zeitbereich interessieren, muß die inverse Laplacetransformation ausgeführt werden. Hierzu gibt es verschiedene Methoden. Die konsequenteste Methode ist die Residuenmethode, die von der Funktionentheorie geliefert wird. Sie lautet:

$$f(t) = \sum_{k=1}^{n} \text{Res}_{s=s_k} \left[F(s)e^{st} \right] \; . \tag{1.27}$$

Die Originalfunktion $f(t)$ gewinnt man hiernach aus der Bildfunktion $F(s)$ als Summe der Residuen an den Polstellen der Funktion $F(s)e^{st}$.

Für den praktischen Einsatz der Laplacetransformation in der Technik ist eine Reihe von Regeln aufgestellt worden. Zur weiteren Erleichterung bei der Berechnung der inversen Laplacetransformierten gibt es Tabellen, sog. *Korrespondenztabellen*, in denen viele Paare von Original- und Bildfunktionen aufgeführt sind, s. z.B. [11].

1.6 Beispiele

Im folgenden soll an sehr einfachen linearen Übertragungssystemen das Verhalten im Zeit- und im Frequenzbereich betrachtet werden.

1.6.1 RC-Tiefpaß

Ein RC-Tiefpaß wird nur aus einem Widerstand und einem Kondensator gebildet, (s. Abb. 1.4). Er läßt Signale von Gleichspannung bis zu einer Grenzfrequenz passieren und sperrt Signale die weit oberhalb der Grenzfrequenz liegen. Die Übertragungsfunktion $H(\omega)$ ist das Verhältnis von Ausgangssignal $U_2(\omega)$ zu Eingangssignal $U_1(\omega)$:

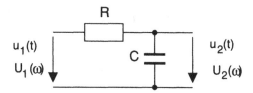

Abb. 1.4. RC-Tiefpaß

$$H(\omega) = \frac{1/i\omega C}{R + 1/i\omega C} = \frac{1}{1 + i\omega RC} \tag{1.28}$$

$$|H(\omega)| = \frac{1}{\sqrt{1 + (\omega RC)^2}} \quad ; \quad \tan\varphi = \frac{\text{Im}(H)}{\text{Re}(H)} = -\omega RC \; . \tag{1.29}$$

Die Frequenz, bei der $|H(\omega)|$ um den Faktor $1/\sqrt{2}$ abgesunken ist, ist die *Grenzfrequenz* ωg. $1/\sqrt{2}$ entspricht in der logarithmischen Darstellung (s. Abb. 1.6) -3 dB.

Das zeitliche Verhalten nach einem Spannungssprung der Größe U_0 als Eingangssignal ist die bekannte Aufladung eines Kondensators über einen Widerstand (s. Abb. 1.5) und kann sehr leicht berechnet werden:

$$u_2(t) = \frac{q}{C} = \frac{1}{C} \int i(t)\mathrm{d}t \quad ; \quad i(t) = \frac{U_0 - u_2(t)}{R} \qquad \text{also folgt:}$$

$$u_2(t) = \frac{1}{RC} \int U_0 \mathrm{d}t - \frac{1}{RC} \int u_2(t)\mathrm{d}t \ . \qquad (1.30)$$

Die Lösung lautet:

$$u_2(t) = U_0(1 - \mathrm{e}^{-t/\tau}) \quad ; \quad \tau = RC \ . \qquad (1.31)$$

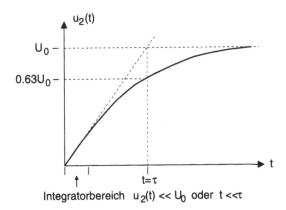

Abb. 1.5. Ausgangssignal nach einem Spannungssprung

Aus (1.30) folgt, daß für den Fall $u_2 \ll U_0$ der 2. Term vernachlässigt werden kann. Der RC-Tiefpaß kann also in diesem Fall als Integrator benutzt werden. Auf der Zeitachse betrachtet, ist der RC-Tiefpaß solange ein Integrator, wie die Integrationsdauer sehr viel kleiner als die Zeitkonstante RC ist. Der RC-Tiefpaß ist also immer nur ein Kurzzeitintegrator. Für eine große Zeitkonstante müßten für R und C sehr hohe Werte eingesetzt werden, die jedoch in der technischen Realisierung sowohl von den Werten her als auch von der Größe zu Problemen führen. Wie im Kap. 5 über den Operationsverstärker gezeigt wird, kann man mit Hilfe eines Operationsverstärkers dieses Problem beheben.

Eine übliche Darstellung von $|H(\omega)|$ ist die Benutzung von doppeltlogarithmischen Achsen und für den Phasenwinkel eine logarithmische Frequenzachse. Diese Darstellung (s. Abb. 1.6) wird als *Bode-Diagramm* bezeichnet.

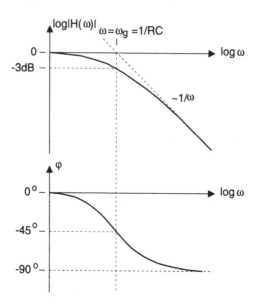

Abb. 1.6. Bode-Diagramm des RC-Tiefpasses

Wird ein periodisches Signal $f(t) \sim e^{i\omega t}$ integriert, so ergibt sich einfach $(-i/\omega)\,f(t)$. Ein Integrator muß also eine Übertragungsfunktion (Frequenzgang) $|H(w)| \sim 1/\omega$ und eine Phasenverschiebung von $-90°$ besitzen. Aus der Abb. 1.6 ist abzulesen, daß der RC-Tiefpaß für Frequenzen $\omega \gg \omega_g$ als Integrator benutzt werden darf. Die obige Bedingung, daß die Ausgangsspannung $\ll$ Eingangsspannung sein muß, ist in diesem Frequenzbereich ebenfalls erfüllt.

1.6.2 CR-Hochpaß

Beim CR-Hochpaß (s. Abb. 1.7) sind der Widerstand und der Kondensator gegenüber dem RC-Tiefpaß vertauscht. Dementsprechend sperrt der Hochpaß Signale mit Frequenzen unterhalb seiner Grenzfrequenz. Signale oberhalb der Grenzfrequenz werden durchgelassen. Die Übertragungsfunktion folgt ganz analog zum RC-Tiefpaß aus:

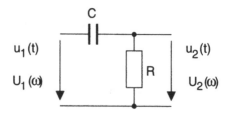

Abb. 1.7. CR-Hochpaß

$$H(w) = \frac{R}{R + 1/i\omega C} = \frac{i\omega RC}{1 + i\omega RC} \qquad (1.32)$$

$$|H(\omega)| = \frac{\omega RC}{\sqrt{1 + (\omega RC)^2}} \quad ; \quad \tan\varphi = 1/\omega RC \ . \qquad (1.33)$$

Tiefe Frequenzen werden also proportional zur Frequenz unterdrückt, und die Phasenverschiebung ändert sich mit steigender Frequenz von maximal 90° auf 0°.

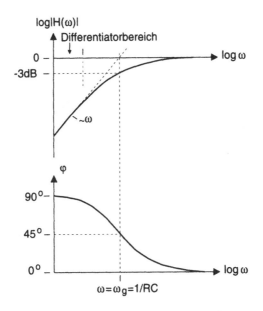

Abb. 1.8. Bode-Diagramm für den CR-Hochpaß

Wird ein periodisches Signal $f(t) \sim e^{i\omega t}$ differenziert, so ergibt sich $i\omega$ als Faktor, d.h. ein Differentiator muß einen Frequenzgang $\sim \omega$ und eine Phasenverschiebung von 90° aufweisen. Aus der Abb. 1.8 ersieht man, daß der CR-Hochpaß diese Eigenschaften für $\omega << 1/RC$ aufweist.

Für den Zeitbereich gilt:

$$u_2(t) = i(t)R \ ; \ i(t) = C\frac{\mathrm{d}}{\mathrm{d}t}\big[(u_1(t) - u_2(t)\big]$$

$$u_2(t) = RC\frac{\mathrm{d}}{\mathrm{d}t}u_1(t) - RC\frac{\mathrm{d}}{\mathrm{d}t}u_2(t) \ .$$

Hieraus ist zu entnehmen, daß die Ausgangsspannung dann das differenzierte Eingangssignal darstellt, wenn der 2. Term gegenüber dem 1. zu vernachlässigen ist. Das ist dann der Fall, wenn der 2. Term zeitlich sehr schnell

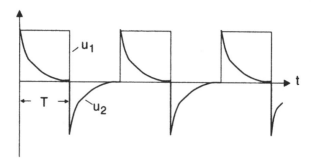

Abb. 1.9. Zeitverhalten des CR-Hochpasses

verschwindet. Diese Forderung läßt sich aus der Abb. 1.9, die das Ausgangssignal bei einem Rechteck als Eingangssignal darstellt, ablesen: Es muß die Zeitkonstante $RC << T$, die Periodendauer des Eingangssignales sein.

1.6.3 LC-Tiefpaß

Für den LC-Tiefpaß der Abb. 1.10 ohne Abschlußwiderstand erhält man die folgende Übertragungsfunktion:

$$H(\omega) = \frac{1/\mathrm{i}\omega C}{\mathrm{i}\omega L + 1/\mathrm{i}\omega C} = \frac{1}{1 - (\omega/\omega_0)^2} \quad ; \quad \omega_0^2 = 1/LC \ . \tag{1.34}$$

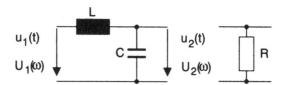

Abb. 1.10. LC-Tiefpaß mit optionalem Abschlußwiderstand

Kurve 1 in der Abb. 1.11 zeigt den Verlauf von $|H(\omega)|$. Die Resonanzspitze bei ω_0 ist für den Einsatz dieser Schaltung als Tiefpaß unerwünscht. Deshalb wird entsprechend der Abb. 1.10 ein Abschlußwiderstandwiderstand R eingebaut.

Die Übertragungsfunktion ändert sich dann zu:

$$H(\omega) = \frac{1/(\mathrm{i}\omega C + 1/R)}{\mathrm{i}\omega L + 1/(\mathrm{i}\omega C + 1/R)} = \frac{1}{\mathrm{i}\omega L/R + 1 - (\omega/\omega_0)^2} \tag{1.35}$$

$$|H(\omega)| = \frac{1}{\sqrt{(1 - \omega^2/\omega_0^2)^2 + \omega^2 L^2/R^2}} \ . \tag{1.36}$$

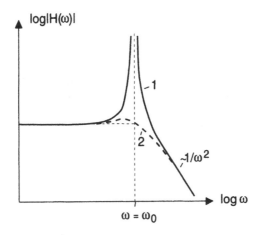

Abb. 1.11. Bodediagramm des LC-Tiefpasses

Wenn gefordert wird, daß bei $\omega = \omega_0$ die Ausgangsspannung gleich der Eingangsspannung sein soll, so folgt aus (1.36), daß $R = \sqrt{L/C}$ sein muß. Dieser Fall ist in der Kurve 2 der Abb. 1.11 dargestellt. Dieser $|H(\omega)|$-Verlauf entspricht in etwa dem aperiodischen Grenzfall eines Schwingkreises. Im Kapitel über die Vierpole wird sich zeigen, daß R für $\omega \ll \omega_0$ dann der sog. *Wellenwiderstand* ist.

1.6.4 Kompensierter Spannungsteiler

Eine Parallelschaltung von R und C wie in der Abb. 1.12 stellt häufig die Eigenschaften des Einganges eines elektronischen Gerätes dar, wie z.B. bei einem Verstärker oder einem Oszillografen.

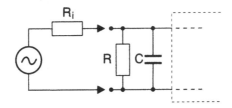

Abb. 1.12. Eingangsschaltung eines Gerätes

Die eigentlichen Geräteeigenschaften wie z.B. die Anstiegszeit werden durch den inneren Aufbau des Gerätes bestimmt. Bei dem Einsatz des Gerätes muß man jedoch zusätzlich berücksichtigen, daß die Eingangskapazität C über den Innenwiderstand R_i der angeschlossenen Signalquelle aufgeladen

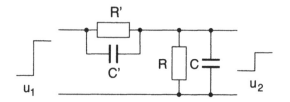

Abb. 1.13. Kompensierter Spannungsteiler

werden muß. Damit hierdurch keine scheinbare Verschlechterung des Anstiegsverhalten des Gerätes auftritt, muß die Aufladezeit von C über R_i wesentlich kürzer als die geräteeigene Anstiegszeit sein.

Soll z.B. die von der Signalquelle gelieferte Spannung durch einen vorgeschalteten Widerstand R' (s. Abb. 1.13) herabsetzt werden, so tritt das eben genannte Problem auf. Zur Lösung muß ein Kondensator C' zu R' parallelgeschaltet werden. C' muß so bemessen werden, daß ein Sprungsignal $u_1 = U_0 E(t)$ von der Signalquelle am Ausgang des aus R und R' gebildeten Spannungsteilers ein Sprungsignal bleibt. Es sollte also sein:

$$U_2(s) = H(s)U_1(s) = \frac{R}{R + R'}\frac{U_0}{s} \ .$$

$H(s)$ muß damit den Wert $R/(R + R')$ haben. $1/s$ ist die Laplacetransformierte der Sprungfunktion. Unter Einbeziehung der Kapazitäten gilt für die Übertragungsfunktion $H(s)$:

$$H(s) = \frac{\dfrac{R}{1 + sRC}}{\dfrac{R}{1 + sRC} + \dfrac{R'}{1 + sR'C'}} = \frac{R}{R + R'}\frac{1 + sR'C'}{1 + \dfrac{RR'}{R + R'}s(C + C')} \ .$$

Damit $H(s)$ den obigen Wert hat, muß der 2. Faktor 1 sein, also folgt:

$$\frac{R}{R + R'} = \frac{C'}{C + C'} \qquad \text{oder} \qquad \frac{R'}{R} = \frac{C}{C'} \ . \qquad (1.37)$$

Diese Rechnung zeigt also, daß der ohmsche und der kapazitive Spannungsteiler den gleichen Teilerfaktor haben müssen.

2. Vierpole

In dem vorangegangenen Kapitel ist das Verhalten von linearen Systemen im Zeit- und Frequenzraum behandelt worden. Für den tatsächlichen Betrieb eines Systems oder einer Zusammenschaltung von mehreren Systemen unter Einbeziehung von Signalquelle am Eingang und Belastung am Ausgang, wo z.B. Eingangs- und Ausgangswiderstände wichtig sind, ist die *Vierpoltheorie* entwickelt worden, von der hier nur auf die wichtigsten Grundbegriffe eingegangen wird.

2.1 Grundbegriffe der Vierpoltheorie

Ein *Vierpol* (auch als *Zweitor* bezeichnet) ist ein Netzwerk mit 2 Eingangs- und 2 Ausgangsleitungen, s. Abb. 2.1. Von besonderem Interesse sind die *linearen, passiven Vierpole*, die nur lineare Schaltelemente und keine internen Spannungs- oder Stromquellen enthalten. Die Vierpoltheorie interessiert sich nun nicht für den wirklichen inneren Aufbau sondern betrachtet im wesentlichen die außen meßbaren Spannungen und Ströme. Der Vierpol selbst wird durch formale Größen und Ersatzschaltbilder beschrieben.

Abb. 2.1. Allgemeiner Vierpol

2.1.1 Matrixdarstellung

Für die Beschreibung des Zusammenhanges der verschiedenen Größen sind die drei folgenden Darstellungen üblich. Alle Größen sind für den allgemeinen Fall komplex.

1. Darstellung mit der *Widerstandsmatrix*

$$\begin{aligned} U_1 &= R_{11}I_1 + R_{12}I_2 \\ U_2 &= R_{21}I_1 + R_{22}I_2 \end{aligned} \implies \begin{pmatrix} U_1 \\ U_2 \end{pmatrix} = \begin{pmatrix} R_{11} & R_{12} \\ R_{21} & R_{22} \end{pmatrix} \begin{pmatrix} I_1 \\ I_2 \end{pmatrix} \quad . \quad (2.1)$$

Diese Form der Darstellung ist dann von Nutzen, wenn Vierpole in Reihe geschaltet werden; denn dann addieren sich die Einzelmatrizen zu einer Gesamtmatrix. Eine Reihenschaltung von Vierpolen liegt dann vor, wenn die Eingänge in bezug auf den Eingangsstrom I_1 und die Ausgänge in bezug auf den Ausgangsstrom I_2 in Reihe liegen.

2. Darstellung mit der *Leitwertsmatrix*

$$\begin{aligned} I_1 &= Y_{11}U_1 + Y_{12}U_2 \\ I_2 &= Y_{21}U_1 + Y_{22}U_2 \end{aligned} \implies \begin{pmatrix} I_1 \\ I_2 \end{pmatrix} = \begin{pmatrix} Y_{11} & Y_{12} \\ Y_{21} & Y_{22} \end{pmatrix} \begin{pmatrix} U_1 \\ U_2 \end{pmatrix} \quad . \quad (2.2)$$

Sind Vierpole parallelgeschaltet, so addieren sich die einzelnen Leitwertsmatrizen zur Gesamtmatrix. Vierpole sind parallelgeschaltet, wenn die Eingangsspannung U_1 an allen Eingängen und die Ausgangsspannung U_2 an allen Ausgängen anliegt.

3. Darstellung mit der *Kettenmatrix*

$$\begin{aligned} U_1 &= A_{11}U_2 + A_{12}I_2 \\ I_1 &= A_{21}U_2 + A_{22}I_2 \end{aligned} \implies \begin{pmatrix} U_1 \\ I_1 \end{pmatrix} = \begin{pmatrix} A_{11} & A_{12} \\ A_{21} & R_{22} \end{pmatrix} \begin{pmatrix} U_2 \\ I_2 \end{pmatrix} \quad . \quad (2.3)$$

Diese Darstellung ist dann von Vorteil, wenn Vierpole hintereinandergeschaltet (sie bilden eine Kette) werden. In diesem Fall multiplizieren sich die Einzelmatrizen. Die Kettenmatrix ist besonders für weitere Berechnungen nützlich, wie sich im folgenden zeigen wird.

Aus den Matrixgleichungen können sofort für die einzelnen formalen Elemente Meßvorschriften angeben werden, wie am Beispiel der Widerstandsmatrix gezeigt wird:

$$R_{11} = \frac{U_1}{I_1} = R_{11} = \text{Eingangsleerlaufwiderstand, wenn } I_2 = 0 \quad .$$

$$R_{21} = \frac{U_2}{I_1} = \text{Kernwiderstand vorwärts, wenn } I_2 = 0 \quad .$$

$$R_{12} = \frac{U_1}{I_2} = -\text{Kernwiderstand rückwärts, wenn } I_1 = 0 \quad .$$

$$R_{22} = \frac{U_2}{I_2} = -R_{21} = \text{Ausgangsleerlaufwiderstand, wenn } I_1 = 0 \quad .$$

Für die anderen Matrizen können ganz analoge Beziehungen aufgestellt werden.

2.1.2 Übertragungseigenschaften

Wie bereits angedeutet, interessieren beim Vierpol die Übertragungseigenschaften unter Betriebsbedingungen, d.h. unter Einbeziehung von Signalquelle und Ausgangsbelastung, s. Abb. 2.2. Um hier zu einer eindeutigen Definition zu kommen, werden die Ausgangsleistung $P_2 = U_2^2/R_a$ und die maximal am Eingang verfügbare Leistung $P_0 = U_1^2/4R_i$ herangezogen.

$$\textit{Betriebsübertragungsfaktor} \quad A_B = \sqrt{P_2/P_0} = \frac{2U_2}{U_1}\sqrt{R_i/R_a} \qquad (2.4)$$

$$\textit{Betriebsübertragungsmaß} \quad \ddot{u}_B = \ln A_B \ . \qquad (2.5)$$

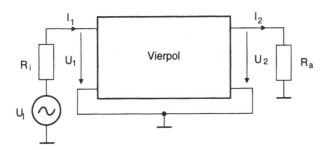

Abb. 2.2. Vierpol unter Betriebsbedingungen

Wird ein Vierpol umgekehrt und in umgekehrter Richtung betrieben, so ergibt sich im allgemeinen Fall für den linearen Vierpol:

$$e^{\ddot{u}_{1B}} = \det(\overline{A})e^{\ddot{u}_{2B}} \ . \qquad (2.6)$$

Vierpole, die nur passive Bauelemente enthalten, haben $\det(\overline{A}) = 1$. Sie sind also *übertragungssymmetrisch*. Aus (2.3) für die Kettenmatrix können der Eingangswiderstand R_1 und der Ausgangswiderstand R_2 unter Berücksichtigung der äußeren Beschaltung berechnet werden:

$$R_1 = \frac{U_1}{I_1} = \frac{A_{11}U_2 + A_{12}I_2}{A_{21}U_2 + A_{22}I_2}; \qquad da \quad \frac{U_2}{I_2} = R_a \quad folgt$$

$$R_1 = \frac{A_{11}R_a + A_{12}}{A_{21}R_a + A_{22}} \ . \qquad (2.7)$$

Zur Berechnung des Ausgangswiderstandes wird der Vierpol in umgekehrter Richtung betrieben, die Vorzeichen der Ströme werden umgekehrt und die Vierpolgleichungen (2.3) nach U_2 und I_2 aufgelöst. Dann folgt ganz analog, wenn $U_1/I_1 = R_i$ gesetzt wird:

$$R_2 = \frac{U_2}{I_2} = \frac{A_{22}R_i + A_{12}}{A_{21}R_i + A_{11}} \ . \tag{2.8}$$

An den beiden Gleichungen sieht man, daß R_1 und R_2 sowohl von den Vierpoleigenschaften als auch von den Widerständen R_a bzw. R_i abhängen. Falls $A_{11} = A_{22}$, so transformiert der Vierpol einen Abschlußwiderstand in beiden Richtungen auf den gleichen Wert. Einen Vierpol mit dieser Eigenschaft nennt man *widerstandssymmetrisch*.

Die Widerstandstransformation durch einen Vierpol führt auf einen besonders ausgezeichneten Widerstand, nämlich den *Wellenwiderstand Z*. Wird er als Abschlußwiderstand benutzt, so zeigt der Eingangswiderstand den gleichen Wert. Z beim widerstandssymmetrischen Vierpol berechnet sich aus der Gleichung (2.7)

$$Z = \frac{A_{11}Z + A_{12}}{A_{21}Z + A_{11}} \quad \Longrightarrow \quad Z = \sqrt{A_{12}/A_{21}} \ . \tag{2.9}$$

Für den allgemeinen Vierpol ist der Wellenwiderstand für die beiden Seiten verschieden. In diesem Fall werden die Wellenwiderstände berechnet, wenn zwei identische Vierpole mit ihren Ausgängen aneinandergehängt werden, so daß die Eingänge nach außen zeigen. Auf diese Weise entsteht insgesamt ein widerstandssymmetrischer Vierpol. Unter Berücksichtigung der Regel, daß die einzelnen Kettenmatrizen zur Gesamtkettenmatrix multipliziert werden müssen, erhält man für den Eingangswellenwiderstand Z_1:

$$Z_1 = \sqrt{\frac{A_{11}A_{12}}{A_{21}A_{22}}} \ . \tag{2.10}$$

Den Ausgangswellenwiderstand Z_2 gewinnt man, wenn umgekehrt zwei identische Vierpole mit ihren Eingängen zusammengeschaltet werden, so daß die Ausgänge nach außen zeigen, und es folgt:

$$Z_2 = \sqrt{\frac{A_{22}A_{12}}{A_{21}A_{11}}} \ . \tag{2.11}$$

An den Gleichungen für die Kettenschaltung ist abzulesen, daß der Eingangsleerlaufwiderstand $R_{1l} = A_{11}/A_{21}$ und der Eingangskurzschlußwiderstand $R_{1k} = A_{12}/A_{22}$. Damit folgt eine einfache Meßvorschrift für die Wellenwiderstände:

$$Z_1 = \sqrt{R_{1l}R_{1k}} \quad \text{und} \quad Z_2 = \sqrt{R_{2l}R_{2k}} \ . \tag{2.12}$$

Als Beispiel soll der Wellenwiderstand des LC-Tiefpasses von Abb. 1.10 berechnet werden. Aus der Schaltung folgt:

$$R_{1l} = i\omega L + 1/(i\omega C) \ ; \ R_{1k} = i\omega L \ ; \ R_{1l}R_{1k} = \frac{L}{C} - \omega^2 L^2 = \frac{L}{C}(1 - \omega^2/\omega_0^2).$$

Für $\omega << \omega_0$ ist dann $Z_1 = \sqrt{L/C}$.

Dieser Wert stimmt mit dem für den LC-Tiefpaß berechneten Dämpfungswiderstand R überein.

Für den Wellenwiderstand Z_2 ergibt sich $Z_2 = \sqrt{L/C}\sqrt{1/(1-\omega^2/\omega_0^2)}$.
Für $\omega \ll \omega_0$ stimmen beide Wellenwiderstände überein, so daß unter dieser
Einschränkung der LC-Tiefpaß widerstandssymmetrisch ist.
Der Wellenwiderstand kann noch auf eine andere Weise interpretiert wer-
den:

> Der Eingangswiderstand einer unendlich langen Kette von wider-
> standssymmetrischen, identischen Vierpolen (bzw. Vierpolpaaren)
> hängt nicht mehr vom Abschlußwiderstand ab sondern nur von den
> Vierpolparametern. Dieser Eingangswiderstand ist der Wellenwider-
> stand.

Diese Deutung wird im nächsten Abschnitt über die Leitungen besonders
deutlich; denn eine mit ihrem Wellenwiderstand abgeschlossene Leitung entspricht einer unendlich langen Leitung, d.h. es tritt keine Reflexion auf.

2.2 Leitungen

Leitungen dienen der Übertragung elektrischer Signale zwischen elektrischen
Systemen. Die Vorgänge auf Leitungen müssen grundsätzlich mit Hilfe der
Maxwellschen Gleichungen berechnet werden. Leitungen stellen jedoch auch
sehr einfache Vierpole dar, und es ist daher sinnvoll, sie mit dem Formalismus
der Vierpoltheorie zu behandeln.

2.2.1 Unendlich lange Leitungen

Da Leitungen aus elektrischen Leitern bestehen, haben sie einen ohmschen
Widerstand, eine Induktivität längs den Leitern, eine Kapazität und einen
endlichen Leitwert zwischen den Leitern. Daher kann das Ersatzschaltbild
der Abb. 2.3 für eine Leitung benutzt werden, wobei R, G, L und C pro
Längeneinheit zu rechnen sind.

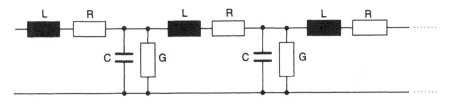

Abb. 2.3. Ersatzschaltbild einer Leitung

Bei der Ausbreitung eines Signales werden daher die Spannung u und der
Strom i vom Ort x bis $x + \mathrm{d}x$ längs der Leitung abnehmen:

$$-\frac{\partial u}{\partial x}dx = \left(Ri + L\frac{\partial i}{\partial t}\right)dx \qquad (2.13)$$

$$-\frac{\partial i}{\partial x}dx = \left(Gu + C\frac{\partial u}{\partial t}\right)dx \ . \qquad (2.14)$$

(2.13) wird nach x differenziert und (2.14) nach t. Durch Einsetzen ergibt sich dann die sog. *Telegraphengleichung*:

$$\frac{\partial^2 u}{\partial x^2} = RGu + (RC + LG)\frac{\partial u}{\partial t} + LC\frac{\partial^2 u}{\partial t^2} \ . \qquad (2.15)$$

Für den Strom gibt es eine analoge Gleichung.

Unter der Annahme einer unendlich langen Leitung ist dann eine Welle in x-Richtung eine Lösung der obigen Gleichungen:

$$u = Ue^{i\omega t}e^{-\gamma x} \quad ; \quad i = Ie^{i\omega t}e^{-\gamma x} \ .$$

Die Ausbreitungskonstante γ ist i. a. komplex: $\gamma = \alpha + i\beta$ (α = Dämpfungskonstante, β = Phasenkonstante).

Das Einsetzen dieser Lösung in (2.13) und (2.14) führt dann auf

$$\gamma U = (R + i\omega L)I \quad \text{und} \quad \gamma I = (G + i\omega C)U$$

und daraus folgt

$$\gamma^2 = (\alpha + i\beta)^2 = (R + i\omega L)(G + i\omega C) \ . \qquad (2.16)$$

Da hier eine unendlich lange Leitung betrachtet wird, läßt sich der Wellenwiderstand direkt aus dem Verhältnis von U zu I berechnen:

$$Z = \frac{U}{I} = \frac{R + i\omega L}{\gamma} = \sqrt{\frac{R + i\omega L}{G + i\omega C}} \ . \qquad (2.17)$$

Für eine verlustfreie Leitung ($R = G = 0$) vereinfachen sich diese Gleichungen zu

$$\gamma = i\beta = i\omega\sqrt{LC} \quad ; \quad Z = \sqrt{L/C} \quad ; \text{Phasengeschwindigkeit } v = \frac{\omega}{\beta} = \frac{1}{\sqrt{LC}} \ .$$

In der Praxis der Signalübertragung wird in der Regel das Koaxialkabel benutzt, das aus einem Innen- und einem Außenleiter mit einem Dielektrikum zwischen den beiden Leitern besteht. Koaxialkabel mit einem Wellenwiderstand von 50 Ω werden am häufigsten eingesetzt.

2.2.2 Leitungen endlicher Länge

Bei endlicher Leitungslänge tritt am Leitungsende eine Reflexion der Welle auf. An beliebiger Stelle x der Leitung überlagern sich also hinlaufende und rücklaufende Welle. Es gilt demnach unter Weglassung des zeitlich veränderlichen Anteiles:

$$U_x = Ae^{-\gamma x} + Be^{\gamma x}$$
$$I_x = \frac{A}{Z}e^{-\gamma x} - \frac{B}{Z}e^{\gamma x} \; .$$

Sei für $x = 0$: $U_x = U_0$ und $I_x = I_0$, so folgt: $U_0 = A + B$ und $I_0 = (A - B)/Z$. Die beiden obigen Gleichungen werden so umgeformt, daß A und B durch U_0 und I_0 ersetzt werden, woraus folgt:

$$U_x = U_0 \cosh \gamma x - Z I_0 \sinh \gamma x$$
$$I_x = I_0 \cosh \gamma x - \frac{U_0}{Z} \sinh \gamma x \; .$$

Durch Auflösen nach U_0 und I_0 ergeben sich dann die *Leitungsgleichungen* in der Vierpoldarstellung:

$$U_0 = U_x \cosh \gamma x + I_x Z \sinh \gamma x \qquad (2.18)$$

$$I_0 = \frac{U_x}{Z} \sinh \gamma x + I_x \cosh \gamma x \; . \qquad (2.19)$$

Diese Darstellung entspricht den Vierpolgleichungen (2.3) für die Kettenschaltung von Vierpolen.

Der große Vorteil der Leitungsgleichungen besteht nun darin, daß der Formalismus der Vierpoltheorie für weitere Rechnungen benutzt werden kann. Das trifft insbesondere zu, wenn eine Leitung der Länge l mit einem Widerstand R_a am Ende abgeschlossen wird. Dann kann sofort mit (2.7) der Eingangswiderstand R_e der Leitung angegeben werden:

$$R_e = Z \frac{R_a \cosh \gamma l + Z \sinh \gamma l}{R_a \sinh \gamma l + Z \cosh \gamma l} \; . \qquad (2.20)$$

Im folgenden werden besonders interessante Sonderfälle betrachtet, wobei von einer verlustfreien Leitung ausgegangen wird, so daß die hyperbolischen Funktionen durch die trigonometrischen ersetzt werden können, d.h. $\cosh \gamma l = \cos \beta l$ und $\sinh \gamma l = \mathrm{i} \sin \beta l$.

2.2.2.1 Leerlauf. $R_a = \infty$. Die Gleichung (2.20) führt in diesem Fall für den Eingangswiderstand auf:

$$R_l = -\mathrm{i} Z \cot \beta l \; . \qquad (2.21)$$

Der Eingangswiderstand ist also rein imaginär (s. Abb. 2.4). Da $\beta = 2\pi/\lambda$, entspricht $\beta l = \pi/2$ einer Leitungslänge von $\lambda/4$. Weiterhin sieht man, daß eine kurze ($l << \lambda$), offene Leitung sich wie eine Kapazität verhält. In der Nähe von $\beta l = (2n + 1)\pi/2$ zeigt R_l ein Verhalten wie die Impedanz eines Serienresonanzkreises.

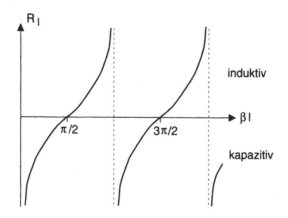

Abb. 2.4. Eingangswiderstand einer offenen Leitung

2.2.2.2 Kurzschluß. $R_a = 0$. Hier ergibt sich der Eingangswiderstand aus (2.20) als

$$R_k = iZ \tan \beta l \quad . \tag{2.22}$$

Eine kurze, kurzgeschlossene Leitung stellt also im Gegensatz zum Leerlauffall eine Induktivität dar und in der Nähe von $\beta l = (2n + 1)\pi/2$ entspricht der R_k-Verlauf der Impedanz eines Parallelresonanzkreises (s. Abb. 2.5).

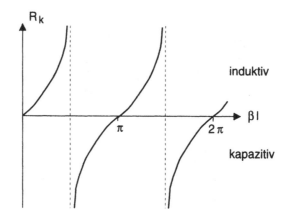

Abb. 2.5. Eingangswiderstand einer kurzgeschlossenen Leitung

2.2.2.3 Wellenwiderstand als Abschluß. $R_a = Z$. Aus (2.20) folgt sofort $R_e = Z$. Da $U_x = U_0 \cos \beta x - iZI_0 \sin \beta x$, und da $U_0/I_0 = Z$, ergibt sich für U_x:

$$U_x = I_0 Z (\cos \beta x - i \sin \beta x) = I_0 Z e^{-i\beta x} \quad .$$

Auf der Leitung breitet sich also nur eine Welle in x-Richtung aus, d.h. es tritt am Leitungsende keine Reflexion auf.

Für überschlägige Betrachtungen kann das Ersatzschaltbild Abb. 2.3 einer Leitung stark vereinfacht werden, wie für den verlustfreien Fall in der Abb. 2.6 dargestellt ist. $L' = Ll$; $C' = Cl$; $\omega_0 = 1/\sqrt{1/2L'C'}$; $Z = \sqrt{L/C}$ für $\omega \ll \omega_0$.

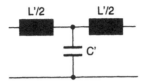

Abb. 2.6. Einfaches Ersatzschaltbild einer Leitung

Im Leerlauf stellt diese Schaltung einen Serienresonanzkreis und im Kurzschluß einen Parallelresonanzkreis in Übereinstimmung mit den obigen Feststellungen dar. Da die Welleneigenschaften jedoch nicht wiedergegeben werden, gilt dieses vereinfachte Ersatzschaltbild nur für $\omega < \omega_0$.

2.2.3 Impulse auf Leitungen

Sehr oft werden Impulse über Leitungen geführt, s. Abb 2.7. Für eine einwandfreie Übertragung der Impulse kommt es sehr auf den richtigen Abschlußwiderstand am Ende der Leitung an.

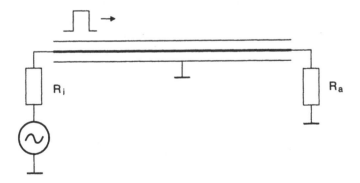

Abb. 2.7. Impuls auf einer Leitung

$R_a = Z \rightarrow$ Impuls wird am Ende nicht reflektiert sondern ganz in R_a verbraucht.

$R_a = \infty \rightarrow$ Impuls wird am Ende mit gleicher Phase vollständig reflektiert.

$R_a = 0 \rightarrow$ Impuls wird am Ende mit 180°-Phasensprung vollständig reflektiert.

Liegt der Abschlußwiderstand zwischen diesen Grenzwerten, so findet eine teilweise Reflexion statt. Zur quantitativen Beschreibung der Reflexion wird der *Reflexionsfaktor r* definiert, der das Verhältnis der Amplituden der reflekierten und der hinlaufenden Welle ist. Eine Reflexion ist auch dann vorhanden, wenn sich auf der Leitung eine Stoßstelle wie z.B. eine Querschnittsänderung befindet. R_a kann als der neue Wellenwiderstand nach einer Stoßstelle aufgefaßt werden. An einer Stoßstelle tritt dann noch eine weiterlaufende Welle auf. Da Spannung und Strom an der Stoßstelle, die sich bei $x = a$ befinden soll, stetig sein müssen, kann geschrieben werden:

$$U_h e^{-\gamma a} + U_r e^{\gamma a} = U_w e^{-\gamma' a} \qquad \text{für die Spannungen}$$

$$\frac{U_h}{Z} e^{-\gamma a} - \frac{U_r}{Z} e^{\gamma a} = \frac{U_w}{R_a} e^{-\gamma' a} \qquad \text{für die Ströme .}$$

Die obere Gleichung wird mit $1/R_a$ multipliziert, und die untere von der oberen abgezogen. Dann folgt unter Weglassung der Phasenfaktoren:

$$U_h \left(\frac{1}{R_a} - \frac{1}{Z} \right) + U_r \left(\frac{1}{R_a} + \frac{1}{Z} \right) = 0 \quad ; \quad U_r = \frac{R_a - Z}{R_a + Z} U_h \ .$$

Der Reflexionsfaktor hat also die Form:

$$r = \frac{R_a - Z}{R_a + Z} \ . \tag{2.23}$$

Ist in der Abb. 2.7 R_i auch verschieden von Z, so finden Mehrfachreflexionen auf der Leitung statt. Für sehr kurze Leitungen, d.h. wenn die Impulslaufzeit auf der Leitung kurz im Vergleich zur Impulsdauer ist, ist es sinnvoller, das Ersatzschaltbild von Abb. 2.6 zu verwenden, woraus unmittelbar ersichtlich ist, daß bei nicht richtigem Leitungsabschluß mit dem Wellenwiderstand Einschwingvorgänge auftreten werden.

3. Halbleiterbauelemente

3.1 Der reine und dotierte Halbleiter

Die wichtigsten physikalischen Eigenschaften der Halbleiter wie *Bandstruktur*, *Elektron-Loch-Konzept* und *Leitungsmechanismus* werden vorausgesetzt bzw. hier nur angedeutet, soweit sie für den weiteren Text zum Verständnis erforderlich sind. Von den in der Elektronik verwendeten Halbleitern Si, Ge und GaAs hat das Silizium die größte Bedeutung. GaAs wird wegen seiner hohen Ladungsträgerbeweglichkeit XSbei sehr schnellen Bausteinen eingesetzt. Darüber hinaus ist GaAs das Ausgangsmaterial für aktive optoelektronische Bauelemente, da es im Gegensatz zu Si und Ge ein direkter Halbleiter ist.

Der reine Halbleiter ist insbesondere dadurch charakterisiert, daß seine Ladungsträgerdichte exponentiell von der Temperatur abhängt. Er ist deshalb so ohne weiteres für Bauelemente nicht geeignet.

Einige typische Werte für Halbleiter bei 293 K:

	Ge	Si	GaAs	
Bandlücke	0,66	1,12	1,4	eV
Eigenleitungsdichte n_i	$2,5 \cdot 10^{13}$	$1,5 \cdot 10^{10}$	$9,2 \cdot 10^6$	cm^{-3}
Elektronenbeweglichkeit μ_n	3900	1350	8800	cm^2/Vs
Löcherbeweglichkeit μ_p	1900	480	450	cm^2/Vs

Der Halbleiter ist erst durch die Dotierung mit 3- oder 5-wertigen Atomen für die Halbleiterbauelemente brauchbar, wodurch die bekannte *p-Leitung* bzw. *n-Leitung* entsteht. Durch die Dotierung wird in einem technisch wichtigen Temperaturbereich zwischen T_1 und T_2 eine im wesentlichen temperaturunabhängige Leitfähigkeit erreicht → *Erschöpfungsbereich* (s. Abb. 3.1).

Dieser Bereich ist dadurch gekennzeichnet, daß die Leitfähigkeit durch die Ladungsträger der vollständig ionisierten Donatoren bzw. Akzeptoren bestimmt wird, bevor die *Eigenleitung* oberhalb von T_1 einen nennenswerten Beitrag zur Leitfähigkeit liefert. T_2 liegt im Bereich 10 ... 100 K und T_1 oberhalb von 200° C. Die beiden Abbildungen 3.2 und 3.3 zeigen schematisch die Bandstruktur bei Dotierung.

Der Abstand der Akzeptor- bzw. Donatorniveaus von den entsprechenden Bandkanten beträgt typischerweise nur ca. 50 meV. Deshalb sind die Dotierungsatome bereits bei tiefen Temperaturen vollständig ionisiert, was die

Ursache des Erschöpfungsgebietes ist. Auf Grund der Ladungsneutralität muß im thermischen Gleichgewicht stets gelten:

$$n_i^2 = n_p n_n \tag{3.1}$$

(n_i = Eigenleitungsdichte, n_p = Löcherdichte, n_n = Elektronendichte).

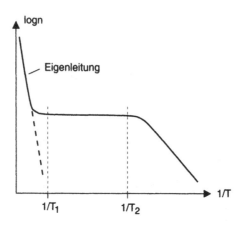

Abb. 3.1. Temperaturabhängigkeit der Ladungsträgerdichte

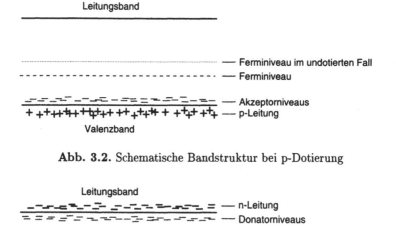

Abb. 3.2. Schematische Bandstruktur bei p-Dotierung

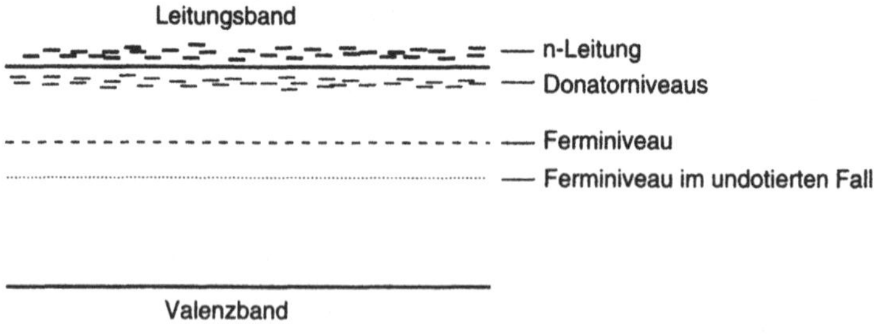

Abb. 3.3. Schematische Bandstruktur bei n-Dotierung

Hieraus folgt, daß bei n- bzw. p-Leitung neben der Hauptladungsträgerart (*Majoritätsträger*) stets noch ein Anteil der anderen Ladungsträgerart (*Minoritätsträger*) vorhanden ist. Hierzu ein Beispiel:

Si mit 10^{16} P-Atomen/cm^3 dotiert, besitzt 10^{16} Elektronen/cm^3. Die Eigenleitungsdichte beträgt ca. 10^{10}/cm^3. Nach der obigen Gleichung sind dann 10^4 Löcher/cm^3 vorhanden.

3.2 Der pn-Übergang

Der Kontakt zwischen p-leitendem und n-leitendem Halbleitermaterial erzeugt den *pn-Übergang*. Durch den Konzentrationsunterschied im Kontaktbereich diffundieren Löcher aus dem p-Gebiet zur n-Seite und umgekehrt Elektronen aus dem n-Gebiet zur p-Seite. Dadurch entsteht auf der p-Seite durch die unbeweglichen Akzeptorionen eine negative Raumladung und entsprechend auf der n-Seite eine positive Raumladung. Diese erzeugt ein elektrisches Feld, das einen dem *Diffusionsstrom* entgegengerichteten *Feldstrom* hervorruft. Es stellt sich ein Gleichgewicht ein, bei dem sich beide Ströme kompensieren. Das elektrische Feld führt zu einer Spannung zwischen der n- und der p-Seite, die als *Diffusionsspannung* bezeichnet wird, da die Diffusion die Ursache dieser Spannung ist. Die Kontaktzone verarmt sehr stark an beweglichen Ladungsträgern, so daß eine hochohmige *Sperrschicht* entsteht. An der Abb. 3.4 kann man sich das Verhalten beim Anlegen einer Spannung an den pn-Übergang klarmachen.

Aus diesen Bildern ist ersichtlich, daß der pn-Übergang beim Anlegen einer negativen Spannung (Minus an der p-Seite und Plus an der n-Seite) den Stromfluß sperrt, weil die thermische Energie der Elektronen auf der n-Seite bzw. die der Löcher auf der p-Seite nicht groß genug ist, um den Potentialunterschied zwischen p- und n-Seite zu überwinden. Für die stets vorhandenen Minoritätsträger ist jedoch die Polung gerade so, daß sie durch den pn-Übergang fließen können und sie damit einen geringen *Sperrstrom* bewirken. Da die Majoritätsträger durch die Polung der anliegenden Spannung von der Sperrschicht zurückgezogen werden, vergrößert sich die Breite der Sperrschicht mit wachsender Spannung. Für die Breite der Sperrschicht für einen abrupten Übergang der Dotierung gilt:

$$d = \sqrt{\frac{2\epsilon(U_{\mathrm{d}} - U)}{e}} \sqrt{\frac{1}{N_{\mathrm{A}}} + \frac{1}{N_{\mathrm{D}}}} \qquad (3.2)$$

(ϵ = DK, e = Elementarladung, N_{A} = Akzeptordichte, N_{D} = Donatordichte, U_{d} = Diffusionsspannung). Diese Gleichung gilt nicht in Vorwärtsrichtung für $U > U_{\mathrm{d}}$. Die Diffusionsspannung kann man aus der folgenden Gleichung berechnen:

$$U_{\mathrm{d}} = U_{\mathrm{T}} \ln \frac{N_{\mathrm{A}} N_{\mathrm{D}}}{n_{\mathrm{i}}^2} \qquad (3.3)$$

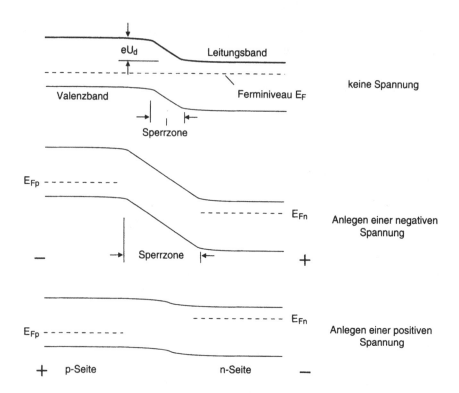

Abb. 3.4. Vereinfachtes Bandschema des pn-Überganges

$U_T = kT/e \approx 26\,\mathrm{mV}$ bei 300 K.

Ein Zahlenbeispiel: Für einen pn-Übergang in Si mit einer p- und n-Dotierung von 10^{16} cm^{-3} ergibt die Anwendung der beiden Gleichungen bei $U = 0\ U_D = 700$ mV und d = $0,43\,\mu$m.

Liegt die Spannung am pn-Übergang in umgekehrter Richtung, so wird der Potentialwall abgebaut, und die Ladungsträger können zur jeweils anderen Seite fließen, wo sie dann Minoritätsträger sind. Dabei existiert eine exponentielle Abhängigkeit des Stromes von der Spannung. Die Eigenschaft der zwei Zustände des pn-Überganges – Durchlaß und Sperrung – stellt die Grundlage für die Halbleiterbauelemente dar.

3.3 Dioden

3.3.1 pn-Dioden

Die technische Ausnutzung eines einzelnen pn-Überganges bildet die große Gruppe der Halbleiterdioden. Sie finden ihren Einsatz ganz allgemein in der Gleichrichtung von Spannungen unterschiedlicher Polarität.

3.3.1.1 Statische Eigenschaften. Die prinzipielle Strom-Spannungskennlinie ist in Abb. 3.5 wiedergegeben. Der Strom durch die Diode zeigt in Vorwärtsrichtung eine exponentielle Abhängigkeit von der Spannung:

$$I = I_r(e^{U/U_T} - 1) \; . \tag{3.4}$$

In Durchlaßrichtung steigt der Strom erst ab der sog. *Schwellenspannung* U_s auf merkbare Werte an. Diese Schwellenspannung liegt bei Ge bei 0,3 ... 0,4 V und bei Si bei 0,6 ... 0,8 V. In Sperrichtung fließt der Sperrstrom I_r. Typische Werte von I_r sind bei 25°C bei einer Ge-Diode 1 ... 100 μA und bei einer Si-Diode 10 ... 100 nA. Da $I_r \sim n_i$, zeigt I_r eine exponentielle Temperaturabhängigkeit. Die Spannung U_s besitzt ebenfalls eine Temperaturabhängigkeit von ≈ -2 mV/K bei $I = $ const, was sich besonders bei den bipolaren Transistoren schädlich auswirkt.

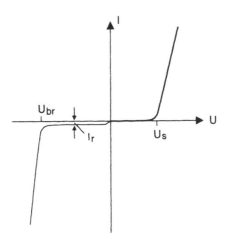

Abb. 3.5. Diodenkennlinie

Wird die Spannung in Sperrichtung weiter erhöht, so nimmt die elektrische Feldstärke in der Sperrschicht zu, weil die Dicke der Sperrschicht nur $\sim \sqrt{U}$ größer wird, siehe (3.2). Die elektrische Feldstärke erreicht schließlich so hohe Werte, daß bei der Durchbruchsspannung U_{br} *Stoßionisation* auftritt. Der Strom steigt dann sehr stark mit der Spannung an. Wird der Strom nicht auf einen maximal zulässigen Wert begrenzt, so wird infolge des endlichen Widerstandes der Diode die Temperatur so hoch, daß der pn-Übergang zerstört wird.

3.3.1.2 Dynamische Eigenschaften. Das dynamische Verhalten wird in der Durchlaßrichtung dadurch bestimmt, daß sich bei einer Änderung der anliegenden Spannung die Konzentration der den Strom im pn-Übergang tragenden Minoritätsträger neu einstellen muß. Das kann jedoch nicht momentan sondern nur mit einer zeitlichen Verzögerung erfolgen. Diesen Vorgang kann man formal mit dem Umladen einer Kapazität, der sog. *Diffusionskapazität* beschreiben.

In der Sperrichtung stellt die Sperrschicht eine Kapazität dar. Sie ändert sich $\sim 1/\sqrt{U}$, da die Breite $\sim \sqrt{U}$ ist. Diese Sperrschichtkapazität macht sich beim Umschalten vom Sperr- in den Leitzustand durch einen allerdings häufig zu vernachlässigen Umladestrom bemerkbar. Schließlich sind der endliche Durchlaßwiderstand und unter Umständen die Induktivität der Zuleitungen und der Diode selbst und die Gehäusekapazität zu berücksichtigen. Abbildung 3.6 zeigt das typische, zeitliche Verhalten. Es ist das Umschalten vom Leitzustand bei einer Spannung U_+ in den Sperrzustand bei einer Spannung U_- und zurück dargestellt, wobei der Strom durch einen Widerstand R begrenzt wird. Im Leitzustand ist die Konzentration der Minoritätsträger

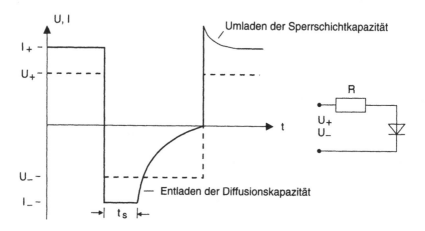

Abb. 3.6. Schaltverhalten einer pn-Diode

im pn-Übergang hoch. Wird jetzt eine Spannung in Sperrichtung angelegt, so muß diese Konzentration abgebaut werden, was gleichbedeutend mit dem Entladen der Diffusionskapazität ist. Dabei fließt ein Strom I_- in der Rückwärtsrichtung, der während der sog. *Speicherzeit* t_s nur durch den Widerstand R begrenzt ist. Nach t_s fällt der Strom exponentiell bis auf den Sperrstrom ab. Je größer der Strom I_+ in Vorwärtsrichtung ist, um so größer wird t_s. Bei Leistungsdioden, die große Ströme zulassen, besitzt t_s ziemlich große Werte von 0,1 ... 1 ms an. Schnelle Schaltdioden haben t_s-Werte im 1 ns-Bereich. Wird vom Sperrzustand in den Leitzustand zurückgeschaltet, muß die Sperrschichtkapazität umgeladen werden. Dieser Vorgang wird jedoch, weil er sehr schnell erfolgt, meistens durch die endliche Anstiegszeit der Spannungsumschaltung verdeckt und ist in der Abb. 3.6 übertrieben dargestellt.

3.3.2 Dioden als Gleichrichter

Ein wichtiges Anwendungsgebiet der Dioden ist die Gleichrichtung von Wechselspannungen im Netzgleichrichter. Die einfachste Methode der Gleichrichtung ist die Reihenschaltung aus Wechselspannungsquelle, Diode und Lastwiderstand. Dabei liegt dann je nach Polung der Diode die positive oder die negative Halbwelle der Wechselspannung am Lastwiderstand. Diese pulsierende Ausgangsspannung ist in den meisten Fällen unerwünscht. Deshalb wird die Schaltung um einen Ladekondensator wie in Abb. 3.7 erweitert.

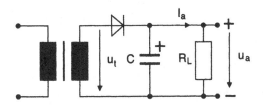

Abb. 3.7. Einweggleichrichterschaltung

Ohne den Lastwiderstand R_L lädt sich der Kondensator C während der positiven Halbwelle auf den Spitzenwert U_{a0} auf.

$$U_{a0} = \sqrt{2}U_{\text{teff}} - U_s \ . \tag{3.5}$$

U_s = Schwellspannung der Diode. Die Diode muß dann eine maximale Sperrspannung von $2\sqrt{2}U_{\text{teff}}$ aushalten können.

Wird der Lastwiderstand angelegt, so entlädt sich der Kondensator in Zeiten, in denen die Diode gesperrt ist (s. Abb. 3.8). Sobald die Transformatorspannung u_t größer als die Ausgangsspannung u_a ist, leitet die Diode wieder, und der Kondensator wird wieder nachgeladen. So ergibt sich eine mittlere Ausgangsspannung U_a und eine überlagerte Brummspannung u_{br} mit dem Spitzenwert U_{brss}. Für sie gelten die folgenden Gleichungen:

$$U_a = U_{a0}(1 - \sqrt{R_i/R_L}) \quad \text{und} \quad U_{brss} = \frac{I_a}{Cf}(1 - \sqrt[4]{R_i/R_L}) \ . \tag{3.6}$$

Dabei ist R_i = Innenwiderstand des Transformators + Durchlaßwiderstand der Diode, f = Netzfrequenz.

Vorteilhafter und deshalb gebräuchlicher ist der Brückengleichrichter, häufig als *Grätzschaltung* (Abb. 3.9) bezeichnet. Bei ihm werden beide Halbwellen der Netzspannung ausgenutzt. In der positiven Halbwelle leiten die Dioden 1 und 3 und in der negativen Halbwelle die Dioden 2 und 4.

$$U_a = U_{a0}(1 - \sqrt{R_i/2R_L}) \quad \text{und} \quad U_{brss} = \frac{I_a}{2Cf}(1 - \sqrt[4]{R_i/2R_L}) \tag{3.7}$$

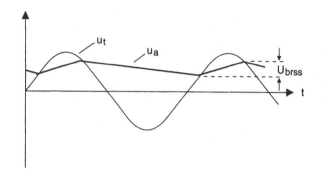

Abb. 3.8. Spannungsverlauf bei der Einweggleichrichtung

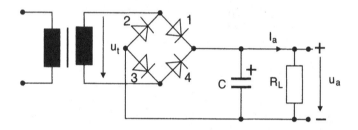

Abb. 3.9. Grätzgleichrichterschaltung

$$U_{a0} = \sqrt{2}U_{teff} - 2U_s \ . \tag{3.8}$$

Aus dem Vergleich mit dem Einweggleichrichter sieht man, daß hier nur der halbe Innenwiderstand des Transformators eingeht und daß weiterhin die Brummspannungsamplitude nur halb so groß ist, was durch die doppelte Frequenz der Brummspannung infolge der Ausnutzung beider Halbwellen verursacht ist. Die weitere Reduzierung der Brummspannung kann durch einen entsprechenden Tiefpaß erfolgen. In der modernen Elektronik werden jedoch Regelschaltungen eingesetzt, auf die in Kap. 7 eingegangen wird.

3.3.3 Spezielle Dioden

3.3.3.1 Z-Dioden (Zener-Dioden). Der steile Stromanstieg der Durchbruchsspannung einer pn-Diode wird bei der *Z-Diode* bewußt ausgenutzt, da innerhalb eines schmalen Spannungsbereiches eine große Stromänderung möglich ist. Daher wird die Z-Diode als Spannungsreferenz und zur Spannungsbegrenzung eingesetzt. Durch technologische Maßnahmen (spezielle Dotierungsprofile) erzielt man einen möglichst steilen Stromanstieg. Die Durchbruchsspannung, die üblicherweise als *Zenerspannung* bezeichnet wird, läßt sich durch die Dotierung in weiten Grenzen (ca. 5 ... 100 V) verändern. Je höher die Dotierung gewählt wird, umso niedriger ist die Zenerspannung. Neben dem Durchbruchsmechanismus des Lawinendurchbruchs infolge der Stoßionisation, der bei Zenerspannungen > 8 V vorherrscht, ist bei Spannungen < 6 V der Tunneleffekt maßgebend. Dieser Mechanismus bei der pn-Diode ist von Zener beschrieben worden, weshalb die Z-Diode oft auch Zener-Diode genannt wird. Dieser „Zenereffekt" ist in der Abb. 3.10 dargestellt. Bei hoher

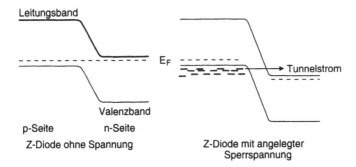

Abb. 3.10. Tunneleffekt bei der Zener-Diode

Dotierung ($> 10^{17}/\mathrm{cm}^3$) rückt das Ferminiveau in die Nähe der Bandkanten, und der pn-Übergang wird sehr schmal. Wird jetzt eine Sperrspannung angelegt, so liegen besetzte Elektronenzustände des Valenzbandes auf der p-Seite unbesetzten Zuständen im Leitungsband der n-Seite gegenüber. Durch die sehr schmale Sperrschicht kann dann ein Tunnelstrom fließen. Er setzt ein, sobald die Valenzbandoberkante der p-Seite auf gleicher Höhe wie die Leitungsbandunterkante der n-Seite liegt.

Die Zenerspannung zeigt eine Temperaturabhängigkeit, wobei der Lawinendurchbruch einen positiven und der Zenereffekt einen negativen Temperaturkoeffizienten besitzt. Hierdurch ergibt sich bei etwa 6 V Zenerspannung ein sehr kleiner TK von unter $10^{-4}/\mathrm{K}$. Z-Dioden mit dieser Spannung sind deshalb besonders gut für Referenzquellen geeignet.

Die Grundschaltung für eine Spannungsstabilisierung ist in Abb. 3.11 wiedergegeben. Solange ein Strom durch die Z-Diode fließt, ist die Ausgangsspannung praktisch gleich der Zenerspannung. Für die Güte der Spannungsstabilisierung ist die Steilheit der Durchbruchskennlinie maßgebend, die durch den differentiellen Widerstand $r_\mathrm{d} = \partial U_z/\partial I_z$ im Durchbruchsgebiet ausgedrückt wird. Die Wirkung der Z-Diode kann deshalb durch die danebenstehende Ersatzschaltung beschrieben werden.

Berechnung der Stabilisierung:

$$I = I_z + I_\mathrm{L} \ \rightarrow \ \frac{U_0 - U_z}{R} = \frac{U_z - U_{z0}}{r_\mathrm{d}} + \frac{U_z}{R_\mathrm{L}}$$

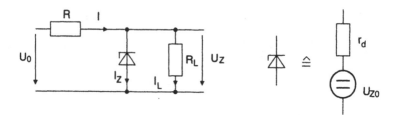

Abb. 3.11. Spannungsstabilisierung mit einer Z-Diode

$$U_z \left(\frac{1}{R} + \frac{1}{R_L} + \frac{1}{r_d} \right) - \frac{U_0}{R} - \frac{U_{z0}}{r_z} = 0 \ . \tag{3.9}$$

Die Eingangsspannung U_0 wird um dU_0 geändert, was eine Änderung der Ausgangsspannung um dU_z zur Folge hat. Dazu wird (3.9) differenziert:

$$dU_z \left(\frac{1}{R} + \frac{1}{R_L} + \frac{1}{r_d} \right) = \frac{1}{R} dU_0 \ . \tag{3.10}$$

Aus (3.9) wird der Term in der Klammer eingesetzt, woraus dann folgt:

$$\frac{dU_z}{U_z} = \frac{dU_0}{U_0} \frac{1}{1 + \dfrac{R}{r_d} \dfrac{U_{z0}}{U_0}} \approx \frac{dU_0}{U_0} \frac{r_d}{R} \frac{U_0}{U_{z0}} \ . \tag{3.11}$$

Wie aus dieser Rechnung zu ersehen ist, bestimmt das Verhältnis des differentiellen Widerstandes zum Vorwiderstand die Güte der Stabilisierung. Die Stabilisierung der Spannung U_z wirkt natürlich nur dann, solange ein Strom durch die Z-Diode fließt.

3.3.3.2 Kapazitätsdioden. Der pn-Übergang in Sperrichtung mit seinen Raumladungen stellt eine Kapazität dar, deren Größe leicht durch die Sperrspannung geändert werden kann, da wie oben angegeben, die Sperrschichtdicke von der Spannung abhängt. Daher wird die in Sperrichtung betriebene pn-Diode als Kapazitätsdiode sehr viel bei der Abstimmung von Schwingkreisen eingesetzt. Man kann Kapazitätswerte bis 500 pF mit einer Variation von 1:3 ... 1:15 erreichen. Für einen abrupten Dotierungsübergang wird

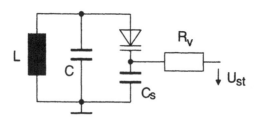

Abb. 3.12. Schwingkreisabstimmung mit einer Kapazitätsdiode

$C \sim 1/\sqrt{U}$, für einen linearen Übergang wird $C \sim 1/\sqrt[3]{U}$. Durch spezielle Dotierung kann man zumindest in einem eingeschränkten Spannungsbereich $C \sim 1/U^2$ erzielen, so daß die Resonanzfrequenz eines mit einer Kapazitätsdiode abgestimmten Schwingkreises proportional zur Abstimmspannung ist. Abbildung 3.12 zeigt die Prinzipschaltung für eine Diodenabstimmung.

Durch die Wahl $C_s \gg C_d$, der Diodenkapazität, liegt die Kapazitätsdiode parallel zu der Schwingkreiskapazität C. Über den großen Vorwiderstand R_v wird der Diode die nötige Steuerspannung U_{st} zugeführt.

3.3.3.3 pin-Dioden. Zur Erzielung hoher Sperrspannungen von pn-Dioden müßte eine geringe Dotierung benutzt werden, die aber den Nachteil hat, daß nur relativ kleine Ströme in Vorwärtsrichtung fließen können. Diesen Nachteil umgehen die *pin-Dioden* (s. Abb. 3.13), die ihre Bezeichnung von der Schichtenfolge p-leitend - intrinsic (eigenleitend) - n-leitend erhalten haben. Die p- und die n-Zone sind stark dotiert, angedeutet durch die „+"-Zeichen. Sie können also eine große Stromdichte tragen. Durch ihre große Injektionsfähigkeit überschwemmen sie in der Durchlaßrichtung das i-Gebiet, so daß dieses ohne Einfluß ist. In der Sperrichtung sorgt aber die i-Zone für eine hohe Sperrspannung. Nach diesem Prinzip kann man Durchlaßströme bis zu 1 kA und Sperrspannungen von einigen kV erreichen.

Abb. 3.13. Schichtenfolge der pin-Diode

Das pin-Dioden-Prinzip hat auch noch im Hochfrequenzgebiet eine wichtige Anwendung: Bei Frequenzen oberhalb der mittleren Rekombinationsfrequenz ist der Stromdurchfluß durch das i-Gebiet nur von der Gleichspannung und nicht mehr von der HF-Spannung abhängig. Damit stellt das i-Gebiet einen regelbaren HF-Widerstand dar, der im HF- und Mikrowellengebiet als Modulator und Abschwächer eingesetzt wird.

3.3.3.4 Gunn-Dioden. GaAs ist im Unterschied zu Ge und Si ein direkter Halbleiter, d.h. in der Bandstruktur $E(k)$ liegt das Minimum des Leitungsbandes bei dem gleichen k-Vektor wie das Maximum des Valenzbandes. Die Elektronen des Leitungsbandes in diesem Minimum haben eine kleine effektive Masse und damit, da die Beweglichkeit umgekehrt proportional zur effektiven Masse ist, eine große Beweglichkeit von $\approx 6200 \text{ cm}^2/\text{Vs}$. Es gibt jedoch im Abstand von 0,36 eV noch ein zweites Minimum im Leitungsband, dessen Elektronen eine große effektive Masse und daher eine kleine Beweglichkeit von $\approx 50 \text{ cm}^2/\text{Vs}$ besitzen. Legt man an ein GaAs-Stäbchen eine steigende Spannung an, so können ab einer kritischen Spannung Elektronen vom Hauptminimum in das zweites Minimum gelangen, wo sie dann zu langsamen

Elektronen werden. Die Gesamtbeweglichkeit muß daher abnehmen. Abbildung 3.14 zeigt die Abhängigkeit der Driftgeschwindigkeit in GaAs von der elektrischen Feldstärke. Die Steigung dieser Kurve stellt die Beweglichkeit dar $(v_d = \mu E)$.

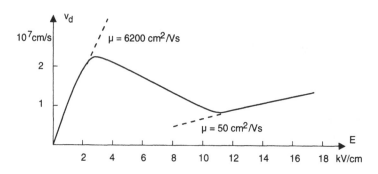

Abb. 3.14. Driftgeschwindigkeit in GaAs

Bei der Fortbewegung der Elektronen durch das GaAs-Stäbchen wird dann eine Anhäufung von langsamen Elektronen entstehen. Diese Anhäufung wird als *Domäne* bezeichnet. Da die Domäne mit den langsamen Elektronen eine kleinere Leitfähigkeit als das übrige Gebiet besitzt, wird der Großteil der anliegenden Spannung in der Domäne abfallen, so daß hier ein Hochfeldgebiet existiert. Daher müssen alle schnellen Elektronen, die von hinten auf die Domäne zulaufen, in der Domäne zu langsamen Elektronen werden. Die Ladungsanhäufung steilt also erheblich auf, und die Domäne bewegt sich mit der vom Restfeld gegebenen Driftgeschwindigkeit durch das Stäbchen. Trifft die Domäne auf das Stäbchenende, so verschwindet sie, wobei ein kräftiger Stromimpuls entsteht. In diesem Augenblick liegt wieder die Gesamtspannung über dem ganzen Stäbchen und es kann sich unter der Voraussetzung, daß die kritische Spannung überschritten ist, wieder eine Domäne ausbilden. Es entstehen also periodische Stromimpulse, deren Frequenz durch die Driftgeschwindigkeit der Domäne und die Stäbchenlänge gegeben ist. Es ist leicht, mit dieser Gunn-Diode, die ihren Namen nach dem Entdecker dieses Effektes erhalten hat, Frequenzen von 10 ... 30 GHz und Leistungen im Bereich von 10 ... 500 mW zu erzeugen.

3.3.3.5 Schottky-Dioden. Für die Halbleitertechnik spielt der Metall-Halbleiter-Übergang eine wichtige Rolle; denn für die äußeren Anschlüsse der Halbleiterbauelemente werden Metalldrähte verwendet. Hier muß der Übergang natürlich ein ohmsches Verhalten zeigen. Die verschiedenen Probleme des Metall-Halbleiter-Überganges sind insbesondere von Schottky untersucht worden. Dabei hat sich herausgestellt, daß es für die Eigenschaften des Metall-Halbleiter-Überganges auf die Elektronaustrittsarbeit W von Metall und Halbleiter ankommt und man 4 verschiedene Fälle unterscheiden kann:

1. $W_{\text{Metall}} > W_{\text{n-HL}}$: gleichrichtender Kontakt
2. $W_{\text{Metall}} < W_{\text{n-HL}}$: ohmscher Kontakt
3. $W_{\text{Metall}} > W_{\text{p-HL}}$: ohmscher Kontakt
4. $W_{\text{Metall}} < W_{\text{p-HL}}$: gleichrichtender Kontakt

Für Kontakte müssen also die Fälle 2 und 3 benutzt werden.

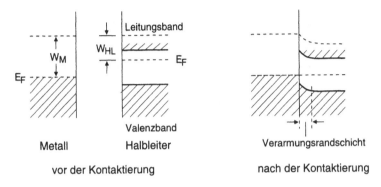

Abb. 3.15. Vereinfachtes Bandschema der Schottky-Diode

Der Fall 1 hat als gleichrichtender Kontakt in der *Schottky-Diode* eine große Bedeutung erlangt. Die Ausbildung einer Sperrschicht für diesen Fall ist schematisch in der Abb. 3.15 dargestellt. Werden Metall und Halbleiter in Kontakt gebracht, so diffundieren wegen der kleineren Austrittsarbeit Elektronen vom Halbleiter in das Metall. Im Halbleiter entsteht somit eine Verarmungszone, die wegen der ortsfesten Donatoren eine positive Raumladung trägt. Die Elektronen, die in das Metall diffundiert sind, erzeugen dort eine negative Oberflächenladung, so daß ähnliche Verhältnisse wie beim pn-Übergang existieren und insgesamt eine Potentialschwelle vorhanden ist. Legt man eine negative Spannung an die Halbleiterseite, so wird diese potentialmäßig angehoben. Dabei verschwindet die Potentialschwelle, und Elektronen können ungehindert zur Metallseite fließen. Wird eine umgekehrt gepolte Spannung benutzt, so vergrößert sich die Potentialschwelle, d.h. der Kontakt ist gesperrt. Der große Vorteil der Schottky-Diode besteht darin, daß am Stromtransport im Gegensatz zum pn-Übergang nur Majoritätsträger beteiligt sind. Daher besitzen die Schottky-Dioden eine sehr hohe Schaltgeschwindigkeit mit Schaltzeiten $< 0,1$ ns. Ihre Schwellspannung liegt bei $0,3$ V. Ihr Einsatzgebiet liegt deshalb in der schnellen Digitaltechnik und im Mikrowellenbereich.

3.4 Bipolare Transistoren

Der bipolare Transistor, im folgenden kurz *Transistor* genannt, ist ein Halbleiterbauelement mit zwei pn-Übergängen der Schichtenfolge n-p-n oder p-n-p

(s. Abb. 3.16). Die Folge der 3 Schichten wird mit *Emitter, Basis* und *Kollektor* bezeichnet.

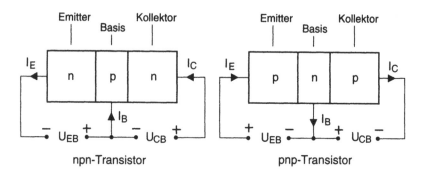

Abb. 3.16. Bipolarer Transistor

Das Prinzip des Transistors besteht nun darin, daß die Emitter-Basis-Diode in Durchlaßrichtung und die Kollektor-Basis-Diode in Sperrichtung betrieben werden. Weiterhin wird die Basiszone sehr dünn gehalten (Größenordnung einige μm) und schwach dotiert. Der Emitter wird stark dotiert, so daß er eine hohe Injektionsfähigkeit besitzt. Der Kollektor wird weniger stark dotiert, so daß die Kollektor-Basis-Diode eine ausreichend hohe maximale Sperrspannung aufweist. Die Elektronen des Emitters - im folgenden wird sich auf den npn-Transistor beschränkt, weil er die größte technische Bedeutung hat - diffundieren aus dem pn-Übergang heraus in die Basiszone und durch diese hindurch zum Basis-Kollektor-Übergang. Da die Basis sehr schmal und schwach dotiert ist, gehen nur wenige Elektronen durch Rekombination verloren. Sobald diese Elektronen den pn-Übergang der Kollektor-Basis-Diode erreichen, werden sie durch das dortige Feld zum Kollektor hin abgesaugt. Der größte Teil der Elektronen erreicht also den Kollektor. Eine Steuerung des Kollektorstromes kann dann über die Emitter-Basis-Spannung erfolgen.

Abbildung 3.17 zeigt die Aufteilung des Elektronenstromes auf die verschiedenen Effekte, wobei die Ziffern in der Abbildung den Nummern der folgenden Aufzählung entsprechen.

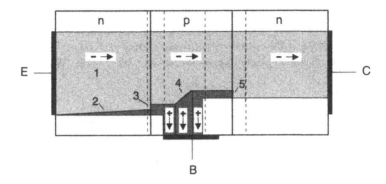

Abb. 3.17. Elektronen- und Löcherstrom im npn-Transistor

– (1) Hauptteil der Elektronen, die durch Diffusion den Kollektor erreichen.
– (2) Injektion von Löchern aus der Basis in den Emitter. Dieser Anteil am
  Basis-Strom wird jedoch durch die geringe Dotierung der Basis sehr klein
  gehalten.
– (3) Beim Fließen des Emitter-Stromes überwiegen in dem Emitter-Basis-
  pn-Übergang die Elektronen. Da jedoch die Ladungsneutralität angestrebt
  wird, wird ein Teil der Elektronen mit Löchern rekombinieren. Dieser Anteil geht dem Emitter-Strom verloren. Er spielt jedoch nur bei kleinen
  Durchlaßspannungen eine Rolle.
– (4) In der Basis rekombiniert ein Teil der diffundierenden Elektronen, die
  hier Minoritätsträger sind, mit den Löchern.
– (5) Die gesperrte Kollektor-Basis-Diode trägt einen Sperrstrom, dessen
  Löcher in den Basis-Anschluß fließen. Die Elektronen fließen zum Kollektor-
  Anschluß und erhöhen den Kollektor-Strom. Dieser Anteil kann jedoch
  nicht vom Emitter her gesteuert werden.

Insgesamt wirken sich die genannten Effekte so aus, daß das Verhältnis

$$I_C/I_E = A = \text{Gleichstromverstärkung} \approx 0{,}95 \dots 0{,}995$$

beträgt. Für Stromänderungen im Kleinsignalbereich wird $\alpha = \partial I_C/\partial I_E$ bei
$U_{CE} = \text{const}$ benutzt.

Jeder der 3 Anschlüsse des Transistors kann als Bezugspunkt gewählt
werden. Demnach werden beim Transistor 3 Grundschaltungen unterschieden:

– Basis-Schaltung
– Emitter-Schaltung
– Kollektor-Schaltung

Die Emitterschaltung wird am häufigsten verwendet, da bei ihr der Basis-
Anschluß als Eingang benutzt wird und wegen des gegenüber dem Emitter-
Strom sehr viel kleineren Basis-Stromes die steuernde Signalquelle viel weni-
ger belastet wird. Das Verhältnis von Ausgangstrom/Eingangsstrom I_C/I_B ist

>> 1. Dieses Verhältnis wird als die statische Stromverstärkung B bezeichnet. Für die Berechnung von Stromänderungen insbesondere in Verstärkerschaltungen wird die differentielle Stromverstärkung $\beta = \partial I_C / \partial I_B$ bei $U_{CE} =$ const definiert. β hat typischerweise Werte von 50 ... 500. Wie bei jedem

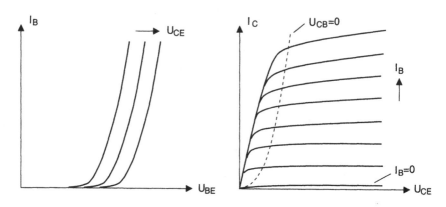

Abb. 3.18. Eingangs- und Ausgangskennlinien der Emitterschaltung

Verstärkerbauteil sind auch hier die Strom-Spannungskennlinien der Ausgangs- und der Eingangsseite wichtig. Das Ausgangskennlinienfeld mit dem Basis-Strom als Parameter kann man sich leicht durch folgende Überlegung klarmachen: Ist die Basis nicht angeschlossen, bzw. ist $U_{BE} < 0,6$ V (Schwellspannung!), so kann nur der Sperrstrom der Basis-Kollektor-Diode fließen. I_C als Funktion von U_{CE} kann also bei $I_B = 0$ nur die Kennlinie einer Diode im Sperrbereich sein. Sie ist in der Abb. 3.18 lediglich von der üblichen Darstellung einer Diodenkennlinie vom 3. in den 1. Quadranten gespiegelt. Ist jetzt ein Basis-Strom vorhanden, so addiert sich der hierdurch hervorgerufene Kollektor-Strom zu dem Sperrstrom dazu. Die Kennlinie muß sich also praktisch parallel nach oben verschieben, wobei wegen des linearen Zusammenhanges zwischen Basis- und Kollektor-Strom die Verschiebung proportional zum Basis-Strom ist.

Tatsächlich ist die Verschiebung nicht genau parallel, sondern der Kollektorstrom steigt mit U_{CE} leicht an. Dieses Verhalten wird dadurch verursacht, daß sich mit steigendem U_{CE} die Sperrschicht im Kollektor-Basis-Übergang in die Basis ausdehnt, so daß die Basiszone zunehmend schmäler wird, was einen Anstieg im Kollektor-Strom bedeutet (*Early-Effekt*). Da $U_{CE} = U_{CB} + U_{BE}$, wird für kleine U_{CE} $U_{CB} < 0$. Dadurch wird links der Kurve $U_{CB} = 0$ das Gebiet erreicht, in dem die Kollektor-Basis-Diode in den Leitzustand übergeht. Wie später gezeigt wird, hat dieser Bereich erhebliche Konsequenzen beim Betrieb des Transistors als Schalter. Das Eingangskennlinienfeld $I_B = f(U_{BE})$ mit U_{CE} als Parameter wird durch die exponentielle Kennlinie einer leitenden pn-Diode bestimmt. Es besteht wegen des Early-Effektes eine geringe

Abhängigkeit des Basisstromes von der Kollektor-Emitter-Spannung („Rückwirkung"), die aber im Bereich der Kleinsignalverstärker vernachlässigt werden kann. In der Abb. 3.18 ist sie zur Verdeutlichung übertrieben groß dargestellt.

Aus den Kennlinien kann man zunächst einmal den *Eingangswiderstand* r_{BE} und den *Ausgangswiderstand* r_{CE} ermitteln, die durch die reziproke Steigung der Kennlinien gegeben sind:

$$r_{BE} = \frac{\partial U_{BE}}{\partial I_B} \quad ; \quad r_{CE} = \frac{\partial U_{CE}}{\partial I_C} \ . \tag{3.12}$$

Aus den beiden Kennlinienbildern sieht man, daß der Transistor einen relativ kleinen Eingangswiderstand und einen großen Ausgangswiderstand besitzt. Der Eingangswiderstand berechnet sich einfach durch Differenzieren der Diodenkennlinie (3.4):

$$r_{BE} = \frac{U_T}{I_B} \ . \tag{3.13}$$

Da die Steigung der Ausgangskennlinien mit wachsendem I_B etwas zunimmt, wird der Ausgangswiderstand mit steigendem Kollektorstrom kleiner. Mit guter Näherung läßt sich schreiben:

$$r_{CE} = \frac{U_\gamma}{I_C} \ . \tag{3.14}$$

Die Proportionalitätskonstante U_γ trägt die Bezeichnung *Early-Spannung*. Sie stellt auf der Abszisse den gemeinsamen Fußpunkt der nach links verlängerten flachen Teile der einzelnen Kennlinien dar. Er liegt bei npn-Transistoren zwischen -80 und -200 V.

Für den Einsatz des Transistors als Verstärker ist besonders der Zusammenhang zwischen I_C und U_{BE} interessant, der wegen des im wesentlichen linearen Zusammenhanges zwischen I_C und I_B wie die Eingangskennlinie eine Exponentialfunktion ist. Die Steigung dieser als *Übertragungskennlinie* bezeichneten Kennlinie ist die *Steilheit S*.

$$S = \left. \frac{\partial I_C}{\partial U_{BE}} \right|_{U_{CE}} = \frac{I_C}{U_T} \ . \tag{3.15}$$

Da die Temperaturspannung $U_T \approx 25$ mV bei Z.T. beträgt, ergibt sich für $S \approx 40$ mA/V$\cdot I_C$, wobei I_C in mA einzusetzen ist.

Aus den Abhängigkeiten des Basis- und des Kollektor-Stromes von der Basis-Emitter- und der Kollektor-Emitter-Spannung kann man die folgenden totalen Differentiale ableiten:

$$dI_B = \left. \frac{\partial I_B}{\partial U_{BE}} \right|_{U_{CE}} dU_{BE} + \left. \frac{\partial I_B}{\partial U_{CE}} \right|_{U_{BE}} dU_{CE}$$

$$dI_C = \left. \frac{\partial I_C}{\partial U_{BE}} \right|_{U_{CE}} dU_{BE} + \left. \frac{\partial I_C}{\partial U_{CE}} \right|_{U_{BE}} dU_{CE} \ .$$

Mit den eingeführten Parametern r_{BE}, r_{CE} und S folgen dann die Grundgleichungen unter Vernachlässigung der I_B-Abhängigkeit von U_{CE} (Rückwirkung):

$$dI_B = \frac{1}{r_{BE}}dU_{BE}$$

$$dI_C = SdU_{BE} + \frac{1}{r_{CE}}dU_{CE} \ . \tag{3.16}$$

Mit Hilfe dieser Gleichungen kann jede Transistorschaltung im Kleinsignalbereich berechnet werden.

3.4.1 Emitter-Schaltung

Zur Spannungsversorgung des Transistors und zur Erzielung einer Verstärkung muß am Kollektor ein Arbeitswiderstand eingebaut werden (s. Abb. 3.19). Damit besteht ein linearer Zusammenhang zwischen dem Eingangsstrom I_B und der Ausgangsspannung $U_a = I_C R_a$.

Die Stromverstärkung B ist im wesentlichen über einen nicht zu großen Kollektor-Strombereich konstant. Daraus folgt, daß der Transistor auch bei größeren Aussteuerungen ein *linearer Stromverstärker* ist.

Zur Berechnung der Spannungsverstärkung muß das Ausgangskennlinienfeld mit U_{BE} als Parameter herangezogen werden (s. Abb. 3.19). Da I_B exponentiell von U_{BE} abhängt, wird bei gleichbleibendem ΔU_{BE} der Abstand zwischen den Kennlinien exponentiell ansteigen. In dieses Kennlinienfeld muß in bekannter Weise die Widerstandsgerade, deren Steigung durch $-1/R_a$ gegeben ist, eingezeichnet werden. Dann gilt:

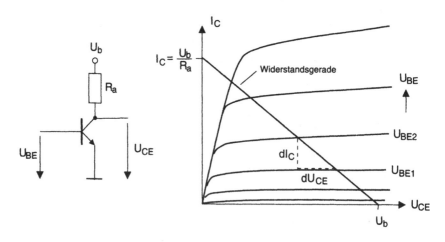

Abb. 3.19. Verstärkerschaltung und das zugehörige Ausgangskennlinienfeld

$$v_\mathrm{u} = \frac{\mathrm{d}U_\mathrm{CE}}{\mathrm{d}U_\mathrm{BE}} = \frac{-R_\mathrm{a}S\mathrm{d}U_\mathrm{BE} - \dfrac{R_\mathrm{a}}{r_\mathrm{CE}}\mathrm{d}U_\mathrm{CE}}{\mathrm{d}U_\mathrm{BE}} = -R_\mathrm{a}S - \frac{R_\mathrm{a}}{r_\mathrm{CE}}v_\mathrm{u}$$

und damit wird:

$$v_\mathrm{u} = -SR_\mathrm{a} \parallel r_\mathrm{CE} \ . \tag{3.17}$$

$R_\mathrm{a} \parallel r_\mathrm{CE}$ ist der Ausgangswiderstand . Da in der Regel $R_\mathrm{a} \ll r_\mathrm{CE}$, ist er praktisch durch R_a gegeben. Die Steilheit $S \sim I_\mathrm{C}$ und damit sehr stark (exponentiell!) von U_BE abhängig. *Deshalb ist der Transistor als Spannungsverstärker stark nichtlinear.* Nur im Bereich sehr kleiner Aussteuerungen kann der Transistor als linearer Spannungsverstärker eingesetzt werden.

Eine wichtige Eigenschaft der Emitter-Schaltung als Spannungsverstärker besteht, wie aus (3.17) hervorgeht, in der Gegenphasigkeit von Eingangs- und Ausgangsspannung.

3.4.2 Kollektor-Schaltung

Die *Kollektor-Schaltung* (s. Abb. 3.20) benutzt den Kollektor als Bezuganschluß, so daß der Arbeitswiderstand am Emitter angeschlossen werden muß. Die Spannungs- und die Stromverstärkung können angenähert sofort angegeben werden:

Da $U_\mathrm{a} = U_\mathrm{e} - U_\mathrm{BE}$ und U_BE sich nur wenig mit dem Strom I_B bzw. I_C ändert und praktisch $\approx 0{,}6$ V beträgt, ist jede Änderung von $U_\mathrm{e} =$ der Änderung von U_a. Die Spannungsverstärkung ist also praktisch 1, und es existiert keine Phasenverschiebung zwischen Eingang und Ausgang. Die Spannung am Emitter folgt somit der Eingangsspannung, weshalb die Kollektor-Schaltung oft als *Emitterfolger* bezeichnet wird. Die Stromverstärkung $v_\mathrm{i} = \mathrm{d}I_\mathrm{E}/\mathrm{d}I_\mathrm{B}$ ist $\approx \beta$ da $I_\mathrm{C} \approx I_\mathrm{E}$.

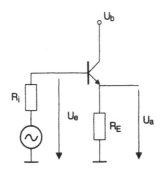

Abb. 3.20. Kollektor-Schaltung

Für eine genauere Berechnung der Spannungsverstärkung muß man berücksichtigen, daß sich U_BE doch ein wenig ändert. Es ist also $\mathrm{d}U_\mathrm{BE} = \mathrm{d}U_\mathrm{e} - \mathrm{d}U_\mathrm{a}$, und mit der Beziehung $\mathrm{d}I_\mathrm{C} = \mathrm{d}U_\mathrm{a}/R_\mathrm{E}$, wobei hier $\alpha = 1$ gesetzt ist, folgt:

$$v_u = \frac{S R_E}{1 + S R_E} \ . \tag{3.18}$$

Zu R_E tritt genaugenommen noch der Widerstand r_{CE} als Parallelwiderstand hinzu; im Normalfall ist jedoch $R_E \ll r_{CE}$.

Unter der vereinfachenden Annahme $dU_{BE} = 0$ können der *Eingangswiderstand* r_e und der *Ausgangswiderstand* r_a leicht berechnet werden:

$$r_e = \frac{dU_e}{dI_e} \quad \text{mit} \quad dU_e = dU_a = dI_E R_E \quad \text{und} \quad dI_e = \frac{1}{1+\beta} dI_E \quad \text{also:}$$

$$r_e = (1 + \beta) R_E \approx \beta R_E \ . \tag{3.19}$$

$$r_a = \frac{dU_a}{dI_E} \quad \text{mit} \quad dI_E = (1+\beta) dI_e \quad \text{und} \quad dI_e = \frac{dU_e}{R_i} \quad \text{also:}$$

$$r_a = \frac{R_i}{1+\beta} \approx \frac{R_i}{\beta} \ . \tag{3.20}$$

Die genaue Rechnung zeigt, daß im Eingangswiderstand noch r_{BE} hinzuaddiert werden muß, daß für den Ausgangswiderstand $1/S$ als Summand auftritt und daß letztlich R_E als Parallelwiderstand bei r_a berücksichtigt werden muß. Der Emitterfolger zeigt somit einen hohen Eingangswiderstand – der Lastwiderstand wird hochtransformiert – und einen niedrigen Ausgangswiderstand – der Quellwiderstand wird heruntertransformiert. Auf Grund dieser Eigenschaft wird der Emitterfolger vor allem zur *Impedanzanpassung* eingesetzt. Bei der realen Ausführung eines Emitterfolgers mit der richtigen Arbeitspunkteinstellung (siehe später) muß darauf geachtet werden, daß der Transistor immer leitend bleibt. U_{BE} darf also nicht unter 0,6 V absinken.

3.4.3 Basis-Schaltung

Bei der Basis-Schaltung ist der Steueranschluß der Emitter. Hier muß also von der Signalquelle im Gegensatz zu den anderen beiden Schaltungen der um den Faktor β größere Emitter-Strom aufgebracht werden. Deshalb ist der Eingangswiderstand um den Faktor β kleiner als bei der Emitter-Schaltung, während der Ausgangswiderstand praktisch der gleiche wie bei der Emitter-Schaltung ist. Auf Grund des kleinen Eingangswiderstandes wird die Basis-Schaltung im Niederfrequenzbereich kaum verwendet. Im Hochfrequenzgebiet hat sie jedoch in bezug auf die erreichbare Bandbreite Vorteile, wie später ersichtlich wird. Eine Phasenumkehr tritt nicht auf.

3.4.4 Grenzwerte des Transistors

Bei dem Betrieb eines Transistors sind unbedingt seine Grenzwerte zu beachten!

1. *Maximale Verlustleistung*
Durch den Stromfluß im Transistor entsteht Wärme, die den Transistor aufheizt. Die maximale Sperrschichttemperatur in einem Siliziumtransistor darf 180° C nicht übersteigen. Die Verlustleistung P_v ist gegeben durch:

$$P_v = I_E U_{EB} + I_C U_{CB} \approx \ldots \text{ da } U_{EB} << U_{CB} \ldots \approx I_C U_{CB} \approx I_C U_{CE} \,.$$

Im Ausgangskennlinienfeld stellt die Kurve der maximalen Verlustleistung die sog. *Verlustleistungshyperbel* dar. Diese Kurve darf im kontinuierlichen Betrieb des Transistors unter keinen Betriebsbedingungen überschritten werden. Zu beachten ist, daß die zulässige Verlustleistung mit wachsender Gehäusetemperatur kleiner wird, wofür gilt:

$$P_{vmax} = \frac{T_j - T_g}{R_{th}}$$

(T_j = Sperrschichttemperatur (180°C), T_g = Gehäusetemperatur, R_{th} = Wärmewiderstand zwischen Sperrschicht und der Umgebung). Dieser Wert wird zur Hauptsache durch die Gehäuseform bestimmt und wird insbesondere für Leistungstransistoren in Datenblättern angegeben. Durch die Verwendung von großflächigen Kühlkörpern und eventueller Zwangskühlung durch strömende Luft kann dieser Wert erheblich verkleinert werden, um große Verlustleistungen bewältigen zu können.

2. *Maximale Kollektor-Emitter-Spannung*
Diese Spannung, die mit U_{CE0} bezeichnet wird und bei offenem Basisanschluß definiert ist, ist die maximale Sperrspannung der Kollektor-Basis-Diode. Oberhalb dieser Spannung erfolgt der bekannte Lawinendurchbruch eines pn-Überganges. Mit steigendem Kollektor-Strom fällt U_{CE0}. Dieser Durchbruch wird häufig als *Durchbruch 1. Art* angesprochen. Bei Leistungstransistoren kann bei höheren Kollektor-Emitter-Spannungen der sog. *Durchbruch 2. Art* auftreten, der durch Überhitzungen an lokalen Inhomogenitäten der Transistorstruktur verursacht wird und auch unterhalb der Verlustleistungshyperbel vorhanden ist.

3. *Maximaler Kollektor-Strom*
Durch die begrenzte Belastbarkeit der Kontaktierung von Kollektor und Emitter darf der maximale Strom I_{Cmax} nicht überschritten werden.

4. *Maximaler Basis-Strom*
Im relativ hochohmigen Basisbahngebiet erzeugt der Basis-Strom eine Verlustleistung, die höchstens erreicht werden darf. Hier wird nicht die Verlustleistung sondern der Strom I_{Bmax} angegeben, da die U_{BE} ja praktisch immer den Wert 0,6 V aufweist.

5. *Maximale Emitter-Basis-Spannung*
Dieser Grenzwert U_{EB0} ist die maximale Sperrspannung der Emitter-Basis-Diode. Dieser Wert ist dann zu beachten, wenn der Transistor mit größeren Wechselspannungen angesteuert wird.

3.4.5 Transistor als Schalter

Die dynamischen Eigenschaften des Transistors treten besonders deutlich hervor, wenn man ihn als einen Schalter betreibt, eine Anwendung, die in der Digitaltechnik ihre Hauptanwendung findet. Da für einen Schalter eine möglichst kleine Steuerleistung erwünscht ist, wird für diesen Betrieb die Emitter-Schaltung gewählt (s. Abb. 3.21).

3.4.5.1 Statisches Verhalten. Für einen Schalter benötigt man zwei möglichst deutlich voneinander getrennte Zustände, den Einschalt- und den Ausschaltzustand. Beim Transistor erreicht man diese Zustände durch einen genügend hohen Basis-Strom für das Einschalten und durch eine Eingangsspannung $U_{BE} < 0,6$V für das Ausschalten. Für das Ausschalten ist dann die Emitter-Basis-Diode gesperrt. Es fließt kein Basis-Strom und nur noch ein geringer Kollektor-Emitter-Reststrom, der am Kollektor-Widerstand R_C nur einen kleinen Spannungsabfall hervorruft, so daß die Ausgangsspannung U_a praktisch gleich der Betriebsspannung U_b ist. Zum Einschalten wird über den Widerstand R_B eine Spannung U_1 angelegt, so daß ein Basis-Strom $I_B = (U_1 - U_S)/R_B$ fließt (U_S = Durchlaßspannung der Emitter-Basis-Diode). Wird der Basis-Strom so gewählt, daß sich der Transistor im Zustand 1 (s. Abb. 3.21) befindet, so liegt der normale Betriebszustand, bei dem die Emitter-Basis-Diode leitet und die Kollektor-Basis-Diode gesperrt ist, vor. Wird jedoch der Basis-Strom so groß gemacht, daß der Zustand 2 erreicht wird, so fließt der maximal mögliche Kollektor-Strom, und am Transistor liegt die niedrige Rest- oder Sättigungsspannung $U_{CEsät}$ von typisch 0,2 bis 0,5 V. Diese Spannung ist kleiner als die anliegende Basis-Emitter-Spannung, so daß die Kollektor-Basis-Spannung umpolt und die Kollektor-Basis-Diode in den Leitzustand versetzt wird. Diesen Zustand nennt man den *Sättigungszustand*.

Zur Frage der Berücksichtigung der maximalen Verlustleistung des Transistors ist zu beachten, daß eine Verlustleistung sowohl für den Einschalt- als

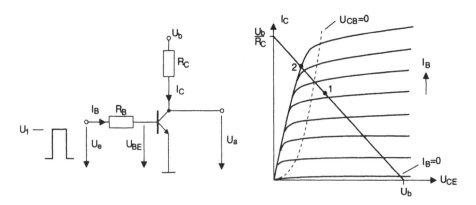

Abb. 3.21. Transistor als Schalter

auch für den Ausschaltzustand auftritt, die aber relativ gering sind, wie aus
dem Kennlinienfeld ersichtlich ist. Wird der Zwischenzustand schnell durchlaufen, was ja i.a. der Fall ist, so darf sich die Arbeitsgerade des Lastwiderstandes ohne weiteres oberhalb der Verlustleistungshyperbel befinden.

3.4.5.2 Zeitliches Verhalten. Für das zeitliche Verhalten (s. Abb. 3.22)
wird zunächst das Einschalten in den Zustand 1 betrachtet. Nach dem Anlegen der Eingangsspannung U_1 muß als erster Vorgang, wie von der Abb.
3.6 bekannt, die Sperrschichtkapazität der Basis-Emitter-Diode umgeladen
werden. Hierdurch ergibt sich im Basis-Strom ein Überschwingen mit anschließendem exponentiellen Abfall. Erst nach diesem Vorgang beginnt der
Kollektor-Strom zu fließen, d.h. es erscheint eine kleine *Verzögerungszeit* t_d,
die in Abb. 3.22 zur Verdeutlichung übertrieben dargestellt ist. Der zeitliche Anstieg des Kollektor-Stromes mit der *Anstiegszeit* t_r kann vereinfachend
durch das Aufladen der Diffusionskapazität der Basis-Emitter-Diode und den
Aufbau der Basisladung in der Basiszone beschrieben werden. Nach diesem
Vorgang fließt ein Kollektor-Strom, dessen Größe durch den Basis-Strom und
die Stromverstärkung B gegeben ist. Die Ausgangsspannung ergibt sich zu
$U_a = U_b - I_C R_C$. Beim Ausschalten wird die gespeicherte Ladung wieder
abgebaut, so daß eine *Abfallzeit* t_f entsteht.

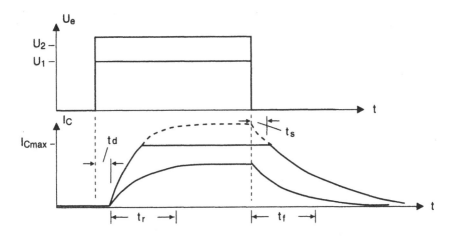

Abb. 3.22. Zeitliches Verhalten des Schalttransistors

Wird die Eingangsspannung auf den Wert U_2 erhöht, so daß der Transistor
in der Sättigung (Zustand 2) betrieben wird, so wird die Diffusionskapazität
auf einen höheren Spannungswert aufgeladen. Da jedoch der Kollektor-Strom
den maximalen Wert I_{Cmax} nicht übersteigen kann, wird der exponentielle
Anstieg quasi abgebrochen, so daß sich eine erheblich kleinere Anstiegszeit
ergibt. Dieses ist natürlich sehr erwünscht, so daß Schalttransistoren üblicherweise in die Sättigung getrieben werden. Beim Ausschalten stellt sich je-

doch ein Nachteil ein; denn Sättigung bedeutet, daß die Kollektor-Basis-Diode ebenfalls leitet. Damit der Transistor in den Ausschaltzustand zurückkehren kann, muß zunächst die Kollektor-Basis-Diode in den Sperrzustand überführt werden. Dazu müssen die Ladungsträger in ihrem pn-Übergang ausgeräumt werden, wozu eine gewisse Zeit erforderlich ist. Während dieser Zeit, der *Speicherzeit* t_s, fließt der Kollektor-Strom weiter. Es entsteht somit eine Ausschaltverzögerung. Die Ausgangsspannung erreicht im Einschaltzustand den kleinst möglichen Wert $U_{CEsät}$, die *Sättigungs-* oder *Restspannung*.

Der Ausschaltvorgang mit Speicherzeit und seinem exponentiellen Abfall kann verkürzt werden, wenn die Eingangsspannung beim Ausschalten auf einen negativen Wert geschaltet wird. Die Diffusionskapazität wird dann gewissermaßen auf eine negative Spannung umgeladen, so daß sich ein steilerer Abfall des Kollektorstromes ergibt. Dabei werden sowohl die Speicherzeit als auch die Abfallzeit verkürzt.

3.4.5.3 Verbesserung des Schaltverhaltens. Durch zwei unterschiedliche Maßnahmen kann das Schaltverhalten wesentlich verbessert werden:

1) Zum Widerstand R_B wird ein Kondensator C parallelgeschaltet. Hierdurch fließt beim Einschalten ein kräftiger Ladestrom über die Basis-Emitter-Diode, so daß der Transistor sehr schnell in den Sättigungsbereich gesteuert wird. Die Anstiegszeit wird also erheblich verkleinert. Nach dem Aufladevorgang stellt sich ein Basis-Strom ein, der durch die Größe der Eingangsspannung und R_B gegeben ist. Man stellt ihn so ein, daß sich der Transistor knapp unterhalb der Sättigung befindet, damit die Ausgangsspannung einen möglichst kleinen Wert annimmt. Der Kondensator darf nicht zu groß gewählt werden, damit der Aufladevorgang zum Zeitpunkt des Ausschaltens genügend weit abgeklungen ist, so daß sich der Transistor nicht mehr im Sättigungsgebiet befinden kann. Die Ausschaltverzögerung wird somit vermieden. Für das Ausschalten entlädt sich der Kondensator wieder über die Basis-Emitter-Diode, wodurch das Entladen der Diffusionskapazität wesentlich beschleunigt wird. Insgesamt erreicht man also kürzere Ein- und Ausschaltzeiten und die Vermeidung der Ausschaltverzögerung.

2) Zwischen Basis und Kollektor wird eine Schottky-Diode eingesetzt, wobei die Anode der Diode mit der Basis verbunden ist. Beim Einschalten wählt man einen großen Basis-Strom, der den Transistor ohne zusätzliche Maßnahmen schnell in die Sättigung treiben würde. Sobald die Ausgangsspannung am Kollektor auf etwa 0,4 V abgesunken ist, und da die Basis-Emitter-Spannung etwa 0,7 V und die Durchlaßspannung der Schottky-Diode 0,3 V betragen, beginnt die Diode zu leiten. Dadurch verhindert sie ein weiteres Ansteigen des Kollektor-Stromes und ein weiteres Absinken der Ausgangsspannung. Der Transistor verbleibt damit kurz unterhalb der Sättigung. Die Ausschaltverzögerung ist damit beseitigt. Diese Methode wird in der Digitaltechnik in großem Umfang eingesetzt (*Schottky-TTL-Technologie*).

3.4.5.4 Komplexe Lastwiderstände. Beim Schalten von komplexen Last-widerständen treten zusätzliche Probleme auf. Bei kapazitiver Last (s. Abb. 3.23) tritt beim Einschalten eine erhöhte Verlustleistung auf. Bei induktiver Last (s. Abb. 3.24) tritt beim Ausschalten eine hohe Überspannung auf, die zum Durchbruch des Transistors führen kann. Deshalb sollte bei induktiver Last stets eine Schutzdiode verwendet werden.

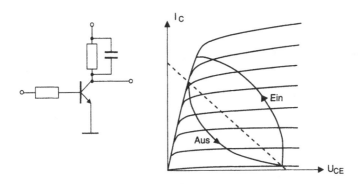

Abb. 3.23. Schalten bei kapazitiver Last

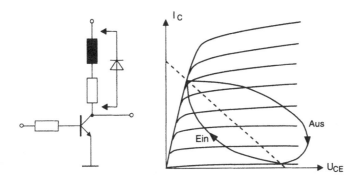

Abb. 3.24. Schalten bei induktiver Last

3.5 Feldeffekttransistoren

Aus dem Vorhergegangenen ist deutlich geworden, daß beim bipolaren Transistor, wie schon der Name besagt, beide Ladungsträgerarten, Elektronen und Löcher, an der Stromleitung beteiligt sind. Beim *Feldeffekttransistor*, der üblicherweise mit FET abgekürzt wird, ist dagegen nur eine Ladungsträgerart für den Stromtransport verantwortlich, d.h. der FET ist ein *unipolarer Transistor*. Das Prinzip des FETs besteht in der Steuerung des Leitwertes eines leitenden Kanals.

$$\text{Kanalleitwert:} \quad G = en\mu A\frac{1}{l} = \sigma A\frac{1}{l} \qquad (3.21)$$

(n = Ladungsträgerdichte, μ = Beweglichkeit, e = Elementarladung A = Kanalquerschnitt, l = Kanallänge, σ = Leitfähigkeit). Für die Leitwertssteuerung kommen zwei Mechanismen in Frage:

1. Querschnittssteuerung → Sperrschicht-FET (Junction-FET = JFET)
2. Trägerdichtesteuerung → FET mit isoliertem Gate, wobei der wichtigste Vertreter der MOSFET ist.

3.5.1 Sperrschicht-FET

Das Prinzip zeigt die Abb. 3.25. In ein Halbleiterstück, das z.B. n-dotiert ist, werden seitlich zwei p-dotierte Gebiete eindiffundiert. Das Halbleiterstück wird mit Kontakten versehen, die die Bezeichnung *Source* und *Drain* tragen. Ebenso werden die p-Gebiete kontaktiert und als *Gate* bezeichnet.

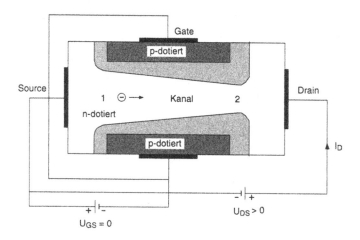

Abb. 3.25. Prinzip des Sperrschicht-Feldeffekttransistors

Dann bilden sich wie immer bei einem pn-Übergang Sperrschichten aus. Zunächst sei die Gate-Source-Spannung U_{GS} Null. Wird eine Drain-Source-Spannung U_{DS} angelegt, so fließt ein Drain-Strom I_D. Durch den Spannungsabfall längs des Halbleiterstückes = *Kanal* befindet sich der Punkt 2 auf einer höheren Spannung, als der Punkt 1. Da man die Dotierung der p-Gebiete höher als die des n-Gebietes wählt, dehnt sich die Sperrschicht in den Kanal aus, wie es in der Abb. 3.25 gezeigt ist. Eine weitere Erhöhung der Drain-Source-Spannung läßt schließlich bei einer Spannung U_P = *Pinch-off-Voltage* (Abschnürspannung) die Sperrzonen sich berühren. Der Kanal ist also abgeschnürt. Bis zu diesem Punkt steigt der Drain-Strom linear mit der Drain-Source-Spannung an. Die Abschnürung des Kanales unterbricht jedoch nicht den Strom, da die Elektronen in die Sperrzone injiziert werden und durch den hier vorhandenen Spannungsabfall zum Drain abgesaugt werden. Der Strom kann jedoch nicht oder nur geringfügig weiter ansteigen aus folgendem Grund: Die Stromdichte ist als Produkt aus Leitfähigkeit σ und elektrischer Feldstärke E gegeben. Sei vereinfachend angenommen, daß das elektrische Feld homogen ist. Dann ist $E = U_P/(l - \Delta l)$, wobei Δl die Länge des abgeschnürten Gebietes ist. Wird jetzt die Drain-Source-Spannung weiter erhöht, so fällt praktisch die gesamte über U_P hinausgehende Spannung im Abschnürgebiet ab, weil dieses sehr hochohmig gegenüber dem restlichen Kanal ist. Da $\Delta l \ll l$ und Δl nur langsam mit der Spannung ansteigt, bleibt die elektrische Feldstärke im wesentlichen konstant, d.h. der Strom kann nur noch geringfügig durch das Wachsen von Δl ansteigen.

Eine Steuerung des Drain-Stromes wird nun durch Einschalten einer negativen Gate-Source-Spannung erreicht. Diese verbreitert die Sperrzone um die p-Gebiete, so daß von vornherein der Kanal einen geringeren Querschnitt besitzt, wie in der Abb. 3.26 angedeutet ist.

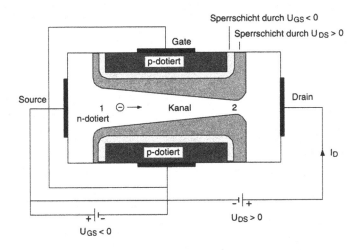

Abb. 3.26. JFET mit negativer Gate-Source-Spannung

Statt von einem n-dotierten Material auszugehen, kann ebenso ein p-dotiertes Halbleitermaterial für den Kanal verwendet werden. Dementsprechend gibt es wie bei den bipolaren Transistoren zwei Typen, den n-Kanal-FET und den p-Kanal-FET, für die die in Abb. 3.27 gezeigten Symbole benutzt werden:

Da die Steuerung des Drain-Stromes vom Gate aus über eine Sperrschicht erfolgt, ergibt sich im Gegensatz zum bipolaren Transistor ein *sehr hoher Eingangswiderstand* mit der typischen Größenordnung $10^8 \dots 10^{10}$ Ω, und die Steuerung wird hier durch eine Spannung erreicht. Aus dem dargestellten

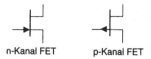

Abb. 3.27. Schaltsymbole für den JFET

Prinzip des Sperrschicht-FETs lassen sich die Kennlinien leicht skizzieren (s. Abb. 3.28).

Die *Ausgangskennlinien* verlaufen bis nahe zur Abschnürgrenze linear. Dann folgt der sehr flach verlaufende Teil, bis schließlich bei höherer Drain-Source-Spannung ein Lawinendurchbruch zwischen Drain und Gate erfolgt. Der linear verlaufende Teil einer Kennlinie stellt einen konstanten Widerstand dar, dessen Größe durch die Gate-Source-Spannung verändert werden kann. Da der FET einen symmetrischen Aufbau besitzt, setzen sich die Kennlinien spiegelbildlich im 3. Quadranten fort. Deshalb läßt sich der FET in seinem linearen Kennlinienteil auch für Wechselspannungen sehr gut als regelbarer Widerstand einsetzen. Der flache Kennlinienbereich ist wie beim bipolaren Transistor der normale Arbeitsbereich mit einem hohen dynamischen Ausgangswiderstand r_{DS}, der sich angenähert umgekehrt proportional zu $\sqrt{I_D}$ verhält. Typische Werte liegen im Bereich $10^4 \ldots 10^6 \; \Omega$.

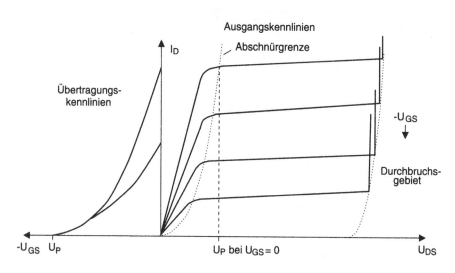

Abb. 3.28. Kennlinien des JFET

Die *Übertragungskennlinie* läßt sich angenähert für $U_{GS} < U_P$ durch die folgende Gleichung beschreiben:

$$I_D = I_{DS} \left(1 - \frac{U_{GS}}{U_P} \right)^2 \; . \tag{3.22}$$

I_{DS} ist der Drainstrom bei $U_{GS} = 0$. Er stellt im praktischen Betrieb den maximal erhältlichen Drain-Strom dar, da man positive Gate-Spannungen vermeidet, um den Vorteil des niedrigen Gate-Stromes nicht zu verlieren. Im Vergleich dazu besteht beim bipolaren Transistor, wie gezeigt, eine exponentielle Übertragungskennlinie. Der FET ist also sehr viel besser für eine lineare Spannungsverstärkung einsetzbar. Analog zum bipolaren Transistor (3.15) kann die Steilheit aus (3.22) berechnet werden:

$$S = \frac{\partial I_D}{\partial U_{GS}}\bigg|_{U_{DS}} = \frac{2I_{DS}}{U_P^2}(U_{GS} - U_P) = \frac{2}{U_P}\sqrt{I_{DS}I_D} \ . \tag{3.23}$$

Für S werden Werte von einigen bis 10 mA/V bei Strömen von einigen mA erreicht. Diese Werte liegen wesentlich niedriger als bei bipolaren Transistoren bei vergleichbaren Strömen. Dementsprechend ist auch die maximale Spannungsverstärkung $v_u = Sr_{DS}$ (Werte im Bereich 50 ... 300) viel kleiner als bei bipolaren Transistoren. Deshalb wird der FET als einfacher Spannungsverstärker nicht so oft benutzt, es sei denn, daß man den großen Vorteil des hohen Eingangswiderstandes ausnutzen will.

3.5.2 MOSFET

Bei den FETs mit isoliertem Gate ist der MOSFET der Hauptvertreter. Seine Bezeichnung erhält er aus der Schichtenfolge am Gate: *Metall-Oxid-Semiconductor*. Der prinzipielle Aufbau ist in Abb. 3.29 gezeigt.

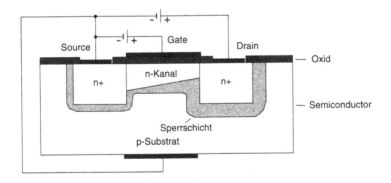

Abb. 3.29. Aufbau des MOSFETs

Ausgehend von einem p-dotierten Halbleitermaterial werden in dieses zwei stark, durch das „+"-Zeichen angedeutet, n-dotierte Inseln eingebracht. Zwischen ihnen besteht zunächst keine Verbindung. Beide Inseln werden kontaktiert. Sie bilden *Source* und *Drain*. Die Oberfläche wird oxidiert, und oberhalb des Gebietes zwischen den n-Inseln wird ein Metalkontakt auf das Oxid angebracht, der das *Gate* darstellt. Zwischen Drain und Source wird eine positive

Spannung angelegt, so daß sich um die n-Inseln Sperrschichten ausbilden, die wegen der starken n-Dotierung praktisch ganz im p-Substrat liegen.

Wird am Gate eine positive Spannung angelegt, so werden unterhalb des Gates Elektronen angereichert. Ab einer kritischen Gate-Spannung überwiegt die Dichte der influenzierten Elektronen die der Löcher, so daß der Ladungstyp unterhalb des Gates sich umkehrt. Dadurch bildet sich zwischen Source und Drain ein leitender n-Kanal aus, der jetzt einen Strom zwischen Source und Drain ermöglicht. Der n-Kanal wird ebenso wie die n-Inseln gegen das p-Substrat durch eine Sperrschicht getrennt. Mit steigender Drain-Source-Spannung nimmt der Strom linear zu. Zugleich wird die Sperrschicht am n-Kanal in Richtung Drain auf die gleiche Weise wie beim Sperrschicht-FET breiter. Da die Ladungsträgerdichte im Kanal kleiner als im Substrat ist, wächst die Sperrschicht in den Kanal hinein, so daß es wie beim Sperrschicht-FET zu einer Abschnürung des Kanales kommt und der Strom bei weiter steigender Drain-Source-Spannung praktisch konstant bleibt.

Der MOSFET zeigt also das gleiche Verhalten wie der Sperrschicht-FET, und man kann für die Übertragungskennlinie die obige Gleichung ebenfalls verwenden. Durch die Isolation des Gates vom Kanal hat der MOSFET einen *extrem hohen Eingangswiderstand* von 10^{12} ... 10^{16} Ω. Da die Gate-Isolationsschicht nur Spannungen von 50 bis 100V standhält, ist beim Umgang mit MOSFETs größte Vorsicht geboten, da elektrostatische Entladungen leicht solche Spannungen am Gate entstehen lassen können, was zur Zerstörung des FETs führt.

Statt von einem p-Substrat auszugehen, kann ebenso ein n-Substrat verwendet werden, so daß man einen p-Kanal-MOSFET erhält. Darüber hinaus kann man bei der Herstellung des MOSFETs bereits durch entsprechende Maßnahmen (Ladungen im Gate-Oxid oder Dotierung des Kanales) einen leitenden n- oder p-Kanal erzeugen, wobei die Steuerung durch eine Verarmung der Ladungsträgerdichte im Kanal erfolgt. Demgemäß unterscheidet man vier MOSFET-Typen (s. Abb. 3.30), wobei bei den p-Kanal-Typen die umgekehrten Polaritäten vorhanden sind. Der Anschluß B ist der Substratanschluß (Bulk). Er besitzt eine steuernde Wirkung, wird jedoch meistens mit dem Source-Anschluß verbunden.

Wie bei dem bipolaren Transistor gibt es auch hier drei Grundschaltungen: die *Source-Schaltung*, die *Gate-Schaltung* und die *Drain-Schaltung*, die meistens als *Sourcefolger* bezeichnet wird. Für diese drei Schaltungen gelten grundsätzlich die gleichen Überlegungen wie bei den bipolaren Transistoren, wenn man die besonderen Eigenschaften der FETs entsprechend berücksichtigt. In Analogie zu (3.16) für den bipolaren Transistor benötigt man für den Feldeffekttransistor nur die 2. der Gleichungen, da der Gate-Strom zu vernachlässigen ist. Also lautet hier die Grundgleichung:

$$dI_D = S\,dU_{GS} + \frac{1}{r_{DS}}dU_{DS} \ . \tag{3.24}$$

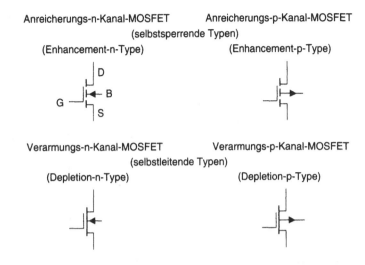

Abb. 3.30. MOSFET-Typen und Schaltsymbole

Die *dynamischen Eigenschaften* stellen sich als günstiger als bei den bipolaren Transistoren heraus, weil nur Majoritätsträger am Leitungsmechanismus beteiligt sind und kleine Kapazitäten vorhanden sind. Daher sind FETs als Hochfrequenzverstärker gut geeignet. Sie erreichen hohe Schaltgeschwindigkeiten, weshalb die MOSFETs neben ihrer hervorragenden Integrierbarkeit in großem Umfang bei den integrierten Digitalschaltungen eingesetzt werden.

3.5.3 Leistungs-MOSFETs

Die bisher beschriebenen FETs sind nicht für hohe Leistungen geeignet, da sie nur relativ kleine Ströme tragen können (einige 10 mA). Zur Erzielung großer Ströme hat man die MOSFET-Struktur so verändert, daß einerseits großflächige Kanalstrukturen und andererseits möglichst kurze Kanallängen ent-

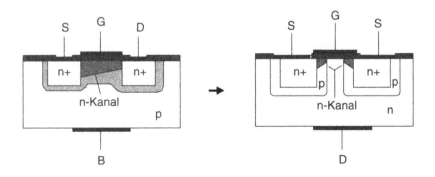

Abb. 3.31. Übergang vom MOSFET zum Leistungs-MOSFET

stehen, was vor allem zur Erzielung brauchbarer Schaltzeiten erforderlich ist.
In der Abb. 3.31 ist der Übergang von der MOSFET-Struktur zur sog. DMOS-
Struktur dargestellt. DMOS steht für „doppeldiffundierte" MOS-Struktur: In
das n-Material, das jetzt den Drain bildet, wird zuerst die p-Struktur eingebracht, die beim bisherigen MOSFET das Bulk-Substrat darstellt, und anschließend wird in die p-Struktur das stark dotierte n-Gebiet eindiffundiert,
das die Source ergibt.

Aus der Abbildung ersieht man, daß sich hier sehr kurze Kanäle ergeben
(typisch 1 - 2 μm). Die Großflächigkeit gewinnt man durch zeilenweise Fort-
setzung dieser Struktur senkrecht zur Zeichenebene oder durch Zusammenfassung vieler Einzelstrukturen auf einem gemeinsamen Drain. Durch die Ver-
lagerung des Drain auf die Unterseite erreicht man außerdem den bei großen
Leistungen notwendigen guten thermischen Kontakt mit dem Gehäuse.

In der Halbleiterindustrie haben sich im Detail verschiedene Strukturen
herausgebildet. Bei den wichtigsten Halbleiterherstellern hat sich aber das
DMOS-Prinzip durchgesetzt (s. Abb. 3.32). Hier werden mehrere tausend
Einzelzellen auf einem Halbleiter parallelgeschaltet.

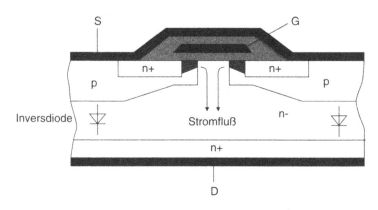

Abb. 3.32. Genauere Darstellung des DMOS-Prinzips

Auf Grund der großflächigen Struktur ergeben sich große Kapazitäten.
Weiterhin liegt zwischen dem p-Gebiet und dem Drain eine in Sperrichtung
gepolte Diode (Inversdiode). Genaugenommen handelt es sich sogar um einen
npn-Transistor, bei dem Emitter und Basis durch die Sourcemetallisierung
kurzgeschlossen sind.

Abbildung 3.33 zeigt das Transistorsymbol mit den Kapazitäten, den inneren Widerständen und der Inversdiode. Die Leistungs-MOSFETs werden
in großem Umfang als Schalter in der Leistungselektronik eingesetzt. Hierfür
interessieren deshalb vor allem ihre Schalteigenschaften. Diese hängen anders
als beim bipolaren Transistor nur wenig von den inneren Vorgängen beim
Auf- und Abbau des Kanales und der sonstigen Leitungsvorgänge ab, da sich

diese innerhalb weniger ns abspielen. Von entscheidender Bedeutung sind die Kapazitäten.

Die eingezeichneten Kapazitäten sind der direkten Messung nicht zugänglich. Deshalb werden in Datenblättern die folgenden Kapazitäten angegeben:

Eingangskapazität $C_{\text{iss}} \approx C_{\text{GS}} + C_{\text{GD}}$
Rückwirkungskapazität $C_{\text{rss}} \approx C_{\text{GD}}$
Ausgangskapazität $C_{\text{oss}} \approx C_{\text{DS}} + C_{\text{GD}}$

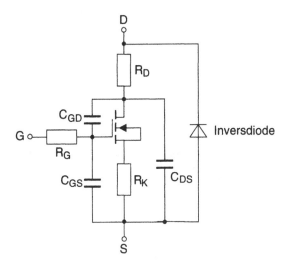

Abb. 3.33. Kapazitäten beim Leistungs-MOSFET

Vom Eingang her gesehen müssen die Gate-Source-Kapazität und die durch den Millereffekt vergrößerte Gate-Drain-Kapazität durch die ansteuernde Schaltung umgeladen werden. Erschwerend kommt hinzu, daß die Gate-Drain-Kapazität für $U_{\text{DS}} \leq U_{\text{GS}}$ sprunghaft auf einen etwa zehnfach höheren Wert ansteigt. Dieser Anstieg kommt dadurch zustande, daß sich für $U_{\text{DS}} \leq U_{\text{GS}}$ Elektronen unter dem Gate ansammeln. Trotzdem können bei niederohmiger Ansteuerung kürzere Schaltzeiten als bei vergleichbaren bipolaren Transistoren erreicht werden. $R_{\text{D}} + R_{\text{K}}$ bilden den Widerstand R_{on}, den der Leistungs-MOSFET im eingeschalteten Zustand besitzt.

Die Inversdiode kann bei nicht zu kurzen Schaltzeiten als Schutzdiode beim Schalten von Induktivitäten dienen. Beim sog. FREDFET (Fast Recovery Epitaxial Diode FET) wird durch besondere technologische Maßnahmen die Schaltzeit der Inversdiode wesentlich verkürzt.

Beim Vergleich mit dem bipolaren Transistor kann man als Vorteile feststellen:
− keine statische Steuerleistung,

– direkte Ansteuerung bei langsamen digitalen Schaltungen,
– kürzere Schaltzeiten bei niederohmiger Ansteuerung,
– kein Speichereffekt,
– I_D wird mit wachsender Temperatur kleiner, keine thermische Instabilität,
– kein 2. Durchbruch,
– problemloses Parallelschalten lediglich über kleine Gate-Entkopplungswiderstände.

Bipolare Transistoren erreichen jedoch i.a. niedrigere Einschaltwiderstände R_{on}.

Eine Verbindung der bipolaren und der MOSFET-Technologie führt zu den IGBT (Insulated-Gate-Bipolar-Transistor), deren Prinzip in der Abb. 3.34 angegeben ist. Sie nutzen den Vorteil der geringen Steuerleistung und der günstigen Schalteigenschaften des MOSFET und den sehr kleinen Einschaltwiderstand R_{on} des bipolaren Transistors aus. Wie aus dem Schema hervorgeht, ist der DMOS-Struktur ein pnp-Transistor nachgeschaltet.

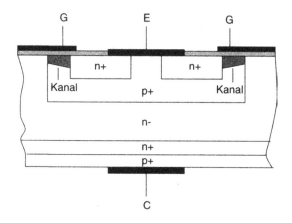

Abb. 3.34. Prinzip des IGBTs

Hier gibt es inzwischen ein breites Angebotsspektrum mit schaltbaren Strömen von einigen 100 A und maximalen Spannungen von 1000 V. Die Schaltzeiten liegen zwischen denen der MOSFET und der bipolaren Transistoren. Schaltfrequenzen von 10 ... 100 kHz.

3.6 Spezielle Leistungshalbleiter

3.6.1 Thyristoren

Ein *Thyristor* ist ein Halbleiterbauelement zum Schalten großer Ströme bei hohen Spannungen und ist aus einer Schichtenfolge n-p-n-p mit einem Kathodenanschluß an der n-Seite, einem Anodenanschluß an der p-Seite und einer

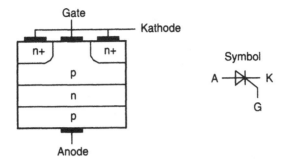

Abb. 3.35. Prinzipieller Aufbau und Schaltsymbol des Thyristors

zusätzlichen Steuerelektrode am mittleren p-Gebiet aufgebaut (s. Abb. 3.35).

3.6.1.1 Statisches Verhalten. Wird zunächst an das Gate keine Spannung angelegt, so sperrt bei positiver Anoden-Kathoden-Spannung der mittlere pn-Übergang. Bei negativer Anoden-Kathoden-Spannung sind die beiden äußeren pn-Übergänge gesperrt. Diese Situation ändert sich, wenn zwischen Gate und Kathode eine positive Spannung vorhanden ist.

Zur Erklärung der dann ablaufenden Vorgänge kann man den Thyristor als eine Zusammenschaltung eines pnp- und eines npn-Transistors, wie in Abb. 3.36 gezeigt, auffassen, wobei die Basis bzw. der Kollektor des pnp-Transistors (Transistor 1) gleichzeitig Kollektor bzw. Basis des npn-Transistors (Transistor 2) sind. Die beiden Transistoren besitzen daher eine gemeinsame Sperrschicht (gepunktetes Gebiet). Eine positive Spannung am Gate schaltet den Transistor 2 in den Leitzustand. Elektronen fließen somit in den Kollektor 2. Dieser ist zugleich die Basis des Transistors 1, die damit einen Elektronenüberschuß erhält, wodurch der Emitter 1 seinerseits Löcher in die Basis 1 injiziert, die dann zum Kollektor 1 fließen. Da dieser wieder-

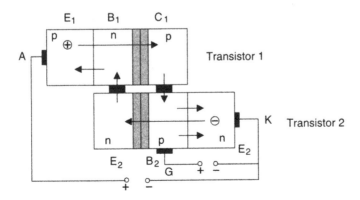

Abb. 3.36. Zweitransistormodell des Thyristors

um die Basis des Transistors 2 ist, die also durch die eingeflossenen Löcher stärker positiv wird, wird der Emitter 2 zu einer stärkeren Injektion angeregt. Hierdurch wird dann Basis 1 weiter negativ, so daß Emitter 1 stärker Löcher aussendet. Wie man sieht, kommt es zu einem lawinenartigen Anstieg des Stromes durch den Thyristor, der nur durch einen äußeren Widerstand begrenzt werden kann. Im anderen Fall würde der Thyristor zerstört werden. Die Spannung am Thyristor sinkt gleichzeitig auf sehr kleine Werte ab. Ist dieser Prozeß einmal angelaufen, kann die Gate-Spannung entfernt werden. Es genügt also für das *Zünden* des Thyristors ein kurzer Spannungsimpuls am Gate.

Der „gezündete" Zustand bleibt so lange erhalten, bis der Strom durch geeignete Maßnahmen auf einen Wert unterhalb des *Haltestromes* reduziert wird. Wird bei fehlender Gate-Spannung die Anoden-Kathoden-Spannung immer weiter erhöht, so steigt der Sperrstrom des mittleren pn-Überganges immer weiter an, bis er bei der *Nullkippspannung* U_{BO} (Break Over Voltage) einen kritischen Wert erreicht, der den Zündmechanismus auslöst. Bei umgekehrt gepolter Anoden-Kathoden-Spannung steigt mit wachsender Spannung der Sperrstrom durch die dann vorhandenen beiden äußeren Sperrschichten an, so daß schließlich der für einen pn-Übergang charakteristische Lawinendurchbruch auftritt. Somit ergibt sich die in Abb. 3.37 dargestellte Kennlinie.

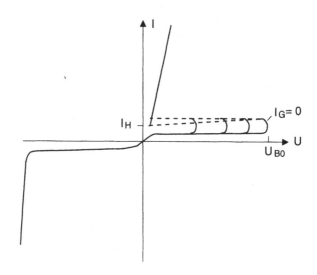

Abb. 3.37. Kennlinien des Thyristors

3.6.1.2 Dynamisches Verhalten. Wird ein Zündimpuls an das Gate gelegt, so reagiert der Thyristor nicht sofort. Es tritt zunächst ein Zündverzug auf, der durch die endliche Einschaltzeit der Gate-Kathoden-Strecke hervorgerufen wird. Dann dauert es einige Zeit, die *Durchschaltzeit*, bis der Thyristor seinen endgültigen Zündzustand erreicht hat. Die Zeiten, die hier auftreten, hängen von der Leistung der Thyristoren ab. Sie liegen je nach Leistung zwischen 10 μs und bis zu 1 ms bei Hochleistungsthyristoren.

Beim Ausschalten etwa durch Umpolen der anliegenden Spannung müssen erst die beiden äußeren pn-Übergänge ausgeräumt werden, bevor der Thyristor in Rückwärtsrichtung sperren kann. Es fließt wie bei einer normalen pn-Diode ein starker *Ausräumstrom* mit einem großen dI/dt. Ein schnelles Umpolen der Spannung ist also zu vermeiden. Weiterhin muß nach dem Ausschalten die *Freiwerdezeit* abgewartet werden, bevor wieder eine positive Spannung angelegt werden kann. Diese Zeit wird zur Wiederherstellung der Sperrschicht des mittleren pn-Überganges benötigt. Ein vorzeitiges Anlegen der Spannung würde den Thyristor wieder ohne Zündimpuls durchzünden. Schnelle Thyristoren (*Frequenzthyristoren*) haben Freiwerdezeiten im 10 μs-Bereich. Bei Hochleistungsthyristoren (*Netzthyristoren*) liegt diese Zeit im 1 ms-Bereich. Da der Thyristor nur in einer Richtung gezündet werden kann, bezeichnet man ihn auch als *gesteuerten Gleichrichter* (im Englischen *Silicon Controlled Rectifier* = SCR).

Das Abschalten des Thyristors ergibt sich bei Wechselspannungen zwangsläufig im Nulldurchgang der Spannung. Beim Abschalten von Gleichströmen sind besondere Schaltungsmaßnahmen erforderlich, die häufig mit einem Hilfsthyristor arbeiten. Hierzu ist in Abb. 3.38 ein Schaltungsbeispiel gezeigt.

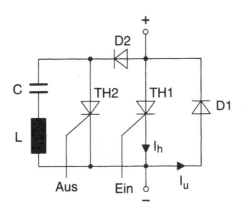

Abb. 3.38. Schalten von Gleichspannungen mit einem Thyristor

Sind beide Thyristoren nicht gezündet, so fließt kein Strom. Der Kondensator C ist auf die Betriebsspannung aufgeladen. Ein Steuerimpuls am Anschluß „Ein" schaltet den Hauptthyristor TH1 ein, und es fließt der Hauptstrom I_h. Ein Impuls an „Aus" zündet den Hilfsthyristor TH2. Dadurch wird der Schwingkreis aus L und C aktiv. C entlädt sich über TH2. In der negativen Phase der einsetzenden Schwingung wird TH2 wieder abgeschaltet, und der *Umschwingstrom* I_u nimmt den Weg über D1 und D2, so daß die negative

Spannung jetzt auch am Hauptthyristor liegt und ihn damit abschaltet. Der Umschwingstrom lädt C wieder auf, und die Schwingung wird abgebrochen.

Zur weiteren Vereinfachung des Abschaltens von Thyristoren hat man den *GTO-Thyristor* (Gate-Turn-Off) entwickelt. Bei ihm kann man durch einen negativen Gate-Impuls den Strom abschalten. Da dann der gesamte Strom kurzzeitig durch das Gate fließt und dieses keinen allzu hohen Strom aufnehmen kann, war man bei diesen Thyristoren auf Ströme im 100 A-Bereich beschränkt, während der übliche Thyristor bis zu einigen 1000 A schalten kann. Neuere Entwicklungen bringen es auf Ströme von 700 und 3000 A bei 4,5 kV Sperrspannung.

3.6.2 Triac

Will man Wechselleistungen schalten, so kann man zwei Thyristoren mit entgegengesetzter Polung parallelschalten. Im *Triac* hat man zwei solcher Thyristoren in einem Bauelement mit gemeinsamer Steuerelektrode zusammengefaßt (s. Abb. 3.39).

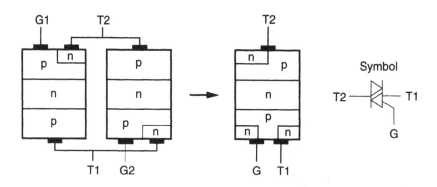

Abb. 3.39. Prinzip und Schaltsymbol des Triacs

Der Triac eignet sich also besonders zum Steuern von Wechselströmen hoher Leistung z.B. nach dem Prinzip der *Phasenanschnittsteuerung*, von der die Abb. 3.40 die einfachste Schaltung zeigt. Der zum Zünden erforderliche Diac ist ein Halbleiterbauelement mit einer n-p-n-Schichtenfolge mit der Eigenschaft, daß er in beiden Richtungen zündet, sobald eine kritische Spannung überschritten wird. Diese Spannung liegt im Bereich von 20 bis 30 V. Solange der Triac nicht gezündet ist, fließt kein Strom durch den Lastwiderstand R_L. Sobald die Spannung am Kondensator C die Zündspannung des Diac's erreicht, wird der Triac durchgeschaltet, und am Lastwiderstand liegt die zum Zündzeitpunkt herrschende Eingangsspannung praktisch voll an, da der Spannungsabfall am gezündeten Triac sehr klein ist (einige V). Beim Nulldurchgang der Eingangsspannung erlischt der Triac wieder. *RC*

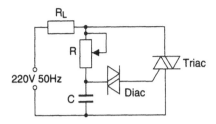

Abb. 3.40. Einfache Phasenanschnittsteuerung

wird so gewählt, daß bei maximalem R die Spannung am Kondensator um 90° gegen die Eingangsspannung verschoben ist und die Kondensatorspannung die Zündspannung des Diac's gerade erreicht. Dann erhält der Triac gerade im Nulldurchgang der Eingangsspannung einen Zündimpuls, so daß er nicht eingeschaltet werden kann. Wird R verkleinert, so verkleinert sich die Phasenverschiebung. Der Diac zündet zu einem früheren Zeitpunkt als dem Nulldurchgang. Damit wird auch der Triac gezündet, und am Lastwiderstand liegt der bis zum nächsten Nullgang verbleibende Teil der Wechselspannung. Auf diese Weise kann also durch Verändern von R die mittlere Leistung im Lastwiderstand leicht eingestellt werden.

Sowohl bei den Thyristoren als auch bei den Triacs muß darauf geachtet werden, daß der Spannungsanstieg über den Hauptelektroden im Auszustand nicht mit zu großem dU/dt erfolgt, weil hierdurch ein kapazitiver Strom erzeugt wird, der den Zündvorgang auslösen kann.

4. Schaltungen mit Transistoren

Bei den Transistorschaltungen interessieren in erster Linie die Verstärker-schaltungen, wobei diese Schaltungen einen linearen Zusammenhang zwischen Eingangs- und Ausgangssignal haben sollen. Wie im folgenden gezeigt wird, können *lineare Spannungsverstärker* nur für kleine Aussteuerungen realisiert werden (*Kleinsignalverstärker*).

Sowohl die bipolaren Transistoren als auch die FETs weisen als Spannungsverstärker mehr oder weniger starke *Nichtlinearitäten* auf, die sich bei den bipolaren Transistoren leicht wie folgt abschätzen lassen:

Aus (3.15), (3.17) und der Kenntnis, daß die Übertragungskennlinie eine Exponentialfunktion ist, folgt für die Verstärkung:

$$v_\mathrm{u} = -\frac{R_\mathrm{a}}{U_\mathrm{T}} I_\mathrm{C} = -\frac{R_\mathrm{a}}{U_\mathrm{T}} I_\mathrm{CA} e^{\frac{U_\mathrm{BE}}{U_\mathrm{T}}} = -v_\mathrm{uA} \left(1 + \frac{U_\mathrm{BE}}{U_\mathrm{T}} + \dots \right) \ . \tag{4.1}$$

I_CA ist der Kollektorstrom im Arbeitspunkt, dessen Einstellung weiter unten behandelt wird. Lineare Verstärkung bedeutet, daß die Verstärkung unabhängig von der Eingangsspannung ist. Also muß $U_\mathrm{BE} \ll U_\mathrm{T}$ sein. Soll der nichtlineare Anteil z.B. 5% betragen, so darf U_BE 1,3 mV nicht übersteigen! Der lineare Aussteuerungsbereich ist also sehr klein.

Für FETs liegen die Verhältnisse wegen der nur quadratischen Übertragungskennlinie wesentlich günstiger. Aus (3.24) und (3.23) ergibt sich für einen nichtlinearen Anteil von 5% eine maximale Eingangsspannung von etwa 60 mV.

4.1 Verstärker mit bipolaren Transistoren

4.1.1 Arbeitspunkteinstellung

Bevor die für Verstärker übliche Emitter-Schaltung aufgebaut werden kann, muß der Arbeitspunkt im Ausgangskennlinienfeld auf der Widerstandsgeraden festgelegt werden. Dazu gibt es zwei Möglichkeiten (s. Abb. 4.1):

1. Im Ausgangskennlinienfeld mit U_BE als Parameter wählt man eine entsprechende Kennlinie aus und gewinnt dadurch die Basis-Emitter-Spannung U_BEA.

2. Im Ausgangskennlinienfeld mit I_B als Parameter erhält man durch die ausgewählte Kennlinie den nötigen Basis-Strom I_{BA}.

Abbildung 4.1 zeigt die prinzipiellen Schaltungen für die beiden Methoden.

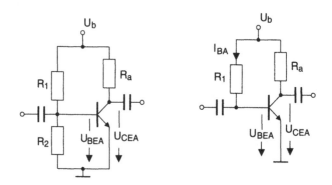

Abb. 4.1. Mögliche Arbeitspunkteinstellungen

Die erste Schaltung hat in dieser einfachen Form eine Reihe von schwerwiegenden Nachteilen:

1. Wegen der exponentiellen Übertragungskennlinie ist die U_{BEA}-Einstellung durch R_1 und R_2 sehr kritisch und je nach Exemplar wegen der Exemplarstreuungen verschieden.
2. Schwankungen in der Betriebsspannung wirken sich deshalb ebenfalls sehr stark aus.
3. U_{BE} ist temperaturabhängig mit -2 mV/K (die $I_B = f(U_{BE})$-Kennlinie wird mit steigender Temperatur nach links verschoben). Wird wie hier U_{BE} festgehalten, so nimmt I_B und damit I_C mit steigender Temperatur zu. U_{CEA} ändert sich mit $-2v_u$ mV/K. Bei einer Verstärkung z.B. von 100 und 10 K Temperaturänderung verschiebt sich U_{CEA} um 2 V!

Aus diesen Gründen kann eine stabile Arbeitspunkteinstellung in dieser Weise nicht erfolgen. Den Querstrom durch R_1 und R_2 wählt man auch bei verbesserten Schaltungen $\geq 10 I_{BA}$, damit der Einfluß des Basis-Stromes gering gehalten wird.

In der zweiten Schaltung wird der nötige Basis-Strom I_{BEA} durch den Widerstand R_1 und die Betriebsspannung eingestellt: $R_1 = (U_b - U_{BEA})/I_{BA}$. Da U_{BEA} i.a. $\ll U_b$, wird also die lästige Temperaturdrift der ersten Schaltung weitgehend vermieden. Es bleibt jedoch die Temperaturabhängigkeit der Stromverstärkung B mit etwa 1% je Grad Temperaturerhöhung. Außerdem ist wegen der Exemplarstreuungen der Stromverstärkung eine individuelle Einstellung erforderlich. Deshalb ist diese Schaltung ebenfalls nicht geeignet.

4.1.2 Schaltungsverbesserung durch Gegenkopplung

Das Prinzip der Gegenkopplung besteht darin, einen Teil des Ausgangssignales einer Schaltung mit entgegengesetzter Phase auf den Eingang zurückzuführen. Es leuchtet unmittelbar ein, daß dabei die Wirkung der am Eingang liegenden Signale teilweise aufgehoben wird, was gerade erwünscht ist, wie im folgenden für das Problem der Arbeitspunktstabilisierung einer Emitter-Schaltung gezeigt wird. Die Gewinnung der hier erforderlichen Gegenkopplungsspannung kann auf zwei Arten erfolgen:

1. Die Gegenkopplungsspannung ist dem Ausgangsstrom proportional,
   → *Stromgegenkopplung.*
2. Die Gegenkopplungsspannung ist der Ausgangsspannung proportional,
   → *Spannungsgegenkopplung.*

4.1.2.1 Stromgegenkopplung. Bei der Stromgegenkopplung (s. Abb. 4.2) wird in die Emitter-Leitung ein Widerstand R_E eingebaut, an dem die Spannung $U_{RE} = R_E I_E$ abfällt. Durch den Spannungsteiler wird an der Basis die für den Arbeitspunkt nötige Spannung eingestellt.

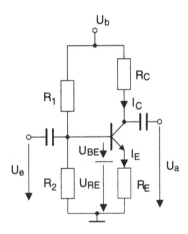

Abb. 4.2. Stromgegenkopplung

Die den Transistor steuernde Spannung ist die direkt am Transistor anliegende Spannung U_{BE}. Es gilt daher

$$U_{BE} = U_e - U_{RE} = U_e - R_E I_E \ . \tag{4.2}$$

Die Basis-Emitter-Spannung wird also um eine dem Emitter-Strom ($\approx$ Ausgangsstrom) proportionale Spannung verkleinert. Damit wird jeder Änderung am Eingang entgegengewirkt. Zur quantitativen Beschreibung dieser Schaltung muß die Spannungsverstärkung v_u' berechnet werden:

$$v'_u = \frac{dU_a}{dU_e}$$

$$U_a = U_b - I_C R_C \quad \text{also}$$

$$dU_a = -R_C dI_C \approx -R_C dI_E = -\frac{R_C}{R_E} dU_{RE} = -\frac{R_C}{R_E}(dU_e - dU_{BE})$$

somit gilt $$1 = -\frac{R_C}{R_E}\left(\frac{dU_e}{dU_a} - \frac{dU_{BE}}{dU_a}\right) = -\frac{R_C}{R_E}\left(\frac{1}{v'_u} - \frac{1}{v_u}\right) \ .$$

Nach der Auflösung nach der gesuchten Spannungsverstärkung folgt:

$$\frac{1}{v'_u} = \frac{1}{v_u} - \frac{R_E}{R_C} \ . \tag{4.3}$$

v_u ist dabei die Spannungsverstärkung ohne Gegenkopplung ($v_u = -SR_C$). Für die Schaffung eines stabilen Arbeitspunktes wird man v'_u möglichst klein-halten, so daß angenähert die einfache Beziehung $v'_u \approx -R_C/R_E$ benutzt werden kann.

Benutzt man diese Schaltung nun als Verstärker für Wechselspannungen, so gilt (4.3) ebenso. Die Verstärkung wird also für $v'_u \ll v_u$ im wesentlichen durch ein Widerstandsverhältnis und nicht mehr durch die Transistoreigenschaften (z.B. die Nichtlinearitäten) bestimmt. Möchte man die volle Verstärkung jedoch für Wechselspannungen erhalten, so wird der Widerstand R_E durch einen Kondensator C überbrückt. C muß dabei so groß gemacht werden, daß für alle Frequenzen ω $1/R_E C \ll \omega$. Dann wird die Gegenkopplung nur für langsame Schwankungen des Arbeitspunktes („Driften") wirksam. Häufig ist es jedoch zweckmäßig, den Emitter-Widerstand aufzuteilen und nur einen Teil kapazitiv zu überbrücken, so daß auch für Wechselspannungen eine Verstärkungsreduzierung wirksam ist.

Die Stromgegenkopplung wirkt sich auch auf die Größe von Eingangs- und Ausgangswiderstand aus. Für die Berechnung des Eingangswiderstandes r_e wird zunächst der Spannungsteiler aus R_1 und R_2 nicht berücksichtigt. Dann folgt:

$$r_e = \frac{dU_e}{dI_B} = \frac{1}{dI_B}(dU_{BE} + dU_{RE}) = r_{BE} + \frac{dU_{RE}}{dI_B} = r_{BE} + \frac{dU_{RE}}{dI_C}\beta$$

$$\approx r_{BE} + \frac{dU_{RE}}{dI_E}\beta = r_{BE} + \beta R_E \ . \tag{4.4}$$

Zu diesem durch die Gegenkopplung vergrößerten Eingangswiderstand kommt noch die Parallelschaltung aus R_1 und R_2 als Parallelwiderstand hinzu.

Der Ausgangswiderstand, der ohne Gegenkopplung $R_C \| r_{CE}$ ist, wird ebenfalls durch die Gegenkopplung größer. Er strebt mit wachsender Gegenkopplung gegen R_C (s. hierzu Abschn. 4.4).

4.1.2.2 Spannungsgegenkopplung. Bei der Spannungsgegenkopplung (s. Abb. 4.3) wird ein Teil der Ausgangsspannung über einen Widerstand R_1 auf die Basis zurückgeführt. Da bei der Emitter-Schaltung Eingang und Ausgang gegenphasig sind, erhält man auch hier eine Gegenkopplung.

Zunächst sollen nur die Gleichstromverhältnisse betrachtet werden, da sie für die Arbeitspunkteinstellung wichtig sind. Die Spannung U_{BEA} ergibt sich unter der Annahme, daß der Querstrom durch den Spannungsteiler groß gegenüber dem Basis-Strom ist, zu:

$$U_{\text{BEA}} = U_{\text{CEA}} \frac{R_2}{R_1 + R_2} \quad .$$

Die Verstärkung $v = \mathrm{d}U_{\text{CEA}}/\mathrm{d}U_{\text{BEA}}$ berechnet sich sehr einfach zu:

$$|v| = 1 + \frac{R_1}{R_2} \quad .$$

Man kann also wieder die Gleichspannungsverstärkung genügend klein machen. Bevor die Wechselspannungsverstärkung berechnet werden kann, muß zuvor der Eingangswiderstand r_{e} dieser Schaltung ermittelt werden.

$$\frac{1}{r_{\text{e}}} = \frac{\mathrm{d}I_{\text{e}}}{\mathrm{d}U_{\text{BE}}} \quad \text{es gilt:} \quad \mathrm{d}I_{\text{e}} = -\mathrm{d}I_{R_1} + \mathrm{d}I_{R_2} + \mathrm{d}I_{\text{BA}}$$

$$\frac{\mathrm{d}I_{R_2}}{\mathrm{d}U_{\text{BE}}} = \frac{1}{R_2}; \quad \frac{\mathrm{d}I_{\text{BA}}}{\mathrm{d}U_{\text{BE}}} = \frac{1}{r_{\text{BEA}}}; \quad I_{R_1} = (U_{\text{CE}} - U_{\text{BE}})/R_1$$

$$-\frac{\mathrm{d}I_{R_1}}{\mathrm{d}U_{\text{BE}}} = -\frac{\mathrm{d}U_{\text{CE}}}{\mathrm{d}U_{\text{BE}}} \frac{1}{R_1} + \frac{1}{R_1} = -\frac{v_{\text{u}}}{R_1} + \frac{1}{R_1} \approx -\frac{v_{\text{u}}}{R_1} \quad .$$

Somit ergibt sich für den Eingangswiderstand:

$$\frac{1}{r_{\text{e}}} = \frac{1}{R_2} + \frac{1}{r_{\text{BEA}}} - \frac{v_{\text{u}}}{R_1} \quad . \tag{4.5}$$

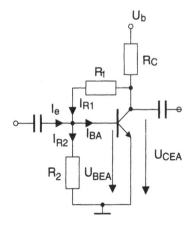

Abb. 4.3. Spannungsgegenkopplung

Der Eingangswiderstand ist also eine Parallelschaltung aus 3 Widerständen, wobei der Widerstand $-R_1/v_u$ der kleinste Anteil ist. Das negative Vorzeichen ist durch die 180°-Phasendrehung verursacht. Die Spannungsgegenkopplung erniedrigt den Eingangswiderstand im Gegensatz zur Stromgegenkopplung. Deshalb wird die Stromgegenkopplung sehr viel häufiger eingesetzt. Das Ergebnis kann auch so interpretiert werden, daß der Gegenkopplungswiderstand R_1 verkleinert um den Faktor v_u an den Eingang transformiert wird.

Für die Berechnung der Wechselspannungsverstärkung v'_u muß nun beachtet werden, daß ein Eingangssignal U_e von einer Signalquelle mit einem Innenwiderstand R_i geliefert wird (s. Abb. 4.4). Häufig wird zur Basis-Strombegrenzung noch ein Vorwiderstand R eingesetzt. $R_i + R = R'$ bilden mit r_e einen Spannungsteiler, aus dem die Verstärkung berechnet werden muß.

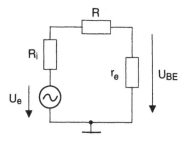

Abb. 4.4. Zur Berechnung der Verstärkung

$$\frac{1}{v'_u} = \frac{dU_e}{dU_{CE}} = \frac{dU_{BE}}{dU_{CE}}\frac{dU_e}{dU_{BE}}$$

$$= \frac{1}{v_u}\frac{dU_e}{dU_{BE}} = \frac{1}{v_u}\frac{r_e + R'}{r_e} \quad .$$

Für r_e wird $-R_1/v_u$ eingesetzt. Also folgt:

$$\frac{1}{v'_u} = \frac{1}{v_u} - \frac{R'}{R_1} \quad . \tag{4.6}$$

Für die Wechselspannungsverstärkung erhält man also das gleiche Ergebnis wie bei der Stromgegenkopplung.

4.1.2.3 Einfluß der Kollektor-Basis-Kapazität. Die zwischen Kollektor und Basis stets vorhandene Kapazität C_{CB} von der Größenordnung einiger pF (s. Abb. 4.5) bewirkt eine unerwünschte frequenzabhängige Spannungsgegenkopplung, die dazu führt, daß diese Kapazität um den Faktor v_u vergrößert am Transistoreingang liegt (*Miller-Effekt, Miller-Kapazität*). Sie bildet dann mit dem Widerstand R einen Tiefpaß, der die Bandbreite des Verstärkers erheblich einschränken kann. Die Grenzfrequenz ist durch $\omega_{gr} = 1/Rv_u C_{CB}$ gegeben. Setzt man jedoch eine Gegenkopplung mit einer der obigen Schaltungen ein, so daß sich die Verstärkung auf den Wert v_u' reduziert, so sieht man aus der Abb. 4.5, daß sich die Grenzfrequenz wieder auf den Wert $\omega_{gr}' = \omega_{gr} v_u / v_u'$ erhöhen läßt.

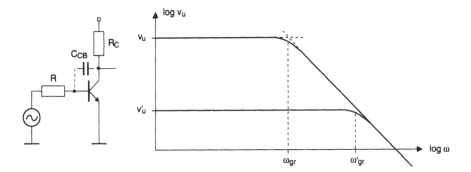

Abb. 4.5. Auswirkung der Miller-Kapazität

Im Hochfrequenzgebiet (z.B. UKW-Bereich) ist wegen dieser Wirkung die Emitter-Schaltung nicht mehr brauchbar. Hier ist die Basis-Schaltung besser geeignet, weil bei ihr die Kollektor-Basis-Kapazität nicht als Miller-Kapazität wirksam werden kann.

4.1.3 Differenzverstärker

Für die Verstärkung von Gleichspannungen kommt es bei den Transistorverstärkern sehr darauf an, daß auch kleinste Änderungen in der Arbeitspunkteinstellung vermieden werden. Die Lösung dieser Anforderung besteht in der Verwendung von *Differenzverstärkern*, die symmetrisch aus zwei möglichst gleichen Transistoren aufgebaut sind, so daß zwei Eingänge und zwei Ausgänge vorhanden sind (s. Abb. 4.6). Kennzeichnend für den Differenzverstärker ist die *Konstantstromquelle* in der gemeinsamen Emitter-Leitung. Sie bewirkt, daß im Fall einer idealen Konstantstromquelle die Summe der einzelnen Emitter-Ströme stets konstant bleibt. Sind U_{e1} und U_{e2} beide gleich Null, so sind wegen der Symmetrie die beiden Emitter-Ströme und damit auch die Kollektor-Ströme gleich groß:

$$I_{E1} = I_{E2} = \frac{1}{2} I_k \approx I_{C1} = I_{C2} \ .$$

Wird an beide Eingänge eine gleich hohe Spannung gelegt – eine solche Aussteuerung wird als *Gleichtaktaussteuerung* bezeichnet –, so ändern sich die Verhältnisse nicht, d.h. eine Gleichtaktaussteuerung erzeugt im Idealfall kein Ausgangssignal. Sind die Eingangsspannungen jedoch verschieden z.B. $U_{e1} \geq U_{e2}$, so nimmt I_{C1} zu und I_{C2} ab. Die Summe bleibt aber I_k. Also $dI_{C1} = -dI_{C2}$. Eine Eingangsspannungsdifferenz ruft somit ein Ausgangssignal hervor. Sind die Eingangsspannungen entgegengesetzt gleich groß, so spricht man von einer reinen *Differenzaussteuerung*.

Bei gleichen Transistoren wirken sich Temperaturänderungen in gleicher Weise aus, d.h. sie stellen ein Gleichtaktsignal dar, das keine Ausgangsspannungsänderungen zur Folge hat, und hier liegt einer der großen Vorteile des Differenzverstärkers.

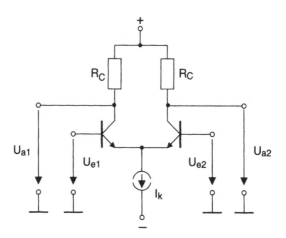

Abb. 4.6. Differenzverstärker

Wegen der unterschiedlichen Reaktion des Differenzverstärkers auf Gleichtakt- und Differenzsignale ist es zweckmäßig, die Eingangssignale in einen Gleichtakt- und einen reinen Differenzanteil zu zerlegen:

$$U_{e1} = U_{gl} + \frac{1}{2}U_d \qquad U_{e2} = U_{gl} - \frac{1}{2}U_d \ . \qquad (4.7)$$

4.1.3.1 Differenzaussteuerung. $dU_{e1} = -dU_{e2} = 1/2U_d$. Da die Spannung am Emitter konstant bleibt, gilt: $dU_{e1} = dU_{BE1}$ und $dU_{e2} = dU_{BE2}$. Deshalb arbeiten die beiden Transistoren wie in einer Emitter-Schaltung ohne Gegenkopplung. Die Differenzverstärkung läßt sich daher sofort angeben:

$$\frac{dU_{a1}}{dU_d} = \frac{dU_{a1}}{2dU_{BE1}} = -\frac{1}{2}SR_C = v_d \qquad \frac{dU_{a2}}{dU_d} = \frac{dU_{a2}}{-2dU_{BE2}} = \frac{1}{2}SR_C = -v_d \ .$$
$$(4.8)$$

Die Differenzverstärkung ist also nur halb so groß wie bei einer Emitter-Schaltung. Bezogen auf das Vorzeichen der Differenzspannung ergibt der eine Ausgang ein gegenphasiges und der andere ein gleichphasiges Signal.

4.1.3.2 Gleichtaktaussteuerung. Zur Berechnung einer Gleichtaktverstärkung muß man von der idealen Konstantstromquelle abrücken und ihr einen endlichen Widerstand r_k zuordnen, der wegen des begrenzten, linearen Aussteuerbereiches ein dynamischer Widerstand sein kann und auch sein muß, da der Einsatz eines großen ohmschen Widerstandes für den nötigen Strom eine sehr hohe negative Versorgungsspannung verlangen würde. Das Gleichtaktsignal U_{gl} an beiden Eingängen läßt in beiden Transistoren gleich hohe Ströme fließen. Die Transistoren wirken jetzt wie zwei parallel geschaltete Emitterfolger mit der Verstärkung 1. Ein dU_{gl} ändert also das Emitter-Potential um den gleichen Wert. Daher läßt sich schreiben:

$$dI_k \;=\; \frac{dU_{gl}}{r_k} \qquad da \qquad dI_C \approx \frac{1}{2}dI_k \qquad gilt:$$

$$dU_{a1} \;=\; dU_{a2} = -\frac{R_C}{2r_k}dU_{gl} \qquad also$$

$$v_{gl} = \frac{dU_{a1}}{dU_{gl}} = \frac{dU_{a2}}{dU_{gl}} = -\frac{R_C}{2r_k} \;. \tag{4.9}$$

Da die Gleichtaktverstärkung möglichst klein sein soll, kommt es also sehr auf die Güte der Konstantstromquelle an.

Eine charakteristische Größe zur Beurteilung eines Differenzverstärkers ist das Verhältnis von Differenzverstärkung und Gleichtaktverstärkung, das man als *Gleichtaktunterdrückung G* (im Englischen *Common Mode Rejection Ratio* = CMRR) bezeichnet. Aus (4.8) und (4.9) folgt: $G = Sr_k$. Diesen theoretischen Wert würde man nur bei vollständig gleichen Transistoren erhalten. In der Praxis kann man bei ausgesuchten Transistorpaaren für G 80 ... 100 dB erreichen.

Eine interessante Eigenschaft des Differenzverstärkers besteht in dem Unterschied für den Eingangswiderstand bei reiner Differenz- und bei reiner Gleichtaktaussteuerung. Dieses Verhalten ergibt sich daraus, daß für die Differenzaussteuerung die Transistoren wie nicht gegengekoppelte Emitter-Stufen arbeiten und für die Gleichtaktaussteuerung parallel geschaltete Emitterfolger sind. Somit lassen sich beide Eingangswiderstände sofort angeben:

$$r_d = 2r_{BE} \qquad und \qquad r_{gl} = 2\beta r_k \;. \tag{4.10}$$

Der Faktor 2 folgt aus der Aufteilung der Differenzspannung auf die beiden Basis-Emitter-Spannungen bzw. des Emitter-Stromes auf beide Transistoren. Der Gleichtakteingangswiderstand ist also zumindest bei bipolaren Transistoren wesentlich größer als der Differenzeingangswiderstand.

Zur Änderung der Differenzverstärkung kann ebenso wie beim Einzeltransistor eine Stromgegenkopplung eingesetzt werden, indem in die Emitter-Leitung jedes einzelnen Transistors ein Widerstand eingebaut wird.

4.2 Verstärker mit Feldeffekttransistoren

Verstärker mit FETs verhalten sich im Prinzip ähnlich wie bei Verwendung von bipolaren Transistoren, wenn man ihre spezifischen Eigenschaften berücksichtigt. Der Hauptvorteil gegenüber bipolaren Transistoren liegt in dem sehr großen Eingangswiderstand. Am häufigsten wird die der Emitter-Schaltung analoge *Source-Schaltung* eingesetzt. Der dem Emitterfolger äquivalente *Sourcefolger* findet dann seine Anwendung, wenn die sehr kleine Eingangskapazität erforderlich ist, was besonders bei Hochfrequenzschaltungen der Fall ist. Der Sourcefolger ist weiterhin dann von Vorteil, wenn extrem hohe Eingangswiderstände verlangt werden z.B. bei Kondensatormikrofonen. Die *Gate-Schaltung* ist weniger gebräuchlich, da bei ihr der hohe Eingangswiderstand wegfällt.

4.2.1 Arbeitspunkteinstellung

Die Wahl des geeigneten Arbeitspunktes erfolgt wie beim bipolaren Transistor aus dem Kennlinienfeld. Die Einstellung kann jedoch wegen des fehlenden Eingangsstromes nur mit Hilfe der Gate-Source-Spannung vorgenommen werden. Die Polarität der Gate-Source-Spannung für den Arbeitspunkt hängt vom FET-Typ ab:

n-Kanal Sperrschicht-FET und selbstleitender n-Kanal MOSFET $U_{GS} \leq 0$

selbstsperrender n-Kanal MOSFET $U_{GS} \geq 0$

Bei den p-Kanal Typen sind alle Spannungen von umgekehrter Polarität wie bei den n-Kanal Typen. Wie bei den bipolaren Transistoren hat sich auch hier die Gleichstromgegenkopplung als die günstigste Methode zur Arbeitpunkteinstellung erwiesen.

Für den Fall $U_{GS} \leq 0$ zeigt das linke Schaltbild in der Abb. 4.7 die zugehörige Schaltung. Zunächst wird der gewünschte Drain-Strom festgelegt. Aus der Übertragungskennlinie kann dann die dazugehörige Gate-Spannung U_{GS} ermittelt werden, die zwischen 0 und U_p liegt. Hierzu kann entweder die Kennlinie oder (3.22) benutzt werden. Aus U_{GS} und dem Drain-Strom wird der Source-Widerstand R_S berechnet. Das Drain-Ruhepotential muß so hoch gewählt werden, daß bei Aussteuerung die Abschnürgrenze (auch „Kniespannung" genannt) nicht unterschritten wird. Bei vorgegebener Betriebsspannung kann dann der Drain-Widerstand R_D bestimmt werden.

Die Gleichspannungsverstärkung ist $\approx R_D/R_S$. Da beim FET die maximal erreichbare Verstärkung kleiner als beim bipolaren Transistor ist, der lineare Aussteuerungsbereich jedoch größer ist, wird zur Erzielung einer genügend großen Wechselspannungsverstärkung der Source-Widerstand durch einen Kondensator zumindest teilweise überbrückt. Damit folgt für die Wechselspannungsverstärkung oberhalb der durch R_S und C_S gegebenen unteren Grenzfrequenz $v_u = -SR_D$. S kann aus (3.23) berechnet werden. Der Widerstand R_G kann im Bereich MΩ gewählt werden.

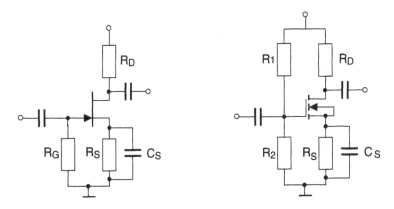

Abb. 4.7. Arbeitspunkteinstellungen beim Feldeffekttransistor

Der rechte Teil der Abb. 4.7 gibt für den Fall $U_{GS} \geq 0$ die erforderliche Schaltung an, in der U_{GS} durch den Spannungsteiler $R_1 R_2$ unter Berücksichtigung der am Source-Widerstand abfallenden Spannung eingestellt wird.

4.3 Leistungsverstärker

Eine Leistungsverstärkung entsteht aus einer Spannungs- und einer Stromverstärkung. Da der bipolare Transistor eine starke Nichtlinearität bei großer Spannungsaussteuerung besitzt, bei Stromaussteuerung jedoch im wesentlichen linear ist, kommt für eine Leistungsverstärkung nur eine Schaltung mit der Spannungsverstärkung 1 in Frage, d.h. *der Emitterfolger ist der Prototyp für einen Leistungsverstärker*. Abbildung 4.8 links zeigt das einfachste Prinzip eines Leistungsverstärkers. Für einen maximalen, symmetrischen

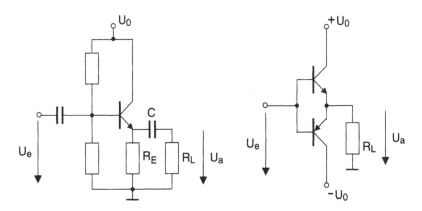

Abb. 4.8. Leistungverstärker mit 1 Transistor (A-Betrieb) und 2 Transistoren im Gegentakt (B-Betrieb)

Aussteuerungsbereich muß der Arbeitspunkt in die Mitte der Arbeitsgeraden im Ausgangskennlinienfeld gelegt werden. Dann ist die *Ruhespannung* gleich der halben Betriebsspannung, und es fließt ein starker *Ruhestrom*. Diese Arbeitspunkteinstellung wird als *A-Betrieb* bezeichnet. Der maximale Kollektor-Strom fließt, wenn der Transistor voll durchgeschaltet ist. Unter Vernachlässigung der Restspannung ergibt sich:

$$I_{Cmax} = \frac{U_0}{R_E} \quad \text{und daraus} \quad U_{amax} = I_{Cmax} R_E \| R_L \quad \text{also}$$

$$U_{amax} = U_0 \frac{R_L}{R_L + R_E} \quad . \tag{4.11}$$

Da der Lastwiderstand R_L über den Kondensator C angeschlossen ist, ist die maximale Wechselspannungsamplitude $U_{amax}/2$. Die an den Lastwiderstand R_L abgegebene Leistung beträgt bei sinusförmiger Aussteuerung also

$$P_L = \frac{1}{2} \frac{U_{amax}^2}{4R_L} = \frac{1}{8} \frac{U_0^2 R_L}{(R_L + R_E)^2} \quad .$$

Die maximale Leistung liegt bei Anpassung vor, wenn $R_E = R_L$, also

$$P_{Lmax} = \frac{U_0^2}{32 R_L} \quad . \tag{4.12}$$

Zur Berechnung des Wirkungsgrades müssen die einzelnen Leistungsanteile ermittelt werden. Dazu wird eine Ausgangsspannung von $U_a = U_{a0} \sin \omega t$ angesetzt. Es entstehen am Lastwiderstand R_L und am Emitterwiderstand R_E:

$$P_L = \frac{1}{2} \frac{U_{a0}^2}{R_L} \quad \text{und} \quad P_E = \frac{1}{2} \frac{U_{a0}^2}{R_E} + \frac{U_0^2}{4R_E} \quad .$$

Am Transistor entsteht die Leistung:

$$P_T = \frac{1}{T} \int (U_0 - U_a) \left[\frac{U_a}{R_E} + \frac{U_a}{R_L} \right] dt + \frac{U_0^2}{4R_E} = \frac{U_0^2}{4R_E} - \frac{U_{a0}^2}{2R_E} - \frac{U_{a0}^2}{2R_L}$$

Die Summe der 3 Anteile $P_E + P_L + P_T$ ergibt unabhängig von der Aussteuerung $U_0^2/2R_E$. Aus dem Vergleich mit (4.12) folgt dann, daß nur 1/16 der Gesamtleistung als Ausgangsleistung zur Verfügung steht.

Auf den Kondensator C kann man verzichten, wenn der Widerstand R_E nicht an 0 sondern an eine negative Spannung $-U_0$ angeschlossen wird. Dann fließt im Maximum der positiven Halbwelle der Strom ganz durch den Transistor und im Maximum der negativen Halbwelle ganz durch R_E.

Wird R_E durch einen 2. Emitterfolger mit einem pnp-Transistor (komplementärer Transistor) ersetzt, so entsteht die bekannte *Gegentaktschaltung*, Abb. 4.8 rechts. Bei $U_e = 0$ fließt kein Ruhestrom. Diese Betriebsart nennt man den *B-Betrieb*. Bei sinusförmiger Aussteuerung leitet T1 in der positiven Halbwelle und T2 in der negativen. Für Vollaussteuerung ergibt sich die Leistung am Lastwiderstand zu $P_L = U_0^2/2R_L$.

Den Lastwiderstand kann man soweit verkleinern und damit die Ausgangsleistung erhöhen, wie es die Grenzdaten der Transistoren zulassen. Zum Ermitteln des Wirkungsgrades wird die Verlustleistung je Transistor berechnet,
wobei wieder eine Sinusaussteuerung angenommen wird:

$$P_T = \frac{1}{T} \int_0^{T/2} (U_0 - U_a) \frac{U_a}{R_L} dt = \frac{1}{R_L}\left(\frac{U_0 U_{a0}}{\pi} - \frac{U_{a0}^2}{4}\right)$$

$$= \frac{U_0^2}{R_L}\frac{4-\pi}{4\pi} = 0,0683\frac{U_0^2}{R_L} \qquad \text{für Vollaussteuerung}.$$

$$\text{Wirkungsgrad} = \frac{P_L}{P_L + 2P_T} = \frac{1/2}{1/2 + 0,137} = 78,5\% .$$

Die Gegentaktschaltung ist also wesentlich günstiger als der A-Betrieb
mit einem Transistor. Allerdings erkauft man sich einen Nachteil: Die Eingangsspannung muß 0,6V übersteigen, bevor überhaupt ein Ausgangsstrom
fließt. Im Eingangsspannungsbereich um 0 V ergeben sich somit Signalverzerrungen, sog. *Übernahmeverzerrungen.* Diese lassen sich jedoch weitgehend
vermeiden, wenn man bei $U_e = 0$ bereits einen kleinen Ruhestrom fließen läßt,
sich also wieder dem A-Betrieb nähert. Man spricht dann vom *AB-Betrieb*
des Verstärkers. Dazu müssen T1 und T2 mit Vorspannungen versehen werden, die durch Dioden oder Transistoren entsprechend der Abb. 4.9 geliefert
werden können. An den Dioden bzw. den Basis-Emitter-Strecken der Transistoren fallen durch den Strom der Konstantstromquellen ca 0,7 V ab, die
durch T1 und T2 den nötigen Ruhestrom fließen lassen.

Bei den Bipolartransistoren entsteht ein Problem bei steigender Erwärmung der Endtransistoren. Es steigt nämlich der Ruhestrom an, was zu einer
thermischen Rückkopplung führt, die die Transistoren zerstören kann. Als
Abhilfe setzt man eine Vorspannungsdrift von -2 mV/K ein, die man durch
die Montage der Dioden (oder eines NTC-Widerstandes) in die thermische
Nähe der Endtransistoren erreicht. Oder man erzeugt durch die in Abb. 4.9
eingezeichneten Widerstände R_1 und R_2 , die klein gegen R_L sind, eine Stromgegenkopplung.

Leistungsverstärker können auch mit Leistungs-MOSFETs aufgebaut wer-
den. Sie haben gegenüber den bipolaren Transistoren den Vorteil, daß sie ei-
ne höhere Schaltgeschwindigkeit besitzen, die im Bereich 10 bis 100 ns liegt.
Bei den bipolaren Transistoren betragen sie dagegen 100 ns bis 1 ms. Mit
Leistungs-MOSFETs lassen sich daher höhere Grenzfrequenzen erreichen.
Weiterhin treten bei den MOSFETs nicht die Probleme der thermischen
Instabilität auf. Nachteilig sind jedoch die hohen Gate-Source- und Drain-
Gate-Kapazitäten in der Größenordnung einiger 100 pF. Deshalb wird auch
bei den Leistungs-MOSFETs der Sourcefolger als Grundschaltung eingesetzt,
weil hier die Vergrößerung der Drain-Gate-Kapazität nicht auftritt.

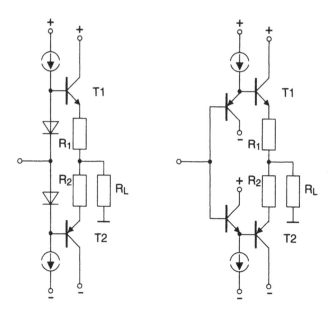

Abb. 4.9. Erzeugung des AB-Betriebes

4.4 Konstantstromquellen

Soll eine Stromquelle unabhängig von dem Lastwiderstand einen konstanten Strom liefern, so muß im Idealfall der Innenwiderstand der Stromquelle unendlich groß sein. Man kann bereits mit einem Transistor in einer stark stromgegengekoppelten Emitterschaltung einen hohen Innenwiderstand realisieren, wenn man den Kollektorwiderstand als den Lastwiderstand, durch den der Strom konstant sein soll, auffaßt. Beschränkt man sich auf den Betriebsbereich des Transistors (Basis-Emitter-Diode leitet, Kollektor-Basis-Diode sperrt), so reicht es aus, für den Innenwiderstand den differentiellen Widerstand $r_\mathrm{i} = \mathrm{d}U_\mathrm{a}/\mathrm{d}I_\mathrm{a}$ zu nehmen. Durch die Stromgegenkopplung wird dieser Widerstand wesentlich erhöht, wie an der folgenden Rechnung gezeigt wird (s. dazu Abb. 4.2). Aus der Schaltung folgt:

$$\mathrm{d}I_\mathrm{a} = \mathrm{d}I_\mathrm{C}, \qquad \mathrm{d}U_\mathrm{CE} \approx -\mathrm{d}U_\mathrm{a}, \qquad \mathrm{d}I_\mathrm{E} = \mathrm{d}I_\mathrm{C} + \mathrm{d}I_\mathrm{B}$$
$$\mathrm{d}U_\mathrm{BE} = -\mathrm{d}I_\mathrm{B}(R_1 \| R_2) - \mathrm{d}I_\mathrm{E} R_\mathrm{E} \ .$$

Durch Einsetzen dieser Gleichungen in die Grundgleichungen (3.16) des Transistors erhält man:

$$r_\mathrm{i} = -\frac{\mathrm{d}U_\mathrm{a}}{\mathrm{d}I_\mathrm{a}} = r_\mathrm{CE}\left[1 + \frac{\beta R_\mathrm{E}}{(R_1 \| R_2) + r_\mathrm{BE} + R_\mathrm{E}}\right] \ . \tag{4.13}$$

Das negative Vorzeichen wird hier gewählt, da U_a gegen die Betriebsspannung und nicht gegen Null gemessen wird.

Für $R_E \ll r_{BE}$ und $(R_1 \| R_2) \ll r_{BE}$ folgt $r_i = r_{CE}(1 + S R_E)$. Der Innenwiderstand kann also durch Wahl von S und R_E sehr viel höher als r_{CE} werden. Der maximale Innenwiderstand wird für $R_E \gg r_{BE}$ mit $r_i = r_{CE}(1 + \beta) \approx \beta r_{CE}$ erreicht.

Eine Konstantstromquelle, die besonders in der integrierten Schaltungstechnik bei Operationsverstärkern eingesetzt wird, ist der *Stromspiegel*, Abb. 4.10. Im linken Zweig der Schaltung wird durch die Betriebsspannung, den Widerstand R_1 und den Transistor T_1 der Strom I_e festgelegt. Bei gleichen Transistoren fließt durch beide Transistoren der Strom $I_e - 2 I_B$. Da $I_B \ll I_C$ ist der Ausgangsstrom $I_a \approx I_e$ und damit unabhängig von R_L, solange T_1 im aktiven Bereich bleibt. Zur Erhöhung des Innenwiderstandes kann im rechten Zweig ein Emitterwiderstand eingebaut werden.

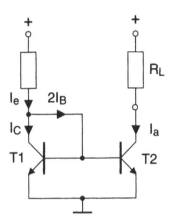

Abb. 4.10. Stromspiegel

Wie im nächsten Kapitel gezeigt wird, kann man mit Hilfe von Operationsverstärkern die Güte von Konstantstromquellen weiter erhöhen.

5. Operationsverstärker

Für den Aufbau von Verstärkern mit hoher Verstärkung, großem Eingangswiderstand, kleinem Ausgangswiderstand und guten Stabilitätseigenschaften sind eine ganze Reihe von Einzeltransistoren erforderlich. Hier hat die integrierte Schaltungstechnologie die Möglichkeit geschaffen, in einer integrierten Schaltung alle Bauteile für einen möglichst universellen Verstärker zusammenzufassen, so daß ein neues Bauelement, der *Operationsverstärker* entstanden ist. Er ist in seinen Eigenschaften so allgemein gehalten, daß die gewünschten speziellen Eigenschaften zur Hauptsache durch die äußere Beschaltung bestimmt werden.

Universelle Operationsverstärker, die für ein möglichst breites Anwendungsspektrum konzipiert sind, sind in der Regel aus drei gleichspannungsgekoppelten Stufen aufgebaut. Dadurch ist der Operationsverstärker immer auch als *Gleichspannungsverstärker* einsetzbar. Die einzelnen Stufen sind:

1. *Eingangsstufe*
   Diese wird grundsätzlich symmetrisch aus möglichst identischen Transistoren als *Differenzverstärker* aufgebaut mit dem Vorteil, daß dadurch insbesondere Temperatureinflüsse auf die Eigenschaften des Operationsverstärkers sehr stark reduziert werden können. Weiterhin wird durch das Differenzverstärkerprinzip eine *hohe Gleichtaktunterdrückung* und eine *hohe Differenzverstärkung* erreicht. Die beiden Eingänge der Differenzstufe sind als Anschlüsse nach außen geführt. Man bezeichnet den einen Eingang als *Plus-Eingang* (*P-Eingang, nichtinvertierender Eingang*) und den anderen als *Minus-Eingang* (*M-Eingang, invertierender Eingang*), wobei zwischen Plus-Eingang und Ausgang keine Phasenverschiebung und zwischen Minus-Eingang und Ausgang eine Phasenverschiebung von 180° vorliegt. Zur positiven und negativen Aussteuerung der Eingänge und des Ausganges benötigt der Operationsverstärker eine positive und eine negative Betriebsspannung. Bei den Standard-Operationsverstärkern wird i.a. mit Betriebsspannungen von ±15V gearbeitet.

2. *Zwischen- oder Koppelstufe*
   Diese Stufe dient vor allem der weiteren Verstärkung des Eingangssignales. Hier wird auch erforderlichenfalls eine *Frequenzgangkorrektur* (s. Abschn. 5.2.5) durchgeführt.

3. *Endstufe*

Sie wird durch eine Gegentaktendstufe gebildet, die eine ausreichende Leistungsverstärkung bietet. Das Ausgangssignal dieser Stufe ist bei symmetrischer Spannungsversorgung zu Null symmetrisch.

Im Anhang ist als Beispiel die innere Schaltung eines Operationsverstärkers und die Beschreibung der Schaltung angegeben.

5.1 Eigenschaften des Operationsverstärkers

Für den richtigen Einsatz eines Operationsverstärkers in einer Schaltung müssen seine verschiedenen Eigenschaften bekannt sein, und es muß untersucht werden, in welcher Weise sie das Verhalten einer Schaltung bestimmen. Hier werden zunächst die wichtigsten Eigenschaften mit typischen Wertebereichen, die sich aus dem sehr breiten Angebotsspektrum an Operationsverstärkern ergeben, aufgeführt.

– *Leerlaufverstärkung v_o*

Hierunter versteht man das Verhältnis der Ausgangsspannung U_a zu der Differenzspannung U_d zwischen den beiden Eingängen des unbeschalteten Operationsverstärkers, an denen U_+ (Spannung am P-Eingang) bzw. U_- (Spannung am M-Eingang) liegt, also:

$$U_a = v_o U_d = v_o(U_+ - U_-) \; . \tag{5.1}$$

Sie wird in Datenblättern immer bei tiefen Frequenzen angegeben, da v_o frequenzabhängig ist . Da die wichtigste Beschaltung eine Gegenkopplungsschleife ist, wird diese Verstärkung im Englischen als *open loop gain* bezeichnet. Aus diesem Grund wird für diese Verstärkung der Index „o" benutzt.

Typischer Wertebereich: 40 ... 120 dB.

– *Gleichtaktunterdrückung G*

Die Gleichtaktunterdrückung G ist hier in der gleichen Weise, wie beim Differenzverstärker als das Verhältnis von Differenz- zu Gleichtaktverstärkung definiert. G ist damit ebenso wie v_o frequenzabhängig, so daß angegebene Werte für G in der Regel ebenfalls nur für tiefe Frequenzen gelten.

Typischer Wertebereich 50 ... 120 dB.

– *Eingangswiderstände r_d und r_{gl}*

Wie bei der Beschreibung des Differenzverstärkers gezeigt, muß man beim Operationsverstärker auch zwischen dem Differenzeingangswiderstand r_d und dem Gleichtakteingangswiderstand r_{gl} unterscheiden (s. Abb. 5.1). Typische Wertebereiche sind:

r_d bei bipolaren Transistoren in der Eingangsstufe 10 kΩ ... einige MΩ, bei FETs in der Eingangsstufe 10^{11} ... 10^{13} Ω.

r_{gl} bei bipolaren Transistoren $\approx 100 r_d$, bei FETs $r_{gl} \approx r_d$.

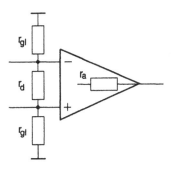

Abb. 5.1. Widerstände des Operationsverstärkers

Da bei diesen Werten Eingangskapazitäten nicht berücksichtigt sind, gelten sie ebenfalls nur bei tiefen Frequenzen.

– *Ausgangswiderstand* r_a

Typischer Wertebereich 10 Ω ... 10 kΩ.

– *Frequenz- und Phasengang der Leerlaufverstärkung* (s. Abb. 5.2)

Jede Stufe innerhalb des Operationsverstärkers zeigt in der Regel den Frequenz- und Phasengang eines RC-Tiefpasses. Durch den mehrstufigen Aufbau des Operationsverstärkers ergibt sich damit ein zu höheren Fre-

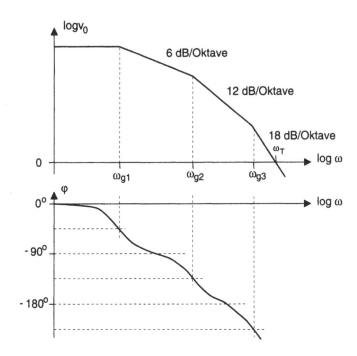

Abb. 5.2. Frequenz- und Phasengang

quenzen immer stärker abfallender Frequenzgang und ein Phasengang, der Phasendrehungen von über 180° erreichen kann, wie in Abb. 5.2 für einen dreistufigen Aufbau schematisch gezeigt ist. Für die *1. Grenzfrequenz* findet man je nach Operationsverstärkertyp Werte zwischen 10 Hz und einigen MHz. Die Frequenz, bei der die Verstärkung den Wert 1 annimmt, nennt man die *Transitfrequenz* f_T bzw. ω_T, für die Werte bis in den GHz-Bereich bei besonders schnellen Operationsverstärkern auftreten.

– *Eingangsoffetspannung U_{OS}*

Schaltet man die beiden Eingänge eines Operationsverstärkers zusammen, d.h. $U_d = 0$, so erwartet man, daß die Ausgangsspannung U_a ebenfalls 0 V ist. Wegen unvermeidbarer Unsymmetrien in dem inneren Aufbau des Operationsverstärkers, ist dies jedoch nicht unbedingt der Fall. Man muß dann an einen Eingang noch eine kleine Gleichspannung legen, um $U_a = 0$ V zu erhalten. Diese Gleichspannung, am P-Eingang angelegt, wird Eingangsoffsetspannung oder meistens kurz *Offsetspannung U_{OS}* genannt. Sie ist in der Regel temperaturabhängig. Da diese Spannung in vielen Fällen störend ist, haben viele Operationsverstärker einen Anschluß, um sie zu kompensieren.

Typischer Wertebereich 1 μV ... 10 mV, die Temperaturabhängigkeit liegt bei Werten von 0,01 ... 100 μV/K.

– *Eingangsruhestrom*

Durch die interne Einstellung des Arbeitspunktes der Eingangstransistoren überlagern sich die dadurch bedingten Eingangsströme I_{B+} und I_{B-} dem Signaleingangsstrom. Üblicherweise wird der Mittelwert I_B dieser beiden Ströme angegeben.

Bei bipolaren Transistoren in der Eingangsstufe liegen die Werte für I_B im Bereich 1 ... 100 nA, bei FETs in der Eingangsstufe im Bereich nA. Wie bei der Offsetspannung liegt auch hier eine Temperaturabhängigkeit mit 0,1 ... 1 nA/K bei bipolarer Eingangsstufe und einer Verdopplung pro 10 K bei FETs vor. Die beiden Einzelströme weichen voneinander ab. Die Differenz wird als *Offsetstrom* ($\approx 1/10 I_B$) bezeichnet.

– *Slewrate S*

Die Slewrate S ist ein Maß für die maximal mögliche Änderungsgeschwindigkeit der Ausgangsspannung des Operationsverstärkers. Diese Begrenzung der Änderungsgeschwindigkeit wird dadurch verursacht, daß der Ausgangsstrom I_1 der Eingangsstufe, durch den die Eingangskapazität C_k der nachfolgenden Koppelstufe aufgeladen werden muß, einen maximalen Wert I_{1max} nicht überschreiten kann. S ist also gegeben durch:

$$S = \frac{dU_a}{dt} = \frac{I_{1max}}{C_k} \; . \tag{5.2}$$

Solange dieser Wert nicht überschritten wird, wird das Zeitverhalten durch den Frequenzgang des Operationsverstärkers bestimmt. Liegen aber schnellere Spannungsänderungen vor, so entstehen Signalverzerrungen. Liegt am

Eingang ein Sinussignal, so wird dieses bei Überschreiten des Slewrate immer mehr zu einem Dreieckssignal am Ausgang. Ein Sinussignal der Form $U_a = U_0 \sin \omega t$ hat im Nulldurchgang die maximale Steigung

$$\frac{d}{dt} U_{amax} = \omega U_0 \;.$$

Soll die Steigung die Slewrate nicht überschreiten, so muß gelten:

$$S \geq \omega U_0 = 2\pi f U_0 \;.$$

Die Frequenz f_G, bei der ein Sinussignal mit der maximal möglichen Amplitude, die etwa 2 V unterhalb der Betriebsspannung liegt, noch unverzerrt übertragen werden kann, ist die *Grossignalbandbreite* f_G:

$$f_G = \frac{S}{2\pi U_0} \;. \tag{5.3}$$

Bei einem universell frequenzgangkorrigierten Operationsverstärker (s. Abschn. 5.2.5) liegt f_G etwa bei 1/10 der Transitfrequenz.

5.2 Einfache Verstärkerschaltungen

Der Einsatz des Operationsverstärkers in den verschiedensten Schaltungen wird erst durch die äußere Beschaltung ermöglicht. In Verstärkerschaltungen, bei denen eine bestimmte Verstärkung erzielt werden soll, muß grundsätzlich eine Gegenkopplung benutzt werden, bei der mit Hilfe eines Spannungsteilers ein Teil der Ausgangsspannung auf den Minus-Eingang zurückgeführt wird. Die einfachsten sich dabei ergebenden Verstärkerschaltungen sind der *invertierende* und der *nichtinvertierende Verstärker*, deren Schaltungen in der Abb. 5.3 dargestellt sind. In den folgenden Gleichungen werden für Spannungen und Ströme Großbuchstaben benutzt, wobei impliziert wird, daß es sich in der Regel um Änderungen dieser Größen handelt. So wird z.B. die Verstärkung als $v = U_a/U_e$ definiert, obgleich es korrekt heißen müßte $v = dU_a/dU_e$. Von dieser Schreibweise wird nur in Einzelfällen zur Verdeutlichung abgewichen.

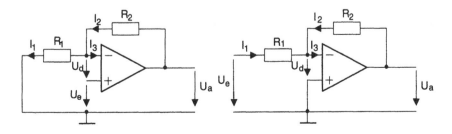

Abb. 5.3. Nichtinvertierender und invertierender Verstärker

5.2.1 Nichtinvertierender Verstärker

Das Eingangssignal wird an den Plus-Eingang gelegt. Über den Spannungsteiler R_1/R_2 wird die Gegenkopplung hergestellt. Nun soll die Verstärkung $v = U_a/U_e$ dieser Schaltung berechnet werden. Mit (5.1) gilt:

$$U_a = v_0 U_d = v_0(U_+ - U_-)$$

$$U_+ = U_e \quad ; \quad U_- = \frac{R_1}{R_1 + R_2} U_a \qquad \text{es folgt:}$$

$$U_a = v_0\left(U_e - \frac{R_1}{R_1 + R_2} U_a\right) \qquad \text{bzw.}$$

$$U_e = \frac{U_a}{v_0} + \frac{R_1}{R_1 + R_2} U_a \ .$$

Hieraus erhält man die Gleichung für die gesuchte Verstärkung:

$$\frac{U_e}{U_a} = \frac{1}{v} = \frac{1}{v_0} + \frac{R_1}{R_1 + R_2} \ . \tag{5.4}$$

Mit $v_0 \to \infty$ (einen Operationsverstärker mit dieser Eigenschaft bezeichnet man als *ideal*) folgt als Verstärkung der nichtinvertierenden Operationsverstärkerschaltung:

$$v = \frac{R_2}{R_1} + 1 \ . \tag{5.5}$$

Führt man den Kopplungsfaktor $k = R_1/(R_1 + R_2)$ in (5.4) ein, so wird mit der Abkürzung $v_s = kv_0$

$$v = \frac{v_0}{1 + v_s} \ , \tag{5.6}$$

wobei v_s *Schleifenverstärkung* genannt wird. Für $v_s \gg 1$ folgt $v_s \approx v_0/v$. Abbildung 5.4 zeigt den Frequenzgang eines Verstärkers mit der Verstärkung v. Dabei ist angenommen, daß die Grenzfrequenz der 2. Stufe des Operationsverstärkers oberhalb der Transitfrequenz liegt. Man sieht, daß, je kleiner v ist, sich eine umso höhere Grenzfrequenz ergibt. Der *Eingangswiderstand* des nichtinvertierenden Verstärkers ist durch den Gleichtakteingangswiderstand r_{gl} bestimmt (s. Abb. 5.1). Der Widerstand r_d kann wegen der folgenden Überlegung vernachlässigt werden: An r_d liegt eine Spannung $U_a/v_0 \approx U_e/v_s$. Durch r_d fließt somit nur der Strom $U_e/(v_s r_d)$. Der Differenzeingangswiderstand erscheint also um die Größe der Schleifenverstärkung hochtransformiert. Man wird ihn daher gegen r_{gl} vernachlässigen können. Der Eingangswiderstand ist also insbesondere bei FETs in der Eingangsstufe sehr hoch, so daß sich der nichtinvertierende Verstärker zum Verstärken von Spannungen aus sehr hochohmigen Signalquellen bestens eignet. Auf Grund dieser Eigenschaft führt der nichtinvertierende Verstärker auch die Bezeichnung *Elektrometerverstärker*.

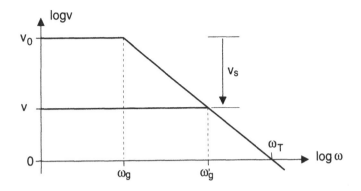

Abb. 5.4. Frequenzgang eines Verstärkers mit eingestellter Verstärkung v

Bei sehr hochohmigen Signalquellen muß man besonders bei bipolaren Eingangsstufen des Operationsverstärkers den Eingangsstrom berücksichtigen, da dieser am Innenwiderstand der Signalquelle einen erheblichen Spannungsabfall erzeugen kann. In kritischen Fällen setzt man daher besser Operationsverstärker mit FET-Eingangsstufe ein.

Der *Ausgangswiderstand* des gegengekoppelten Operationsverstärkers ist definiert als:

$$r_a' = \frac{dU_a}{dI_a} \quad \text{bei} \quad U_e = \text{const} \; .$$

Wird der Ausgang belastet, so ändert sich U_d um $dU_d = -k dU_a$. Daraus entsteht am Ausgang eine Ausgangsspannungsänderung von $dU_a = v_o dU_d + r_a dI_a$. Durch Einsetzen folgt dann für r_a':

$$r_a' = \frac{r_a}{1 + k v_o} \approx \frac{r_a}{v_s} \; . \tag{5.7}$$

Man muß jedoch berücksichtigen, daß v_o ab der Grenzfrequenz mit steigender Frequenz kleiner wird. r_a' wird also dann mit steigender Frequenz größer, was zu beachten ist.

5.2.2 Invertierender Verstärker

Abbildung 5.3 rechts zeigt das Schaltbild eines invertierenden Verstärkers. Hier soll ebenfalls die Verstärkung berechnet werden:

$$U_a = v_o U_d = v_o (U_+ - U_-) \quad \text{dabei ist}$$
$$U_+ = 0 \quad ; \quad U_- = U_e + U_{R_1} \; .$$

Da der Eingangswiderstand des Operationsverstärkers sehr groß ist, kann ohne großen Fehler $I_3 = 0$ gesetzt werden, und damit gilt $I_1 = I_2$; d. h. R_1 und R_2 wirken als Spannungsteiler. Man erhält

$$U_{R_1} = I_1 R_1$$

$$I_1 = \frac{U_a - U_e}{R_1 + R_2}$$

$$U_{R_1} = k(U_a - U_e) \quad \text{somit ist}$$

$$U_a = -v_0 U_- = -v_0 \left(U_e + k(U_a - U_e) \right) \quad \text{bzw.}$$

$$U_a(1 + kv_0) = -v_0 U_e(1 - k) \ .$$

Das Verhältnis von Ausgangs- zu Eingangsspannung wird somit zu:

$$\frac{U_a}{U_e} = v = -\frac{v_0}{1 + kv_0}(1 - k) \ . \tag{5.8}$$

Da die Leerlaufverstärkung eines Operationsverstärkers sehr groß ist, d.h. $v_0 \to \infty$, läßt sich der erhaltene Ausdruck im Fall des idealen Operationsverstärkers zu

$$v = -\frac{R_2}{R_1} \ . \tag{5.9}$$

vereinfachen. Die Verstärkung der invertierenden Verstärkerschaltung wird also im Idealfall ebenfalls durch eine sehr einfache Gleichung beschrieben.

Der *Eingangswiderstand* des invertierenden Verstärkers ist durch R_1 gegeben, da der Minus-Eingang wegen der sehr kleinen Differenzspannung praktisch auf Massepotential liegt.

Für den *Ausgangswiderstand* gelten die gleichen Überlegungen wie beim nichtinvertierenden Verstärker. Hier findet also auch die Reduzierung des Ausgangswiderstandes des unbeschalteten Operationsverstärkers durch die Schleifenverstärkung statt.

5.2.3 Stabilität von Verstärkerschaltungen

Eine wichtige Konsequenz aus der Frequenzabhängigkeit der Leerlaufverstärkung des Operationsverstärkers ist die Gefahr der Instabilität bei Schaltungen, in denen wie bei den beiden behandelten Verstärkern eine Gegenkopplung eingebaut ist. Die negative Phasenverschiebung des Ausgangssignals kann bei hohen Frequenzen auf über $-180°$ ansteigen. Diese Phasenverschiebung führt zusammen mit der Gegenkopplung auf den invertierenden Eingang des Operationsverstärkers dann auf eine *Mitkopplung*. Der Verstärker kann dann instabil werden und selbsterregte Schwingungen ausführen.

Die Grenzbedingungen für die Instabilität ergeben sich unmittelbar aus (5.6) und (5.8), wenn der Nenner gleich 0 wird und somit $v \to \infty$. Dies ist der Fall, wenn $kv_0 = v_s = -1$ ist. Somit ist die Stabilitätsgrenze bei $|v_s| = 1$ mit $\varphi(v_s) = -180°$ gegeben. Die Operationsverstärkerschaltung ist also instabil, falls bei

$$\varphi(v_s) \leq -180° \quad \text{die Schleifenverstärkung } |v_s| \geq 1 \text{ ist.}$$

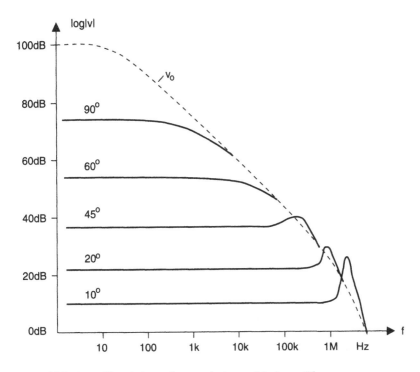

Abb. 5.5. Verstärkungskurven bei verschiedener Phasenreserve

Da die Schleifenverstärkung unterhalb der Grenzfrequenz stets größer als 1 ist (s. Abb. 5.4), muß die interne Phasenverschiebung weniger als der kritische Wert von $-180°$ betragen. In der Praxis wird der Begriff der *Phasenreserve* (phase margin) $\varphi_r = \varphi(v_s) + 180°$ eingeführt. Für ein stabiles Verhalten muß also eine genügend große Phasenreserve vorhanden sein. Man arbeitet allgemein mit einer Phasenreserve zwischen 45° und 90°. Die Abb. 5.5 zeigt für einen dem Typ 748 ähnlichen Operationsverstärker, daß mit zunehmender Gegenkopplung - also abnehmender Verstärkung - die Bandbreite des Verstärkers zwar größer wird. Gleichzeitig verringert sich aber die Phasenreserve. Je kleiner die Phasenreserve ist, desto größer ist die Neigung des Operationsverstärkers zur Instabilität, was zu den Resonanzüberhöhungen führt. Es wird daher i.a. erforderlich sein, geeignete Maßnahmen zur Erzielung einer ausreichenden Stabilität vorzusehen (s. Abschn. 5.2.5).

5.2.4 Sprungantwort bei geringer Phasenreserve

Falls ein Operationsverstärker eine nicht genügend große Phasenreserve besitzt, zeigt das Ausgangssignal beim Anlegen einer Rechteckspannung ein unerwünschtes Einschwingverhalten, wie als Beispiel in der Abb. 5.6 dargestellt ist.

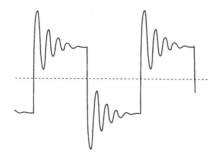

Abb. 5.6. Sprungantwort bei geringer Phasenreserve

5.2.5 Frequenzgangkorrektur

Operationsverstärkertypen, die bei der gewünschten Betriebsverstärkung keine ausreichende Phasenreserve bieten, müssen in ihrem Frequenzverlauf korrigiert werden. Diese erforderlichen Maßnahmen bezeichnet man als *Frequenzgangkorrektur* (oder auch *Frequenzgangkompensation*). Ein Beispiel dazu gibt die Abb. 5.7. Grundsätzlich muß durch geeignete Schaltungsmaßnahmen die 1. Grenzfrequenz zu tieferen Frequenzen verschoben werden. Die höchste Anforderung ist dann gegeben, wenn eine Verstärkerschaltung bis zur Verstärkung $v = 1$ stabil sein soll. Wird in diesem Fall auch noch eine Phasenreserve von $90°$ verlangt, so muß der Frequenzgang von v_o bis zur Transitfrequenz der Frequenzgang eines RC-Tiefpasses sein. Man spricht dann von einer *universellen Frequenzgangkorrektur*.

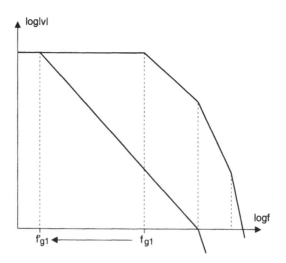

Abb. 5.7. Frequenzgangkorrektur

Von den Halbleiterherstellern werden Operationsverstärker angeboten (z.B. μA741), die eine solche universelle Frequenzgangkorrektur bereits eingebaut haben. Dieser Frequenzgang wird durch eine vergrößerte Eingangskapazität der Koppelstufe erreicht.

Andere Operationsverstärker (z.b. μA748) haben Extraanschlüsse für eine individuelle Einstellung der Frequenzgangkorrektur. Dadurch ist eine bessere Anpassung der Frequenzkurve an die verlangten Verstärkungseigenschaften gewährleistet.

5.2.6 Betrieb bei kapazitiver Belastung

Wird der Ausgang eines Operationsverstärkers kapazitiv belastet, so bildet der Kondensator C_L mit dem Ausgangswiderstand des Operationsverstärkers einen Tiefpaß, der zu der internen Phasendrehung des Operationsverstärkers eine zusätzliche Phasendrehung addiert. Dadurch verringert sich die Phasenreserve, so daß sich die Stabilitätsgrenze zu höheren Verstärkungen verschiebt. Als Gegenmaßnahme kann ein Kondensator C_C parallel zum Widerstand R_2 geschaltet werden, der mit dem Widerstand R_1 einen Hochpaß bildet (s. Abb. 5.8). Ein CR-Hochpaß erzeugt im Gegensatz zum RC-Tiefpaß eine positive (*vorauseilende*) Phasenverschiebung, mit der die Wirkung des Lastkondensators C_L kompensiert werden kann. Diese Kompensation ist als *Lead-Kompensation* bekannt. Die Kompensation kann noch durch einen in Abb. 5.8 eingezeichneten Widerstand R_C von ca. 10 ... 100 Ω verstärkt werden.

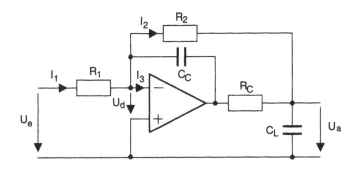

Abb. 5.8. Kompensation bei kapazitiver Belastung

5.3 Anwendungen des Operationsverstärkers

In den folgenden Anwendungsbeispielen wird in der Regel zur Vereinfachung der Berechnungen vom idealen Operationsverstärker ausgegangen. Bei dem praktischen Einsatz der Schaltungen sind also die realen Eigenschaften zu berücksichtigen.

5.3.1 Komparator

Der Komparator (Abb. 5.9) ist die einfachste Schaltung mit einem Operationsverstärker, da er im Prinzip völlig ohne äußere Beschaltung betrieben wird. Der Ausgang des Operationsverstärkers befindet sich entweder in

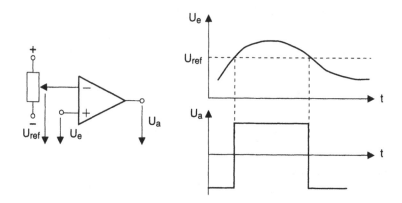

Abb. 5.9. Der Operationsverstärker als Komparator

der positiven oder der negativen Übersteuerungsgrenze, je nachdem die Eingangsspannung $U_e \leq$ oder $\geq U_{ref}$ ist. Da der Übergang zwischen diesen beiden Zuständen zeitlich möglichst rasch erfolgen soll, müssen die verwendeten Operationsverstärker eine große Flankensteilheit besitzen. Damit die Schaltunsicherheit, die sich aus U_{amax}/v_0 ergibt, klein ist, sollte der Operationsverstärker eine möglichst hohe Leerlaufverstärkung haben. Beide Forderungen sind jedoch gleichzeitig nur bedingt erfüllbar. Es sind daher Operationsverstärkertypen speziell auf diese beiden Eigenschaften hin entwickelt worden. Solche Typen sind unter dem Namen *Komparatoren* zu finden.

5.3.2 Spannungsfolger

Eine weitere einfache Operationsverstärkerschaltung ist der *Spannungsfolger* (in Analogie zum Emitter- und Sourcefolger). Bei ihm ist in der einfachsten Schaltung der Ausgang voll auf dem Minuseingang ohne weitere Widerstände geführt, und das Eingangssignal wird an den Pluseingang gelegt. Der Spannungsfolger ist also ein nichtinvertierender Verstärker. Er zeichnet sich durch eine Spannungsverstärkung von 1, einen sehr hohen Eingangswiderstand und einen kleinen Ausgangswiderstand aus. Die Phasenverschiebung ist zwischen

Ein- und Ausgang null, solange sich die realen Eigenschaften des Operationsverstärkers nicht bemerkbar machen. Da der Operationsverstärker maximal gegengekoppelt ist, muß besonders auf eine gute Frequenzgangkompensation geachtet werden.

5.3.3 Addierer

Die Addition von analogen Signalen läßt sich leicht mit der Schaltung nach Abb. 5.10 durchführen.

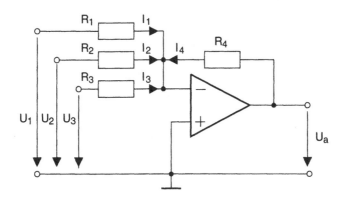

Abb. 5.10. Addierer für drei Spannungen

Wendet man die Knotenregel auf den invertierenden Eingang an, erhält man im Idealfall ($r_e \to \infty, v_o \to \infty$):

$$I_1 + I_2 + I_3 + I_4 = 0 \ .$$

Somit ergibt sich die Ausgangsspannung zu:

$$U_a = -R_4 \left(\frac{U_{e1}}{R_1} + \frac{U_{e2}}{R_2} + \frac{U_{e3}}{R_3} \right) \ . \tag{5.10}$$

5.3.4 Differenzverstärker, Instrumentenverstärker

Der Operationsverstärker eignet sich auf Grund seiner Differenzeingangsstufe sehr gut zur Differenzbildung von Spannungen. Wichtig ist dabei die möglichst große Gleichtaktunterdrückung, weil die Spannungsdifferenz oft in Anwesenheit großer Gleichtaktsignale gemessen werden muß. Abbildung 5.11 zeigt die einfachste Schaltung zur Differenzbildung.

Zur Berechnung der Ausgangsspannung werden der Plus- und Minus-Eingang dieser linearen Schaltung getrennt betrachtet:
(1) $U_{e2} = 0$:
Die Schaltung ist dann ein invertierender Verstärker mit $U_a = -aU_{e1}$.

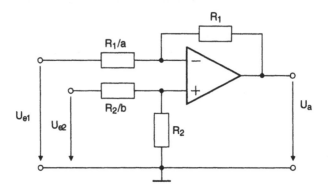

Abb. 5.11. Differenzverstärker

(2) $U_{e1} = 0$:

Die Schaltung ist jetzt ein nichtinvertierender Verstärker mit einem Eingangs-
spannungsteiler. Also ist

$$U_a = (1 + a)U_+ \quad ; \quad U_+ = \frac{R_2}{R_2 + \dfrac{R_2}{b}} U_{e2} = \frac{b}{1 + b} U_{e2} \ .$$

Nimmt man die Ergebnisse von (1) und (2) zusammen so erhält man:

$$U_a = \left(\frac{1 + a}{1 + b}\right) b U_{e2} - a U_{e1} \ .$$

Falls $a = b$, erreicht man das gewünschte Ergebnis:

$$U_a = a(U_{e2} - U_{e1}) \ . \tag{5.11}$$

Nachteilig an dieser Schaltung ist jedoch, daß a und b sehr genau gleich sein
müssen. Ist das nicht der Fall, so entsteht eine Verschlechterung der Gleichtaktunterdrückung, wie im folgenden gezeigt wird:

U_{e1} und U_{e2} werden in einen Gleichspannungs- und Differenzspannungsanteil
zerlegt:

$$U_{e1} = U_{gl} - \frac{1}{2}U_d \quad ; \quad U_{e2} = U_{gl} + \frac{1}{2}U_d \ .$$

Dann ergibt sich die Ausgangsspannung als:

$$U_a = \frac{1 + a}{1 + b} b U_{gl} + \frac{1 + a}{1 + b} \frac{b}{2} U_d - a U_{gl} + \frac{1}{2} a U_d$$

$$U_a = \frac{(1 + a)b - a(1 + b)}{1 + b} U_{gl} + \frac{(1 + a)b + a(1 + b)}{1 + b} \frac{U_d}{2} \ .$$

Der Faktor vor U_{gl} ist die Gleichtaktverstärkung v_{gl} und der Faktor vor U_d
die Differenzverstärkung v_d. Die Gleichtaktunterdrückung G wird also zu:

$$G = \frac{v_\text{d}}{v_\text{gl}} = \frac{1}{2} \frac{(1+a)b + (1+b)a}{(1+a)b - (1+b)a} \quad .$$

Für kleine Abweichungen von $a = a' - 1/2\Delta a'$ und $b = a' + 1/2\Delta a'$ kann diese Gleichung vereinfacht werden:

$$G \approx (1+a') \frac{a'}{\Delta a'} \quad .$$

Die Teilerfaktoren a und b müssen also sehr genau abgeglichen werden, damit diese zusätzliche, nur durch die äußere Beschaltung erzeugte Gleichtaktunterdrückung gegenüber der durch den Operationsverstärker gegebenen vernachlässigt werden kann. Die einfache Schaltung nach Abb. 5.11 hat noch weitere Nachteile:

1. Sie besitzt relativ niedrige und verschiedene Eingangswiderstände.
2. Der Innenwiderstand der Signalquelle ist bei a und b zu berücksichtigen.
3. Eine Änderung der Verstärkung erfordert ein synchrones Verstellen von a und b.

Deshalb wird bei höheren Anforderungen eine Vorstufe gemäß der Abb. 5.12 eingesetzt. Die gesamte Schaltung trägt die Bezeichnung *Instrumentenverstärker*.

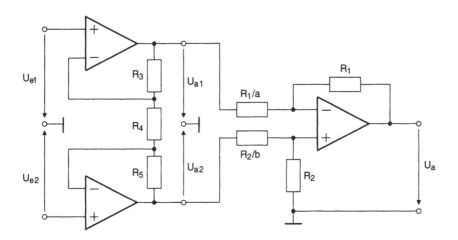

Abb. 5.12. Instrumentenverstärker

Da im Idealfall die Spannung zwischen Plus- und Minus-Eingang der beiden Operationsverstärker der Vorstufe null ist, liegt die Differenz der Eingangsspannungen am Widerstand R_4. Der Strom I durch die drei Widerstände ist somit:

$$I = \frac{U_\text{e1} - U_\text{e2}}{R_4} \quad .$$

Jeder einzelne Operationsverstärker stellt einen Spannungsfolger dar, so daß folgt:

$$U_{a1} = U_{e1} + R_3 I = U_{e1} + \frac{R_3}{R_4}(U_{e1} - U_{e2})$$

$$U_{a2} = U_{e2} - R_5 I = U_{e2} - \frac{R_5}{R_4}(U_{e1} - U_{e2})$$

$$U_{a1} - U_{a2} = \frac{R_3 + R_4 + R_5}{R_4}(U_{e1} - U_{e2}) \ .$$

Der Faktor vor $(U_{e1} - U_{e2})$ ist die Verstärkung dieser Vorstufe.

$$v' = \frac{R_3 + R_4 + R_5}{R_4} \ . \tag{5.12}$$

Außerdem ist

$$U_{agl} = \frac{1}{2}(U_{a1} + U_{a2}) = (U_{e1} + U_{e2}) + \frac{R_3 - R_5}{2R_4}(U_{e1} - U_{e2})$$

$$U_{agl} = v_{gl}U_{gl} + v_{dgl}U_d \ .$$

Hieraus folgt: $v_{gl} = 1$ und $v_{dgl} = 0$, wenn $R_3 = R_5$. Insgesamt erhöht also die Schaltung die Gesamtdifferenzverstärkung um den Faktor v', der Verstärkung der Vorstufe, während die Gleichtaktverstärkung nicht vergrößert wird. Damit verbessert sich auch die Gesamtgleichtaktunterdrückung um den Faktor v'. Außerdem bietet die Schaltung hochohmige Eingänge, und die Verstärkung kann leicht durch R_4 verändert werden.

5.3.5 Gesteuerte Spannungs- und Stromquellen

Für eine Spannungsquelle wird immer angestrebt, daß der Ausgangswiderstand möglichst klein (im Idealfall = 0) ist, und umgekehrt sollte der Ausgangswiderstand einer Stromquelle möglichst groß (im Idealfall = ∞) sein, so daß die Spannung bzw. der Strom beim Anschluß von Verbrauchern weitgehend konstant bleiben. Durch den Einsatz von Operationsverstärkern lassen sich diese Forderungen im Gültigkeitsbereich ihrer „guten" Eigenschaften realisieren.

Soll eine Spannungs- oder eine Stromquelle gesteuert werden, so gibt es prinzipiell zwei Möglichkeiten, nämlich die Steuerung durch eine Spannung oder durch einen Strom. Damit die Steuerschaltung nur eine sehr kleine Leistung aufbringen muß, muß der Eingangswiderstand der zu steuernden Quelle bei Spannungssteuerung sehr groß (ideal = ∞) und bei Stromsteuerung umgekehrt sehr klein (ideal = 0) sein. Daraus ergeben sich vier Möglichkeiten für solche gesteuerten Quellen:

1. Spannungsverstärker = spannungsgesteuerte Spannungsquelle.
   Der nichtinvertierende Verstärker stellt mit seinem sehr großen Eingangswiderstand und dem sehr kleinen Ausgangswiderstand einen solchen Spannungsverstärker dar.

2. Transadmittanzverstärker = spannungsgesteuerte Stromquelle.
   Im Idealfall müssen Eingangs- und Ausgangswiderstand beide ∞ sein.
   Aus dem Englischen stammt die Abkürzung „OTA" = Operational Trans-
   conductance Amplifier.
3. Transimpedanzverstärker = stromgesteuerte Spannungsquelle.
   Hierfür sollen im Idealfall Eingangs- und Ausgangswiderstand beide = 0
   sein.
4. Stromverstärker = stromgesteuerte Stromquelle.
   In diesem Fall muß ideal der Eingangswiderstand = 0 und der Ausgangswiderstand = ∞ sein. Durch Hintereinanderschaltung von Transimpedanz-
   und Transadmittanzverstärker kann ein Stromverstärker realisiert werden.

Beispiele für Transadmittanzverstärker zeigen die Abb. 5.13 und 5.14. Eine
einfache Möglichkeit ist durch den nichtinvertierenden Verstärker gegeben,
wenn man R_2 als den Lastwiderstand ansieht (s. Abb. 5.13). Den Strom I_2
und den Ausgangswiderstand $r_a = -\mathrm{d}U_2/\mathrm{d}I_2$ kann man wie folgt berechnen:

$$U_a = v_o(U_1 - U_N) = v_oU_1 - v_oI_2R_1$$
$$U_a = U_2 + I_2R_1$$
$$U_2 + I_2R_1 = v_oU_1 - v_oI_2R_1 \quad \text{also}$$
$$I_2 = \frac{v_oU_1}{R_1(1 + v_o)} - \frac{U_2}{R_1(1 + v_o)} \approx \frac{U_1}{R_1}$$
$$-\frac{\mathrm{d}U_2}{\mathrm{d}I_2}\bigg|_{U_1} = r_a \approx v_oR_1 \ .$$

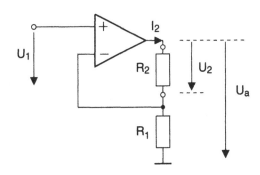

Abb. 5.13. Einfacher Transadmittanzverstärker

Mit Hilfe eines Operationsverstärkers kann die im Abschn. 4.4 beschriebe-
ne Konstantstromquelle (stromgegengekoppelte Emitterschaltung) verbessert
werden, indem der Einfluß der Basis-Emitter-Spannung, wie in Abb. 5.14 gezeigt, eliminiert wird.

Da die Spannung zwischen dem Plus- und dem Minuseingang zu vernachlässigen ist, gilt $U_1 = I_ER_1$. $I_2 = I_E - I_B$. In (4.13) fallen die Terme

$R_1 \| R_2$ und r_{BE} weg, so daß für dem Strom I_2 und den Ausgangswiderstand r_a folgt:

$$I_2 = \frac{U_1}{R_1} \left(1 - \frac{1}{B}\right) \quad \text{und} \quad r_a = \beta r_{CE} \; .$$

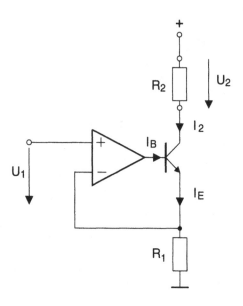

Abb. 5.14. Verbesserte Konstantstromquelle

Da die Stromverstärkung B von U_{CE} abhängt, kann man die Stromquelle noch weiter verbessern, wenn an Stelle des Bipolartransistors ein FET eingesetzt wird.

Einen einfachen Transimpedanzverstärker zeigt die Abb. 5.15. Da die Gegenkopplung über R eine Spannungsgegenkopplung ist, kann für den Eingangswiderstand sofort $r_e = R/v_0$ angegeben werden. Der Ausgangswiderstand ist wegen der vollständigen Rückführung der Ausgangsspannung auf

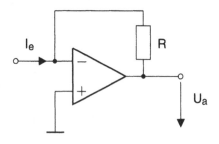

Abb. 5.15. Transimpedanzverstärker

den Minuseingang $r_a' = r_a/v_o$, wobei r_a der Ausgangswiderstand des unbeschalteten Operationsverstärkers ist.

5.3.6 Gyrator

Eine interessante Schaltung mit Operationsverstärkern ist der *Gyrator*, der eine beliebige Impedanz in ihren reziproken Wert überführt. Der Gyrator wird deshalb auch als *Impedanz-Inverter* bezeichnet. Ein Gyrator kann also z.B. aus einer Kapazität eine Induktivität erzeugen, was bei aktiven Filtern ausgenutzt werden kann. In Abb. 5.16 ist eine Gyratorschaltung mit zwei Operationsverstärkern dargestellt.

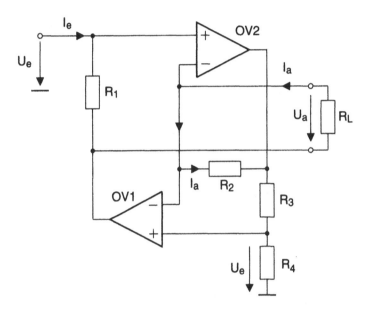

Abb. 5.16. Gyrator

Zur Vereinfachung der Erklärung dieser Schaltung werden die Operationsverstärker als ideal angenommen. Daher ist der Spannungsabfall am Widerstand R_1 gleich der Ausgangsspannung U_a. Also: $U_a = I_e R_1$. Der Ausgangsstrom I_a erzeugt am Widerstand R_2 eine Spannung $I_a R_2$. Die gleiche Spannung mit umgekehrtem Vorzeichen muß auch am Widerstand R_3 liegen, da die Differenzspannung am Verstärker OV1 Null ist. Deshalb fließt durch R_3 der Strom $-I_a R_2/R_3$. Dieser Strom durchfließt auch den Widerstand R_4 und hat einen Spannungsabfall von $-I_a R_4 R_2/R_3$ zur Folge. Über die Eingänge der beiden Verstärker ist R_4 mit dem Eingang verbunden. Die Spannung an R_4 ist daher gleich der Eingangsspannung U_e, also:

$$U_e = \frac{R_2 R_4}{R_3}(-I_a) \quad \text{und mit} \quad R_L = \frac{U_a}{-I_a}, \quad U_a = I_e R_1 \quad \text{folgt}$$

$$R_e = \frac{U_e}{I_e} = \frac{R_1 R_2 R_4}{R_3} \frac{1}{R_L} \quad . \tag{5.13}$$

Die gezeigte Gyratorschaltung ist in der Abb. 5.17 nochmals umgezeichnet. Alle Widerstände sollen komplexe Impedanzen sein. Mit den gewählten Bezeichnungen der Impedanzen folgt für die Eingangsimpedanz:

$$Z_e = \frac{Z_1 Z_3 Z_5}{Z_2 Z_4} \quad . \tag{5.14}$$

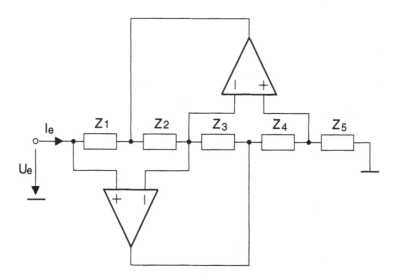

Abb. 5.17. Verallgemeinerte Gyratorschaltung

Zunächst ersieht man nochmals, daß diese Schaltung einen Gyrator darstellt, wenn entweder Z_2 oder Z_4 als Lastwiderstand angesehen wird. In Bezug auf Z_1, Z_3 oder Z_5 als Lastwiderstand ergibt die Schaltung einen Impedanzkonverter mit den Eigenschaften eines idealen Übertragers, wobei Z_5 als geerdeter Lastwiderstand zu bevorzugen ist.

Ersetzt man Z_1 und Z_3 durch Kondensatoren, so erhält man am Eingang einen frequenzabhängigen negativen Leitwert (*FDNC - frequency dependent negative conductor*) mit $Z_e \sim -1/\omega^2$. Wählt man umgekehrt Z_2 und Z_4 als Kapazität, so bekommt man einen frequenzabhängigen negativen Widerstand

FDNC   FDNR

Abb. 5.18. FDNC- und FDNR-Symbole

(*FDNR = frequency dependent negative resistor*) mit $Z_e \sim -\omega^2$. Man hat
eigene Symbole (s. Abb. 5.18) für diese beiden Möglichkeiten der Schaltung
eingeführt. Solche Schaltungen werden wie der Gyrator in aktiven Filtern
eingesetzt.

5.3.7 Integrator

Nach Abschn. 1.6.1 kann ein RC-Tiefpaß als ein Integrator benutzt werden.
Zur Erzielung langer Integrationsdauern muß ein sehr großer RC-Wert genommen werden, was jedoch von den Bauteilen her auf praktische Probleme
stößt. Hier hilft der Einsatz eines Operationsverstärkers (Abb. 5.19).

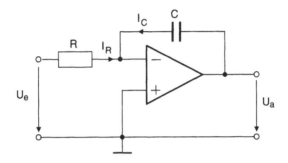

Abb. 5.19. Integrator

Da in der Integratorschaltung der Kondensator eine Spannungsgegenkopplung bewirkt, kann der Einsatz des Kondensators so interpretiert werden, als
ob der Kondensator mit der Größe $v_o C$ vom M-Eingang nach Masse liegt. Es
entsteht somit ein Tiefpaß mit sehr großem RC, und der Operationsverstärker
verstärkt die sehr kleine Ausgangsspannung des Tiefpasses um den Faktor
seiner Differenzverstärkung v_o.

Durch die realen Eigenschaften des Operationsverstärkers entstehen einige
Einschränkungen im erforderlichen $1/\omega$-Frequenzgang des so gebildeten Integrators. Bei tiefen Frequenzen begrenzt die endliche Differenzverstärkung des
Operationsverstärkers den weiteren $1/\omega$-Frequenzverlauf zu tieferen Frequenzen hin. Bei hohen Frequenzen wird wegen des Frequenzverlaufes der Differenzverstärkung aus dem $1/\omega$-Verlauf ein Abfall mit höheren ω-Potenzen. Für
einen Operationsverstärker mit 90° Phasenreserve liegt diese obere Grenzfrequenz des Integrators bei der Transitfrequenz. Der sich dann ergebende
Frequenzgang ist in der Abb. 5.20 dargestellt.

Weiterhin machen sich Offsetspannung und Eingangsruhestrom störend
bemerkbar, da sie C unabhängig vom Eingangssignal aufladen. Hier helfen
ein möglichst großes C und der Einsatz von Operationsverstärkern mit FET-
Eingangsstufe. Trotzdem kann keine völlige Ausschaltung dieser Störeinflüsse

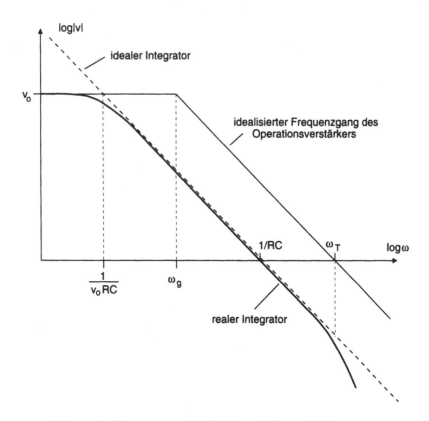

Abb. 5.20. Frequenzgang des idealen und des realen Integrators

erreicht werden, so daß ein Langzeitintegrator immer auf definierte Anfangs-
bedingungen durch ein Entladen des Kondensators gesetzt werden muß. In
der Praxis schaltet man einen Widerstand R_1 parallel zum Kondensator und
verhindert so die Aufladung des Kondensators durch Offsetspannung und
Eingangsruhestrom. Dadurch wird die Integratorschaltung unterhalb der Frequenz $\omega_1 = 1/R_1 C$ zu einem invertierenden Verstärker, so daß der Einsatz
von R_1 die untere Grenzfrequenz weiter zu höheren Werten verschiebt. Damit
man diese Integratorschaltung ohne großen Fehler zum Integrieren verwenden
kann, sollte man jeweils 1 Dekade von der unteren bzw. oberen Grenzfrequenz
entfernt bleiben. Es lassen sich also immer nur Wechselspannungssignale in
einem eingeschränkten Frequenzbereich integrieren.

5.3.8 Spitzenwertdetektor

In der Schaltung der Abb. 5.21 lädt der Spannungsfolger den Kondensator so
lange auf, wie die Eingangsspannung zunimmt. Nimmt diese jedoch wieder ab,
so sperrt die Diode. Der Operationsverstärker ist nicht mehr gegengekoppelt.

Er springt daher in die negative Übersteuerungsgrenze. Der Spitzenwert der Eingangsspannung bleibt also im Kondensator gespeichert.

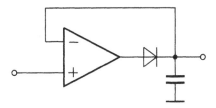

Abb. 5.21. Spitzenwertdetektor

Ein großer Vorteil dieser Schaltung besteht darin, daß die Diode mit in den Ausgangswiderstand des Operationsverstärkers einbezogen ist. Ihre Eigenschaften wie der Durchlaßwiderstand und die Durchlaßspannung werden durch die Gegenkopplung um den Faktor der Schleifenverstärkung reduziert. Da sich der Kondensator über den Differenzeingangswiderstand des Operationsverstärkers entlädt, ist der Einsatz einer FET-Eingangsstufe sinnvoll. Sollen fortlaufend Spitzenwerte registriert werden, so muß der Kondensator über einen Parallelwiderstand immer wieder zumindest teilweise entladen werden.

5.3.9 Vollweggleichrichter

Eine Gleichrichtung eines Wechselspannungssignals mit Dioden erfolgt nur, wenn die Amplitude des Signales größer als die Durchlaßspannung der Dioden ist. Sollen kleinere Signale gleichgerichtet werden, so muß die Schaltung der Abb. 5.22 eingesetzt werden. Diese Schaltung besteht aus einem Einweggleichrichter, gefolgt von einem Addierer mit Integrator. Für die positive Halbwelle des Eingangssignales ist die Diode D_1 auf Durchlaß geschaltet. Der erste Operationsverstärker ist dann ein invertierender Verstärker mit der Verstärkung

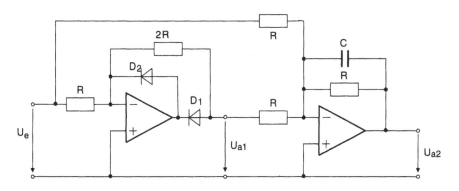

Abb. 5.22. Vollweggleichrichter

2. Also $U_{a1} = -2U_e$. In der negativen Halbwelle sperrt D_1. Die Diode D_2 leitet und sorgt dafür, daß der Operationsverstärker nicht übersteuert wird. U_{a1} stellt also ein Halbwellensignal dar. Der zweite Operationsverstärker addiert das Eingangssignal mit dem um den Faktor 2 vergrößerten Halbwellensignal, wobei dann am Ausgang U_{a2} das positive Vollwegsignal entsteht. Der Kondensator integriert das pulsierende Signal zu einer Gleichspannung.

Wie beim Spitzenwertdetektor wird durch die Einbeziehung der Diode D_1 in den Gegenkopplungszweig deren Durchlaßspannung um den Faktor der Schleifenverstärkung reduziert, so daß auch sehr kleine Signale gleichgerichtet werden.

5.4 Aktive Filter

Der Einsatz von Filtern ist in der Elektronik eine häufige Anforderung. Filter sind je nach der gewünschten Übertragungsfunktion mehr oder weniger kompliziert aus R, L und C aufgebaut. Besonders im Bereich tiefer Frequenzen wird die Bereitstellung der dann notwendigen großen L-Werte zu unhandlichen Spulen führen. Deshalb wird versucht, die Induktivitäten durch entsprechende Schaltungen zu umgehen. Der Einsatz von Operationsverstärkern in Filterschaltungen macht aus den passiven Filtern aktive Filter.

Die Filtergrundtypen sind *Tief-*, *Hoch-* und *Bandpässe* sowie *Bandsperren*. Als *Grenzfrequenz* eines Filters wird wie in Kap. 1 diejenige Frequenz bezeichnet, bei der das Verhältnis von Ausgangs- zur Eingangsspannung um 3 dB vom für den Durchlaßbereich geltenden Wert abgesunken ist.

Man unterscheidet bei Hoch-, Tief- und Bandpässen sowie bei Bandsperren Filter erster, zweiter, dritter, ... Ordnung. Damit kennzeichnet man die Frequenzgang-Flankensteilheit außerhalb des Übertragungsbereiches. So fällt bei einem Tiefpaß n-ter Ordnung der Frequenzgang nach der Grenzfrequenz mit $n \cdot 20$ dB/Dekade ab. Bei einem Hochpaß steigt er mit entsprechendem Wert vor der Grenzfrequenz an.

5.4.1 Prinzipieller Entwurf von Filterschaltungen

Für die Entwicklung von Filtern gibt es Standardverfahren, bei denen auf bestimmte Eigenschaften optimierte Übertragungsfunktionen benutzt werden. Am Beispiel des Tiefpasses soll ein solches Verfahren kurz skizziert werden.

Für einen einfachen RC-Tiefpaß ist die Übertragungsfunktion durch

$$A(\omega) = \frac{1}{1 + i\omega RC} \cdot$$

gegeben. In der Filtertheorie wird anstelle von $i\omega$ die Variable $s = \sigma + i\omega$ benutzt, und die Übertragungsfunktion wird im Bildbereich der Laplace-Transformation beschrieben. Außerdem wird die Variable s normiert:

$S = s/\omega_g$ mit $\omega_g = 1/RC$. Somit erhält man

$$A(S) = \frac{1}{1 + S} \quad . \tag{5.15}$$

Benötigt man steilere Frequenzabfälle oberhalb der Grenzfrequenz, so kann man n Tiefpässe in Reihe schalten, woraus sich eine Übertragungsfunktion der Form

$$A(S) = \frac{1}{(1 + k_1 S)(1 + k_2 S) \dots (1 + k_n S)} \tag{5.16}$$

ergibt. Durch Ausmultiplizieren des Nenners gewinnt man dann die allgemeine Übertragungsfunktion eines Tiefpasses n-ter Ordnung, wobei A_0 den Wert der Übertragungsfunktion bei der Frequenz 0 bedeuten soll:

$$A(S) = \frac{A_0}{1 + c_1 S + c_2 S^2 + \dots + c_n S^n} \quad . \tag{5.17}$$

Das Nennerpolynom wird wie folgt in Faktoren zerlegt:

$$A(S) = \frac{A_0}{(1 + a_1 S + b_1 S^2)(1 + a_2 S + b_2 S^2) \dots} = \frac{A_0}{\prod_i (1 + a_i S + b_i S^2)} \quad . \tag{5.18}$$

Zur Erzielung bestimmter Eigenschaften der Übertragungsfunktion haben sich für das Nennerpolynom einige bekannte Polynome als günstig herausgestellt. Dies sind:

– *Butterworth-Polynome*: Sie ergeben einen möglichst lange horizontal verlaufenden Frequenzgang, der erst kurz vor der Grenzfrequenz scharf abknickt. Für das zeitliche Verhalten ergibt sich hieraus allerdings für die Sprungantwort ein erhebliches Überschwingen, das mit zunehmender Ordnung größer wird.

– *Tschebyscheff-Polynome*: Diese Polynome ergeben ein noch schärferes Abknicken der Übertragungsfunktion bei der Grenzfrequenz als die Butterworth-Polynome. Dafür zeigt sich im Durchlaßbereich eine Welligkeit mit konstanter Amplitude. Je größer man die Welligkeit zuläßt, umso schärfer ist der Abfall bei der Grenzfrequenz. Das Überschwingen der Sprungantwort ist stärker als bei den Butterworth-Polynomen und steigt mit zunehmender Welligkeit der Übertragungsfunktion.

– *Bessel-Polynome*: Bei ihnen erzielt man eine optimale Sprungantwort. Dafür muß jedoch ein nicht so scharfer Abfall der Übertragungsfunktion bei der Grenzfrequenz in Kauf genommen werden.

5.4.2 Tiefpaß-Hochpaß-Transformation

Von einem Tiefpaß zum entsprechenden Hochpaß kommt man, indem man die Frequenzgangkurve an der Grenzfrequenz spiegelt. Die zu (5.18) für Hochpässe entsprechende Gleichung erhält man, wenn $1/S$ für S gesetzt wird, was der Spiegelung in der logarithmischen Darstellung des Frequenzganges gleichkommt. Somit lautet die analoge Übertragungsfunktion für Hochpässe (A_∞ = Wert der Übertragungsfunktion bei der Frequenz ∞):

$$A(S) = \frac{A_\infty}{\prod\limits_i \left(1 + \dfrac{a_i}{S} + \dfrac{b_i}{S^2}\right)} \,. \tag{5.19}$$

Entsprechend lassen sich aus dem Tiefpaß auch der dazugehörige Bandpaß und die entsprechende Bandsperre errechnen. Die dazugehörenden Transformationen sind jedoch komplizierter.

5.4.3 Realisierung von aktiven Filtern

Für die schaltungstechnische Realisierung von aktiven Filtern gibt es eine Reihe von Möglichkeiten, die sich vor allem in der Anzahl der verwendeten Operationsverstärker und in der Empfindlichkeit gegenüber Ungenauigkeiten der eingesetzten Bauteile unterscheiden.

5.4.3.1 Simulation von passiven RLC-Filtern. Da für den Aufbau von Filtern bei tiefen Frequenzen vor allem die großen Induktivitäten unerwünscht sind, besteht der naheliegenste Versuch darin, die Induktivitäten mit Hilfe von Gyratoren durch Kapazitäten zu simulieren. Ein Gyrator erzeugt jedoch eine geerdete Induktivität, so daß auch nur solche in Filterschaltungen ersetzt werden können. Das ist besonders bei Hochpässen der Fall. Erdfreie Induktivitäten, wie sie z.b. bei Tiefpässen auftreten, können durch besondere Transformationen in Widerstände umgewandelt werden, wie im folgenden kurz angedeutet werden soll:

Aus der Vierpolmatrix (2.2) berechnet sich die Leerlauf-Spannungs-Übertragungsfunktion $U_2(s)/U_1(s)$ als das Verhältnis der Admittanzen $-Y_{21}/Y_{22}$. Multipliziert man die Admittanzen mit der Frequenzvariablen s, so bleibt die Übertragungsfunktion unverändert. Die Admittanzen verändern jedoch ihren Charakter entsprechend der Abb. 5.23. Aus der Vierpolmatrix (2.1) folgt die Leerlauf-Spannungs-Übertragungsfunktion als das Verhältnis der Impedanzen R_{21}/R_{11}. Multipliziert man hier die Impedanzen mit s, so bleibt ebenfalls die Übertragungsfunktion unverändert, und die Impedanzen werden umgewandelt. Aus Abb. 5.23 ersieht man, daß mit Hilfe der *Admittanz-Transformation* aus der Induktivität ein ohmscher Widerstand, aus dem Widerstand eine Kapazität und aus der Kapazität ein FDNC wird. Das Problem der erdfreien Induktivität ist damit gelöst. Dafür müssen dann die geerdeten Kapazitäten durch FDNC-Schaltungen simuliert werden. Die *Imdepanz-Transformation* ist dann nützlich, wenn im Filter erdfreie Kapazitäten simuliert werden sollen. Dieses Verfahren zur Realisierung von aktiven Filtern hat jedoch den Nachteil, daß der Aufwand an Operationsverstärkern erheblich ist. Dagegen sind solche Schaltungen ziemlich unempfindlich gegen Bauteileschwankungen.

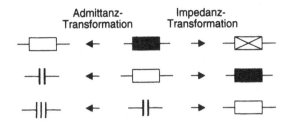

Abb. 5.23. Transformation von R, L und C

5.4.3.2 Realisierung von Tiefpaßfiltern 1. Ordnung. Für einen Tiefpaß erster Ordnung erhält man aus (5.18) die schon aus Abschn. 1.6.1 bekannte Übertragungsfunktion:

$$A(S) = \frac{A_0}{1 + a_1 S} \ .$$
(5.20)

Sie läßt sich, wie bekannt, mit einem einfachen RC-Glied realisieren. Da jedoch bei Belastung des RC-Gliedes seine Eigenschaften sich ändern, schaltet man einen Operationsverstärker nach, dessen Verstärkungsfaktor durch die Widerstände der Gegenkopplung frei gewählt werden kann. Man erhält somit die Schaltung in Abb. 5.24 für einen aktiven Tiefpaß erster Ordnung.

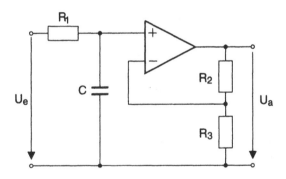

Abb. 5.24. Tiefpaßfilter 1. Ordnung

5.4.3.3 Realisierung von Tiefpaßfiltern 2. Ordnung. Tiefpaßfilter 2. Ordnung haben die Übertragungsfunktion

$$A(S) = \frac{A_0}{1 + a_1 S + b_1 S^2} \ .$$
(5.21)

Diesen Filtertyp kann man durch mitgekoppelte Operationsverstärker realisieren. Abbildung 5.25 zeigt eine Schaltung für einen Tiefpaß zweiter Ordnung. Dabei stellt der Spannungsteiler R_3/R_4 über die hierdurch erfolgte Gegen-

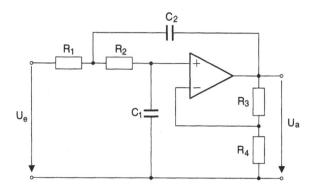

Abb. 5.25. Tiefpaß 2. Ordnung

kopplung die innere Verstärkung $k = 1 + R_3/R_4$ des Operationsverstärkers ein. Die Mitkopplung erfolgt über den Kondensator C_2. Unter den möglichen Realisierungen solcher Schaltungen soll hier nur ein Spezialfall betrachtet werden:

$R_1 = R_2 = R$ und $C_1 = C_2 = C$. Die Übertragungsfunktion hat dann (ohne Herleitung) die Form:

$$A(S) = \frac{k}{1 + \omega_g RC(3 - k)S + (\omega_g RC)^2 S^2} \cdot \qquad (5.22)$$

Durch Koeffizientenvergleich mit (5.21) erhält man:

$$RC = \frac{\sqrt{b_1}}{2\pi f_g} \quad ; \quad k = A_0 = 3 - \frac{a_1}{\sqrt{b_1}} \cdot$$

Daraus ist zu ersehen, daß die innere Verstärkung nicht von der Grenzfrequenz abhängt sondern vielmehr von den Koeffizienten a_1 und b_1. Die Größe k bestimmt damit den Filtertyp. Setzt man die in der Tabelle für die Filtercharakteristiken angegebenen Koeffizienten der Filter zweiter Ordnung ein, so erhält man für k die Werte:

– Butterworth-Filter: $k = 1,586$
– Tschebyscheff-Filter: $k = 2,234$
– Bessel-Filter: $k = 1,268$

5.4.3.4 Realisierung von Tiefpässen höherer Ordnung. Um Filter mit schärferer Filtercharakteristik zu erhalten, schaltet man Filter erster und zweiter Ordnung in Reihe. Auf die weiteren Einzelheiten wird hier jedoch nicht eingegangen.

6. Regelung

Eine *Regelung* ist ein Vorgang, bei dem der vorgegebene Wert einer physikalischen Größe fortlaufend auf Grund von Messungen dieser Größe mit einem *Regler* möglichst konstant gehalten wird. Der Regler muß also in der Lage sein, auftretenden Störungen in geeigneter Weise entgegenzuwirken. Die prinzipielle Anordnung eines einfachen Regelkreises zeigt die Abb. 6.1, aus der man ersieht, daß ein *Regelkreis* stets einen geschlossenen Kreis darstellt. Das System, an dem eine Größe geregelt werden soll, wird als *Regelstrecke*

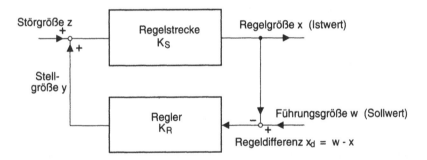

Abb. 6.1. Schema eines Regelkreises

bezeichnet. Der Regler erzeugt aus der *Regeldifferenz*, der Differenz zwischen der *Führungsgröße* und der *Regelgröße*, eine *Stellgröße*, die über ein *Stellglied* die Regelstrecke beeinflußt. Das Stellglied kann als ein Teil der Regelstrecke angesehen werden.

6.1 Lineare Regler

Die mathematische Behandlung eines Regelsystems stellt sich dann als einigermaßen einfach und überschaubar dar, wenn sowohl der Regler als auch die Regelstrecke lineare Systeme sind. Weiterhin sollen die Regler *stetige Regler* sein. Technisch gesehen sind stetige Regler aufwendiger als nichtstetige Regler wie z.B. ein sog. Zweipunktregler, der nur die Zustände Ein und Aus kennt.

6.1.1 Statisches Verhalten

Unter dem statischen Verhalten versteht man den eingeschwungenen Zustand eines Regelkreises, also für $t \to \infty$. Die Ausgangs- und Eingangsgrößen von Regelstrecke und Regler sind wegen der Linearität durch konstante Koeffizienten verknüpft, die man als *Übertragungsbeiwerte* K_S für die Regelstrecke und K_R für den Regler bezeichnet. Sie sind als i.a. komplexe Verstärkungsfaktoren aufzufassen.

Aus der Abb. 6.1 folgt: $y = K_R(w - x)$ und $x = K_S(y + z)$. Damit ergibt sich die Regelgröße zu

$$x = \frac{K_R K_S}{1 + K_R K_S} w + \frac{K_S}{1 + K_R K_S} z \; . \tag{6.1}$$

An dieser Gleichung sieht man, daß einerseits die Regelgröße x bei Änderung der Führungsgröße w die Führungsgröße umso besser erreicht und daß andererseits der Einfluß der Störgröße z umso geringer ist, je größer die *Schleifenverstärkung* $K_R K_S$ ist. Da K_S meistens durch die Eigenschaften der Strecke festgelegt ist, sollte man die Verstärkung des Reglers möglichst hoch wählen, was jedoch auf Stabilitätsprobleme führen kann, wie im weiteren noch gezeigt wird.

6.1.2 Dynamisches Verhalten

Das dynamische Verhalten beschreibt die Vorgänge, wenn sich die von außen wirkenden Einflüsse wie w und z zeitlich ändern. Wie beim Operationsverstärker lassen sich diese Vorgänge auch im Zeitbereich oder im Frequenzbereich beschreiben. Da als Testfunktion im Zeitbereich die Sprungfunktion benutzt wird, wird der Bildbereich der Laplacetransformation an Stelle des Frequenzbereiches eingesetzt. Die Sprungantwort bezeichnet man als *Übergangsfunktion*. Aus ihr wird dann durch die Laplacetransformation die *Übertragungsfunktion* $F(s)$.

$$X_a(s) = F(s)X_e(s) \; . \tag{6.2}$$

Für das Rechnen mit Übertragungsfunktionen gelten einfache Regeln:
Sind Systeme hintereinandergeschaltet, sie bilden eine *Kettenschaltung* (s. Abb. 6.2), so ergibt sich die Gesamtübertragungsfunktion aus der Multiplikation der Einzelübertragungsfunktionen.

$$\text{Kettenschaltung:} \quad F = F_1 F_2 \; . \tag{6.3}$$

Werden die Ausgänge von Systemen addiert oder subtrahiert, eine solche Anordnung wird als *Parallelschaltung* (s. Abb. 6.3) bezeichnet, so addieren oder subtrahieren sich die Einzelübertragungsfunktionen zur Gesamtübertragungsfunktion.

$$\text{Parallelschaltung:} \quad F = F_1 \pm F_2 \; . \tag{6.4}$$

Für die Regelung ist besonders die *Rückführung* (s. Abb. 6.4) von Interesse, bei der das Ausgangssignal eines Systemes über ein anderes System auf den Eingang zurückgekoppelt wird, wobei eine Addition oder eine Subtraktion zum Eingangssignal erfolgen kann.

$$\text{Rückführung:} \qquad F = \frac{F_1}{1 \mp F_1 F_2} \quad . \tag{6.5}$$

Das Minuszeichen gilt für Mitkopplung und das Pluszeichen für Gegenkopplung. Die Anwendung dieser Regeln auf den Regelkreis aus der Abb. 6.1 ergibt

Abb. 6.2. Kettenschaltung

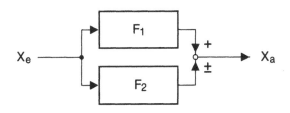

Abb. 6.3. Parallelschaltung

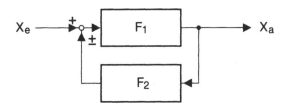

Abb. 6.4. Rückführung

dann die *Störübertragungsfunktion* F_Z und die *Führungsübertragungsfunktion* F_W:

$$F_Z = \frac{F_S}{1 + F_R F_S} \tag{6.6}$$

$$F_W = \frac{F_S F_R}{1 + F_R F_S} \quad . \tag{6.7}$$

Das Produkt $F_R F_S = F_o$ nennt man die *Übertragungsfunktion des offenen Regelkreises*, weil sie eine Kettenschaltung aus Regelstrecke und Regler bei Auftrennen der Regelschleife ist.

6.1.3 Stabilität eines Regelkreises

Die Stabilität eines Regelkreises ist von entscheidender Bedeutung für den Einsatz der Regelung, denn nach einer Störung oder Neueinstellung der Regelgröße soll das geregelte System wieder in einen stabilen Zustand übergehen. Für die Beurteilung der Stabilität eines Regelkreises gibt es mehrere Verfahren.

Das Verfahren nach *Hurwitz* geht von der Regelkreisgleichung (Differentialgleichung) im Zeitbereich aus und stellt an die Koeffizienten der zeitlichen Ableitungen der Regelgröße bestimmte Bedingungen, auf die hier nicht näher eingegangen werden soll.

Für die Praxis ist es häufig günstiger, von der Übertragungsfunktion $F(s)$ auszugehen. Ein System ist instabil, wenn die Übertragungsfunktion unendlich wird. Aus (6.2) und (6.7) folgt, daß dies der Fall ist, wenn der Nenner $1 + F_S F_R = 0$. Daher reicht es aus, die Pole der Übertragungsfunktion zu betrachten. Hierzu kann man ganz in Analogie zu den Fragen der Stabilität bei beschalteten Operationsverstärkern mit Hilfe des *Bode-Diagramms* die Stabilität eines Regelkreises behandeln, indem man den Frequenzgang von F_o entweder durch Rechnung unter Benutzung der obigen Regeln oder durch Messung ermittelt.

Ein zweites Verfahren ist das sog. *Nyquist-Kriterium*. Zum Verständnis dieses Kriteriums muß zuvor kurz auf die Bedeutung der *komplexen s-Ebene* eingegangen werden.

Eine Übertragungsfunktion läßt sich ganz allgemein als eine gebrochen rationale Funktion darstellen:

$$F(s) = \frac{Z(s)}{N(s)} = \frac{\sum a_n s^n}{\sum b_m s^m} \ . \tag{6.8}$$

Real- und Imaginärteil von $F(s)$ können als Fläche über der durch $i\omega$ und σ aufgespannten s-Ebene angesehen werden. Nach dem Residuensatz der Funktionentheorie kann $\mathcal{L}^{-1}(F)$ allein aus der Kenntnis der Pole von $F(s)$ ermittelt werden. Da für die Fragen der Stabilität eines Regelkreises ebenfalls die Pole interessieren, trägt man nur diese in die s-Ebene ein. Ohne einen ausführlichen Beweis anzugeben, gilt:

Ein System ist stabil, wenn die Pole seiner Übertragungsfunktion in der linken s-Halbebene liegen.

$F(s)$ auf der imaginären Achse mit $\sigma = 0$ gibt die Stabilitätsgrenze an. Für die weiteren Untersuchungen der Stabilität kann man deshalb von $F(s)$ auf $F(i\omega)$ übergehen und das i.a. komplexe $F(i\omega)$ als Ortskurve in die komplexe Ebene abbilden (s. Abb. 6.5).

Die imaginäre Achse der s-Ebene wird zum Einheitskreis. Die Ortskurve $F(\mathrm{i}\omega)$ trennt auch hier den stabilen vom instabilen Bereich, indem der Bereich links von der Ortskurve bei Durchfahren der Ortskurve mit steigendem ω der stabile Bereich ist.

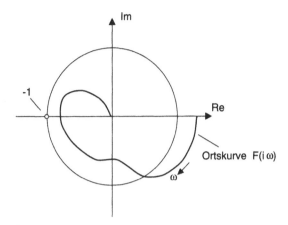

Abb. 6.5. F_o in der komplexen Ebene

Für die Stabilität des Regelkreises wird $F_\mathrm{o}(\mathrm{i}\omega)$ benutzt. Der Punkt $F_\mathrm{o} = -1$ ist die Stabilitätsgrenze. Solange der Punkt -1 also im stabilen Bereich (also links von der Ortskurve) liegt, ist der Regelkreis stabil. Das ist die Aussage des Nyquist-Kriteriums.

Dieses Kriterium sagt noch nichts darüber aus, wie stabil ein Regelkreis ist, d.h. wie schnell er nach einer Störung wieder in den stationären Zustand übergeht. Darüber gibt wie beim Operationsverstärker die *Phasenreserve,*

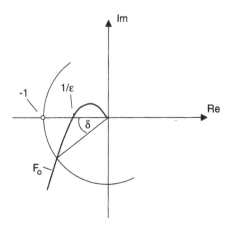

Abb. 6.6. Phasenrand und Amplitudenrand

auch *Phasenrand* genannt, Auskunft, die hier 180° − dem Winkel ist, bei dem F_0 den Einheitskreis schneidet. Zusätzlich benutzt man zur Festlegung der Entfernung von F_0 vom Punkt −1 auf der reellen Achse den sog. *Amplitudenrand*, der als die reziproke Koordinate des Schnittpunktes von F_0 mit der reellen Achse definiert ist (s. Abb. 6.6). Als Faustregel verwendet man die Werte: Phasenrand $\delta \geq 30° \ldots 45°$ und Amplitudenrand $\epsilon \geq 2,5$.

6.1.4 Lineare Übertragungsglieder

In der Praxis ist es sehr nützlich, wenn man bei dem Aufbau und der Analyse von linearen Regelsystemen diese aus einzelnen Standardelementen in Form eines „Schaltbildes" darstellen kann. Dazu bedient man sich einer Reihe von linearen Übertragungsgliedern, von denen die wichtigsten in der Abb. 6.7 dargestellt sind. Die Symbole sind ein Rechteck mit einer schematischen

Typ	Bezeichnung	Übertragungsfunktion	Symbol
P	Proportionalglied	$F(s) = K_P$	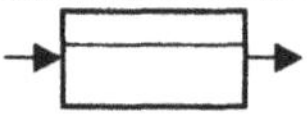
I	Integrierglied	$F(s) = K_I/s$	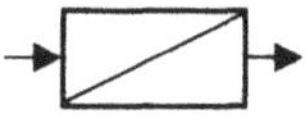
D	Differenzierglied	$F(s) = K_D\, s$	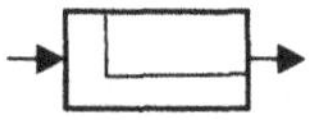
T_1	Verzögerungsglied 1. Ordnung	$F(s) = \dfrac{1}{1+Ts}$	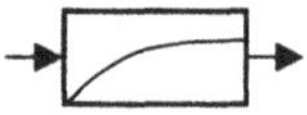
T_2	Verzögerungsglied 2. Ordnung	$F(s) = \dfrac{1}{1+2\zeta s/\omega_0 + s^2\omega_0^2}$	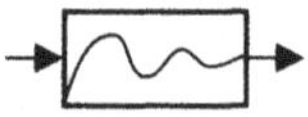
T_t	Totzeitglied	$F(s) = e^{-T_t s}$	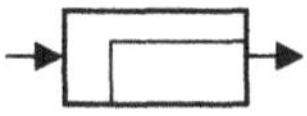

Abb. 6.7. Lineare Übertragungsglieder

Darstellung ihrer Übergangsfunktion und der Angabe der relevanten Parameter. Mit diesen Symbolen lassen sich dann sehr übersichtlich Regelsysteme veranschaulichen.

6.1.5 Regelstrecken und Regler

Bei den Regelstrecken sind grundsätzlich zwei Typen zu unterscheiden:
− Regelstrecken ohne Ausgleich (instabile Strecke).
  Hierunter versteht man solche Systeme, die nach einer Störung keinen stationären Zustand annehmen. Ein Beispiel hierfür ist ein Wasserbehälter mit Zu- und Ablauf. Wird das Gleichgewicht zwischen dem zufließenden und

dem abfließenden Wasser gestört, so läuft der Behälter je nach der Störung über oder er entleert sich.

– Regelstrecken mit Ausgleich (stabile Strecke).
Ein solches System geht nach einer Störung selbständig wieder in einen stationären Zustand über. Ein Raum mit einer bestimmten Temperatur bei konstanter Heizleistung ist ein Beispiel einer stabilen Strecke.

Für den praktischen Einsatz der Regelung haben sich eine Reihe von *Standardreglern* herausgebildet, mit denen sich viele Regelungsprobleme lösen lassen. Im folgenden sind die üblichen Standardregler mit ihren Gleichungen im Zeitbereich, ihren Übertragungsfunktionen, ihren Symbolen und ihren Übergangsfunktionen dargestellt, wobei die Regler immer als ideal angesehen werden.

6.1.6 P-Regler

Der P-Regler (Proportional-Regler) ist der einfachste Reglertyp. Er wird durch (6.9) beschrieben:

$$y = K_P x_d \qquad F_R(s) = K_P \ . \tag{6.9}$$

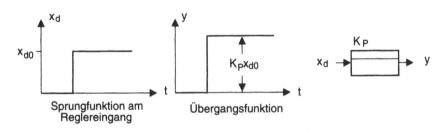

Abb. 6.8. P-Regler

Mit dem P-Regler ergibt sich eine stabile Regelung, wobei jedoch entsprechend (6.1) stets eine endliche Regelabweichung erhalten bleibt. Ein P-Regler kann sehr einfach durch einen invertierenden Operationsverstärker realisiert werden.

6.1.7 PI-Regler

Die verbleibende Regelabweichung des P-Reglers kann durch die Hinzunahme eines I-Reglers zum Verschwinden gebracht werden. Aus dem reinen P-Regler entsteht dann der PI-Regler.

$$y = K_P x_d + K_I \int x_d dt \qquad F_R(s) = K_P + \frac{K_I}{s} = K_P \left(1 + \frac{1}{T_n s} \right) \ . \tag{6.10}$$

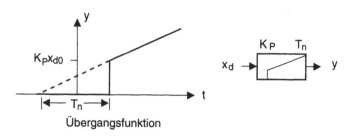

Abb. 6.9. PI-Regler

Das Verschwinden einer Regelabweichung wird dadurch verursacht, daß durch den integrierenden Anteil die Stellgröße y anwächst, solange noch eine Regeldifferenz x_d vorhanden ist. Die in (6.10) aufretende Größe $T_n = K_P/K_I$ wird als *Nachstellzeit* bezeichnet. Der PI-Regler wirkt so, als ob ein reiner I-Regler um T_n vor dem Auftreten des Eingangssignales eingeschaltet wurde.

6.1.8 PD-Regler

Zur Erhöhung der Ansprechgeschwindigkeit einer Regelung kann dem P-Regler ein differenzierender Anteil zugefügt werden, so daß man dann den PD-Regler erhält.

$$y = K_P x_d + K_D \frac{dx_d}{dt} \qquad F_R(s) = K_P + K_D s = K_P(1 + T_v s) \ . \qquad (6.11)$$

T_v wird als *Vorhaltzeit* bezeichnet. Sie ist so zu interpretieren, als ob die Anstiegsantwort (linearer Anstieg als Eingangssignal) um T_v vor dem Eintreffen des Eingangssignales beginnt. Der Vorteil dieses Reglers besteht in der schnellen Reaktion auf Störungen des Regelkreises. Eine Realisierung kann wieder im Prinzip durch einen invertierenden Operationsverstärker, in dem zusätzlich parallel zum Widerstand R_1 ein Kondensator als differenzierender Anteil angebracht wird, erfolgen.

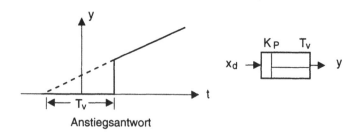

Abb. 6.10. PD-Regler

6.1.9 PID-Regler

Schließlich kann man alle drei Anteile zu einem PID-Regler kombinieren, mit dem Störungen schnell und vollständig ausgeregelt werden können.

$$y = K_P x_d + K_I \int x_d \, dt + K_D \frac{dx_d}{dt} \qquad F_R(s) = K_P \left(1 + \frac{1}{T_n s} + T_v s \right) \, . \quad (6.12)$$

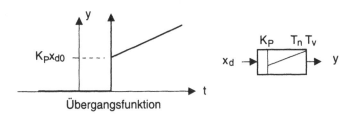

Abb. 6.11. PID-Regler

Dieser Regler kann aus dem PD-Regler durch einen zusätzlichen Kondensator in dem Gegenkopplungszweig realisiert werden.

6.2 Nichtlineare Regelstrecken

Die Linearität, die bei den bisherigen Betrachtungen immer angenommen wurde, ist in der Praxis oftmals bei den Regelstrecken nicht erfüllt. Man muß daher von dem bisherigen linearen Zusammenhang $x = K_S y$ zu dem allgemeineren $x = f(y)$ übergehen. Solange diese Beziehung statisch, d.h. unabhängig von der Frequenz ist, kann man bei kleinen Änderungen der Führungs- oder Störgrößen die Kennlinie der Regelstrecke im Arbeitspunkt linearisieren. Bei großen Änderungen kann die Möglichkeit bestehen, durch vorgeschaltete Funktionsnetzwerke mit $x = f^{-1}(y)$ die Nichtlinearität zu beseitigen. Weitere Probleme treten auf, wenn der maximale Aussteuerungsbereich in einem Glied des Regelkreises überschritten wird oder wenn die Anstiegsgeschwindigkeit (s. slew rate bei den Operationsverstärkern) begrenzt ist. Auf jeden Fall ist die mathematische Behandlung der nichtlinearen Regelkreise wesentlich komplizierter als bei den linearen Regelkreisen.

6.3 Nichtstetige Regelung

Neben den stetigen Reglern, bei denen die Stellgröße jeden beliebigen Wert in einem Aussteuerungsbereich annehmen kann, gibt es die nichtstetigen Regler, bei denen die Stellgröße nur eine bestimmte Anzahl von Werten besitzt. Solche Regler nennt man *Mehrpunktregler*. Der einfachste Vertreter dieses Typs ist der *Zweipunktregler*, der nur zwischen zwei Zuständen hin- und herschalten kann. Man kann mit solchen Reglern zufriedenstellende Regelungen aufbauen, wenn die Regelstrecke vom I-Typ oder vom P-T_1-Typ ist, so daß die Schwankungen der Stellgröße gemildert werden. Trotzdem wird die Regelgröße mehr oder weniger starke Schwankungen aufweisen. Eine solche Regelung ist also nicht stabil. Ein typisches Beispiel für eine solche Regelung ist die Temperaturregelung mit einem Zweipunktregler.

6.4 Beispiel einer Regelung: Niveauregelung

An dem folgenden Beispiel [10] soll die Berechnung einer einfachen Regelung demonstriert werden. Zunächst ist festzustellen, daß die Regelstrecke, der Wasserbehälter, eine Regelstrecke ohne Ausgleich darstellt. Sie ist also in der Sprache der Übertragungsglieder als ein I-Glied anzusehen. Die Regelung der Wasserstandshöhe x erfolgt durch die Schwimmerregelung, die auf Grund der Konstruktion proportional arbeitet. Eine Störung soll durch die Verstellung des Ablaufventiles verursacht werden, wodurch der abfließende Wasserstrom m_a geändert wird und als Störgröße auftritt. Der zufließende Wasserstrom m_e ist dann die Stellgröße und die Wasserhöhe x die Regelgröße. Abbildung 6.12 zeigt das Prinzip der Niveauregelung und das Regelkreisschema. Aus dem Regelkreisschema kann sofort die Störübertragungsfunktion nach (6.6) hingeschrieben werden:

$$F_Z(s) = \frac{\Delta x(s)}{\Delta m_a(s)} = -\frac{K_I/s}{1 + K_P K_I/s} = -\frac{1/K_P}{1 + Ts} \quad ; \quad T = 1/K_P K_I \ . \quad (6.13)$$

Die Störübertragungsfunktion entspricht also einem P-T_1-Verhalten. Wird jetzt für die Störung Δm_a ein Sprung $\Delta m_a(t) = M_a E(t)$ gewählt, so muß

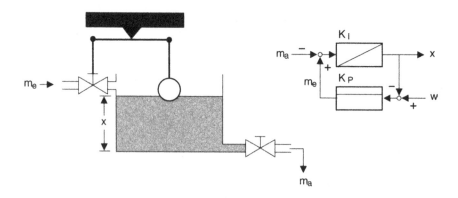

Abb. 6.12. Niveauregelung

zur weiteren Berechnung dieser Sprung laplacetransformiert werden, wobei folgt: $\Delta m_a(s) = M_a/s$. Für die Regelabweichung ergibt sich dann:

$$\Delta x(s) = F_Z(s)\Delta m_a(s) = -\frac{M_a}{K_P}\frac{1}{s(1+Ts)} \quad . \tag{6.14}$$

Die Rücktransformation in den Zeitbereich liefert dann das Ergebnis:

$$\Delta x(t) = -\frac{M_a}{K_P}\left(1 - e^{-t/T}\right) \quad . \tag{6.15}$$

Der Regelkreis strebt also für $t \to \infty$ einem neuen stationären Wert $x - M_a/K_P$ für die Wasserhöhe zu. Die Regelabweichung kann nur durch ein möglichst großes K_P kleingehalten werden.

Soll die Regelabweichung zu Null gemacht werden, so muß ein PI-Regler eingesetzt werden, ohne in diesem Beispiel nach der technischen Realisierung zu fragen. Mit der Übertragungsfunktion für den PI-Regler folgt:

$$F_Z(s) = -\frac{K_I/s}{1 + \frac{K_I}{s}\left(1 + \frac{1}{sT_n}\right)K_P} = -\frac{T_n}{K_P}\frac{s}{1 + T_n s + \frac{T_n}{K_P K_I}s^2} \quad .$$

Das lineare Glied im Nenner sorgt dafür, daß die Pole von F_Z in der linken s-Halbebene liegen. Der Nenner ist von der Form (vgl. Lösung der Schwingungsgleichung):

$$1 + 2\vartheta s/\omega_0 + s^2/\omega_0^2 \quad ; \quad \omega_0^2 = K_P K_I/T_n \quad ; \quad \vartheta = \frac{1}{2}\sqrt{K_P K_I T_n} \quad .$$

Wird der aperiodische Grenzfall angestrebt, so muß $\vartheta = 1$ sein und damit muß gelten:

$$T_n = 4/K_I K_P \quad ; \quad \text{da} \quad T_n = K_P/K_{IR} \quad \text{folgt}$$

$$K_{IR} = \frac{1}{4}K_I K_P^2 \quad ; \quad \omega_0 = \frac{1}{2}K_I K_P \quad .$$

Die Störübertragungsfunktion erhält man also als:

$$F_Z(s) = -\frac{T_n}{K_P}\frac{s}{(1 + s/\omega_0)^2} \quad . \tag{6.16}$$

Wird jetzt wieder eine sprungförmige Änderung von m_a angenommen, so folgt schließlich durch Rücktransformation:

$$\Delta x(t) = -\frac{M_a T_n}{K_P}\omega_0^2 t e^{-\omega_0 t} = -M_a K_I t e^{-\omega_0 t} \quad . \tag{6.17}$$

Diese Gleichung zeigt, daß, wie beim Einsatz einer PI-Regelung zu erwarten, die Regelabweichung für $t \to \infty$ verschwindet. Die maximale Regelabweichung ergibt sich zu $\Delta x_m = -(2/e)M_a/K_P$. Aus dem Vergleich mit der einfachen P-Regelung sieht man, daß diese maximale Abweichung kleiner als die bleibende Abweichung bei der P-Regelung ist.

7. Netzgeräte

Zur Versorgung elektronischer Schaltungen benötigt man Gleichspannungen, deren Größe sich bei Last- und Netzspannungsschwankungen möglichst wenig ändert. Hier muß zur Erreichung einer hohen Konstanz die Regelung eingesetzt werden.

7.1 Längsregler

Im Abschn. 3.3.3 ist die Z-Diode als ein Bauelement zur Erzeugung einer stabilisierten Gleichspannung beschrieben worden. Der Nachteil der Z-Diode liegt vor allem in der begrenzten Leistung. Also wird man zusätzlich einen Leistungsverstärker in Form eines Emitterfolgers einsetzen. Wenn dann noch die Ausgangsspannung mit der Zener-Spannung verglichen wird, erhält man die Regelschaltung der Abb. 7.1. Der Transistor T bildet das Stellglied und der Lastwiderstand die Regelstrecke. Der Operationsverstärker wirkt als Regler.

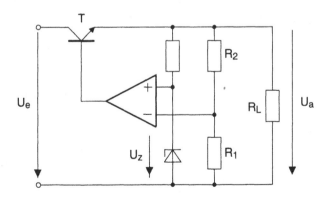

Abb. 7.1. Längsregler

In bezug auf die Referenzspannung U_Z stellt der Operationsverstärker einen nichtinvertierenden Verstärker dar, wobei die Verstärkung durch $1 + R_2/R_1$ gegeben ist. Da der Transistor als Emitterfolger arbeitet, besitzt er die Verstärkung 1 und keine Phasendrehung. Er ist also für die Vorgänge am Operationsverstärker ohne Bedeutung. Die Ausgangsspannung ergibt sich damit zu

$$U_a = U_Z \left(1 + \frac{R_2}{R_1}\right) \quad .$$ (7.1)

Als Störungen an diesem Regelkreis treten Veränderungen des Lastwiderstandes R_L und der Eingangsspannung U_e auf. Die Güte der Regelung in bezug auf Laständerungen läßt sich leicht berechnen, wenn man die Regelschaltung als eine Spannungsquelle mit dem Innenwiderstand r_a und der Leerlaufspannung U_{a0} ansieht, die mit dem Lastwiderstand R_L belastet wird. Dann muß gelten:

$$U_a = \frac{R_L}{R_L + r_a} U_{a0} \quad ; \quad \frac{dU_a}{dR_L} = \frac{R_L + r_a - R_L}{(R_L + r_a)^2} U_{a0} = \frac{r_a}{(R_L + r_a)^2} \frac{R_L + r_a}{R_L} U_a \quad .$$

Unter der Annahme $r_a \ll R_L$ folgt dann:

$$\frac{dU_a}{U_a} \approx \frac{r_a}{R_L} \frac{dR_L}{R_L} \quad .$$ (7.2)

Wie groß ist r_a? Bezogen auf die Änderung der Ausgangsspannung, ist der Operationsverstärker mit dem Transistor ein invertierenden Verstärker, für dessen Ausgangswiderstand (5.7) $r_a \approx Z_a/v_s$ gilt. Die Schleifenverstärkung $v_s = kv_d = v_d R_1/(R_1 + R_2)$ ist durch den Operationsverstärker gegeben. Z_a ist der Ausgangswiderstand des Emitterfolgers, der bei genügend kleinem Ausgangswiderstand des Operationsverstärkers $1/S$ (S = Steilheit des Transistors) ist, so daß $r_a \approx 1/v_s S$ ist.

Zur Berechnung der Regelgüte bei Eingangsspannungsänderungen (die Netzspannung schwankt) kann (6.1) herangezogen werden, indem nur der Störtermteil benutzt wird.

$$x = dU_a \quad ; \quad z = dU_e \frac{U_a}{U_e} \quad ; \quad K_S = 1 \quad ; \quad K_R = kv_d = v_s \quad .$$

Der Faktor U_a/U_e berücksichtigt den Spannungsabfall am Transistor. Es folgt dann:

$$\frac{dU_a}{U_a} \approx \frac{1}{v_s} \frac{dU_e}{U_e} \quad \text{für} \quad v_s \gg 1 \quad .$$ (7.3)

An dieser einfachen Schaltung besteht der große Nachteil, daß bei Kurzschluß die gesamte Eingangsspannung am Transistor liegt, der dann vom maximalen Strom durchflossen wird, der von der Eingangsquelle geliefert werden kann. Dieser Strom ist meistens wesentlich höher als der zulässige Transistorstrom, so daß der Transistor zerstört wird. Hier hilft die Schaltungsvariante der Abb. 7.2.

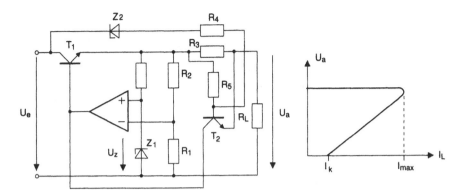

Abb. 7.2. Kurzschlußfester Längsregler

Die Z-Diode Z_2 und der Widerstand R_4 sollen zunächst unberücksichtigt bleiben. Der Widerstand $R_3 \ll R_L$ dient als Strommeßwiderstand. Sein Spannungsabfall steuert den Transistor T_2. R_3 wird so eingestellt, daß bei dem maximal zulässigen Ausgangsstrom T_2 zu leiten beginnt. Die Kollektor-Emitter-Spannung von T_2 bestimmt dann die steuernde Basis-Emitter-Spannung von T_1. Jedem weiteren Stromanstieg wird durch die stärkere Aussteuerung von T_2 (U_{CE} wird kleiner) entgegengewirkt. Trotzdem bleibt noch der Nachteil bestehen, daß bei Kurzschluß die gesamte Eingangsspannung am Transistor T_1 abfällt, so daß der maximale Strom nicht höher sein darf, als durch die maximale Verlustleistung von T_1 vorgegeben ist.

Zur weiteren Verbesserung dienen Z_2 und R_4: Wird nämlich beim maximalen Strom der Lastwiderstand noch weiter verkleinert, so fällt die Ausgangsspannung und der Spannungsabfall an T_1 steigt an. Dadurch beginnt die Z-Diode Z_2 ab einer bestimmten Spannung zu leiten und steuert damit zusätzlich zur Spannung an R_3 den Transistor T_2 weiter auf, wodurch die Steuerspannung von T_1 immer weiter verringert wird, je größer der Spannungsabfall an T_1 wird. Der Ausgangsstrom wird also zurückgeregelt, und es entsteht die sog. *fold-back-Kennlinie*. Im Kurzschlußfall fließt nur noch der Strom I_k.

Mit Hilfe der integrierten Schaltungstechnik hat man komplett aufgebaute Spannungsregler nach dem Längsreglerprinzip entwickelt, die bei Strömen bis zu einigen A Festspannungen je nach Typ zwischen 5 und 24 V liefern können (7800-Serie).

7.2 Schaltregler

Bei dem Längsregler muß am Transistor zur Aufrechterhaltung der Regelung immer eine ausreichende Spannung von einigen Volt anliegen. Dadurch entsteht eine unvermeidbare und nicht unerhebliche Verlustleistung, so daß der Wirkungsgrad der Längsregler insgesamt unter Einbeziehung der Transformator- und Gleichrichterverluste kaum besser als 50% ist.

Mit dem Prinzip des Schaltreglers kann man nun wesentlich bessere Wirkungsgrade bis zu 90% erzielen. Dazu ersetzt man den Längstransistor durch einen Schalttransistor, der periodisch geschaltet wird und dessen Einschaltdauer (Tastverhältnis) geregelt werden kann. Durch anschließende Tiefpaßfilterung wird der zeitliche Mittelwert gebildet. Da hier eine Gleichspannung wieder in eine Gleichspannung umgewandelt wird, bezeichnet man Schalter und Tiefpaß auch als *Gleichspannungswandler*.

Die Abb. 7.3 zeigt das Blockschaltbild der prinzipiellen Anordnung eines Schaltnetzgerätes. Für die Umsetzung der Netzspannung wird in jedem Fall ein Transformator erforderlich sein. Benutzt man wie beim Längsregler einen üblichen Transformator für 50 Hz Netzfrequenz, so nennt man die ganze Anordnung ein sekundärgetaktetes Schaltnetzgerät oder auch kurz *Sekundärregler*, da sich der Schaltregler auf der Sekundärseite des Transformators befindet.

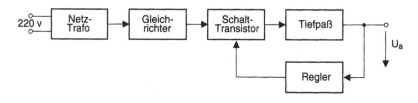

Abb. 7.3. Schaltregler (Sekundärregler)

Die Verluste in einem Netztransformator sind nicht unerheblich. Wenn man zu Transformatoren bei höheren Frequenzen übergeht, kann man sowohl die Verluste als auch die Größe ganz wesentlich erniedrigen. Dazu setzt man den erforderlichen Transformator nach dem Schaltregler (der Schaltregler liegt auf der Primärseite des Transformators) ein und erhält so den Aufbau der Abb. 7.4, die ein primärgetaktetes Schaltnetzgerät oder kurz einen *Primärregler* darstellt.

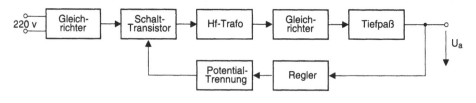

Abb. 7.4. Primärregler

Die Regelung der Ausgangsspannung wird durch die Veränderung des Tastverhältnisses erreicht. Hierzu ist ein beträchtlicher Schaltungsaufwand erforderlich, der aber durch moderne integrierte Schaltungen in Grenzen gehalten werden kann. Das Prinzip der Regelung zeigt die Abb. 7.5. Der Istwert wird mit dem Sollwert verglichen. Ihre Differenz steuert den Regelverstärker, dem man ein geeignetes Regelverhalten z.B. PI-Verhalten gibt, und dessen Ausgangssignal U_R mit dem periodischen Sägezahnsignal U_S (Periode $= T$) verglichen wird.

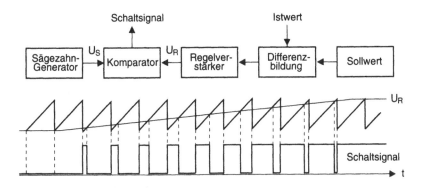

Abb. 7.5. Erzeugung des Schaltsignales

Liegt U_R oberhalb von U_S, so erzeugt der Komparator ein Schaltsignal für den Schalttransistor. Auf diese Weise wird eine *Impulsbreitenmodulation* gewonnen. Das arithmetrische Mittel dieses impulsbreitenmodulierten Signales bestimmt dann letzlich die Höhe der Ausgangsspannung. Für die prinzipielle Schaltung eines Gleichspannungswandlers werden im folgenden der Durchflußwandler und der Sperrwandler erklärt.

7.2.1 Durchflußwandler

Abbildung 7.6 zeigt das Prinzip dieses Wandlers. Ist der Schalter geschlossen, so fließt ein Strom durch die Speicherdrossel L, sie wird „aufgeladen". Die Spannung U_1 an der Diode ist dann gleich der Eingangsspannung U_e. Wird der Schalter geöffnet, so fließt der Drosselstrom weiter, die Drossel „entlädt" sich, wobei die Diode in den Leitzustand übergeht. U_1 sinkt also ungefähr auf Nullpotential. Durch den Lastwiderstand fließt sowohl in der Leitphase des Schalters als auch in der Sperrphase ein Strom, weshalb diese Anordnung als *Durchflußwandler* bezeichnet wird. U_1 ist als Eingangssignal des LC-Tiefpasses anzusehen, der so dimensioniert werden muß, daß der Wechselanteil möglichst weitgehend unterdrückt wird, so daß am Ausgang nur eine Gleichspannung übrigbleibt. Damit man mit möglichst kleiner Speicherdrossel auskommt, wählt man die Schaltfrequenz $1/T$ im Bereich 20 bis 200 kHz.

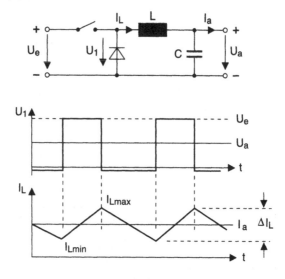

Abb. 7.6. Durchflußwandler

Für den Strom I_L durch die Drossel kann man einen linearen Verlauf annehmen, weil die Aufladezeitkonstante $\gg T$, die Periodendauer. Daher gilt mit dem Induktionsgesetz für die Spannung U_L an der Drossel $U_L = L\Delta I_L/\Delta t$. Während der Einschaltzeit t_{ein} liegt $U_e - U_a$ und während der Ausschaltzeit $t_{aus} - U_a$ an L. Also:

$$\Delta I_L = \frac{1}{L}(U_e - U_a)t_{ein} = \frac{1}{L}U_a t_{aus} \quad ; \text{ woraus für } U_a \text{ folgt:}$$

$$U_a = \frac{t_{ein}}{t_{ein} + t_{aus}}U_e = \frac{t_{ein}}{T}U_e = pU_e \ . \tag{7.4}$$

Aus dieser Gleichung geht hervor, daß die Regelschaltung für eine gleichbleibende Ausgangsspannung das Tastverhältnis p auf einen konstanten Wert halten muß. Das ist jedoch nur so lange richtig, wie der Ausgangsstrom $I_a \geq 1/2\Delta I_L$. Sobald nämlich I_a unter diesen Wert fällt, sinkt der Drosselstrom in der Sperrphase bis auf Null ab. Die Spannung an der Drossel wird dann Null, so daß die Spannung $U_1 = U_a$ ist. Damit nun trotzdem der arithmetische Mittelwert dieser sich so ergebenden Spannungskurve U_a ergibt, muß die Leitphase verkürzt werden, das Tastverhältnis p ist also zu verringern.

7.2.2 Sperrwandler

Der Durchflußwandler erlaubt nur $U_a \leq U_e$. Das Prinzip des Sperrwandlers, das in der Abb. 7.7 gezeigt ist, gestattet $U_a \geq U_e$. Ist der Schalter S geschlossen, so wird die Speicherdrossel L aufgeladen. Wird der Schalter geöffnet, so entlädt sich L über die Diode in den Lastwiderstand. Im Unterschied zum Durchflußwandler fließt also hier nur in der Sperrphase des Schalters ein Strom in den Ausgang, daher die Bezeichnung Sperrwandler.

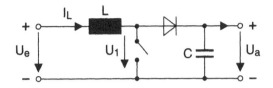

Abb. 7.7. Sperrwandler

Für die Berechnung der Ausgangsspannung kann genauso wie beim Durchflußwandler verfahren werden.

$$\Delta I_{\mathrm{L}} = \frac{1}{L} U_{\mathrm{e}} t_{\mathrm{ein}} = \frac{1}{L}(U_{\mathrm{a}} - U_{\mathrm{e}}) t_{\mathrm{aus}} \qquad \text{daraus folgt}$$

$$U_{\mathrm{a}} = \frac{T}{t_{\mathrm{aus}}} U_{\mathrm{e}} \ . \tag{7.5}$$

Diese Gleichung gilt ebenfalls wieder nur unter der Voraussetzung, daß der Strom durch die Drossel nicht Null wird. Im anderen Fall muß wie beim Durchflußwandler das Tastverhältnis verringert werden, um U_{a} auf den gleichen Wert zu halten.

7.2.3 Beispiel für einen Primärregler

Der Primärregler hat den großen Vorteil, daß er die Spannungstransformation mit einem HF-Transformator durchführt, der wesentlich kleiner und verlustärmer als ein Netztransformator ist. Abbildung 7.8 zeigt eine Prinzipschaltung mit einem Durchflußwandler.

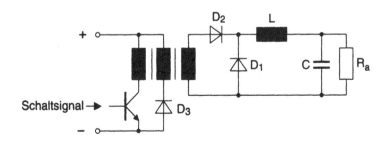

Abb. 7.8. Primärregler

Die direkt vom Netz gleichgerichtete Spannung wird mit dem Schalttransistor in eine Wechselspannung umgewandelt. Diese wird mit dem Transformator auf die Sekundärseite übertragen, wo sie mit der Diode D_2 gleichgerichtet wird. D_2 leitet nur in der Leitphase des Schalttransistors, so daß genau die Ansteuerverhältnisse des Durchflußwandlers vorliegen. In der Sperrphase würde beim Abschalten auf der Primärseite eine sehr hohe Spannung auftreten, die die Sperrspannung des Transistor übersteigen könnte. Zur Verhinderung dieser Spannungsspitze dient die mittlere Transformatorwicklung, die genau so viele Windungen wie die Primärwicklung aber mit entgegengesetztem Wicklungssinn besitzt, und die Diode D_3. Diese Diode leitet, sobald die induzierte Spannung beim Ausschalten die Eingangsspannung übersteigt. Auf diese Weise wird die Spannung am Transistor auf $2U_e$ begrenzt. Außerdem wird hierdurch in der Sperrphase die gleiche Energie in die Eingangsspannungsquelle zurückgeliefert, die in der Leitphase im Transformator gespeichert wurde.

8. Analoge Signalübertragung

Signale stellen eine *Information* dar, die von einer Signalquelle oder einem Signalsender zu einem Signalempfänger übertragen werden müssen. Welche Eigenschaft eines Signales eine Information trägt, hängt vom jeweiligen Fall ab und muß vor einer Informationsübertragung festgelegt werden. Hierzu das Beispiel einer einfachen Schwingung:

$$s(t) = S\cos(\omega t + \varphi) \ .$$

Alle drei Größen: Amplitude S, Frequenz ω und die Phase φ können eine Information tragen. Da jedes Signal durch die Fouriertransformation in einzelne periodische Signale der obigen Form zerlegt werden kann, werden im weiteren im wesentlichen nur solche einfachen Signale betrachtet.

Für die Informationsübertragung müssen geeignete *Übertragungskanäle* zur Verfügung stehen. Diese Übertragungskanäle müssen grundsätzlich eine so große Bandbreite besitzen, daß alle in einem Signal vorhandenen Frequenzen keine Veränderung in Amplitude und Phase erfahren.

Dabei tritt oft die Forderung auf, *daß die Signale von ihrem natürlichen Frequenzbereich in einen anderen Frequenzbereich umgesetzt werden müssen.* Dies ist besonders im Bereich der öffentlichen und der technischen Informationsvermittlung der Fall, nämlich im Telefonverkehr, im Rundfunk, im Fernsehen, im Mobilfunk und in der Satellitentechnik. Aber auch in der physikalischen Meßtechnik ist häufig eine Frequenzumsetzung von Meßsignalen erforderlich.

Soll eine Information, z.B. die Amplitude eines Sinussignales, in der Frequenz umgesetzt werden, so muß hierzu eine *nichtlineare Schaltung* herangezogen werden; denn nur durch eine Schaltung mit einer nichtlinearen Kennlinie lassen sich aus einer primären Frequenz neue Frequenzen erzeugen. So entstehen im einfachsten Fall aus einer Sinusschwingung mit einer bestimmten Frequenz ω durch eine nichtlineare Schaltung Oberschwingungen mit ganzzahligen Vielfachen der Grundfrequenz ω. Welche Oberschwingungen mit welchen Amplituden sich dabei ergeben, hängt von der nichtlinearen Kennlinie ab, die man i.a. in eine Potenzreihe entwickeln kann. Die höchste Potenz einer solchen Entwicklung bestimmt die höchste Frequenz der Oberschwingungen.

Eine geschicktere Frequenzumsetzung als die reine Oberschwingungserzeugung gewinnt man durch die Hinzunahme einer zweiten Schwingung:

$$x(t) = s_1(t) + s_0(t) = S_1 \cos(\omega_1 t + \varphi_1) + S_0 \cos(\omega_0 t + \varphi_0) \ .$$

Die Nichtlinearität bewirkt dann die Entstehung von neuen Frequenzen $\omega_{mn} = m\omega_0 \pm n\omega_1$, wobei $m + n <$ der höchsten Potenz der für die Nichtlinearität geltenden Potenzreihe ist. Aus dem gesamten entstehenden Spektrum wird der gewünschte Frequenzbereich ausgefiltert. In der Technik wird diese Methode der Frequenzumsetzung als *Modulation* und als *Mischung* bezeichnet. Beide stellen das gleiche Prinzip dar. Sie unterscheiden sich nur dadurch, daß die Modulation die Umsetzung zu höheren Frequenzen bewirkt und die Mischung umgekehrt die Umsetzung zu tieferen Frequenzen.

8.1 Modulation

Bei der Modulation wird von einer sinusförmigen, hochfreqenten *Trägerschwingung* ausgegangen, die dann von einem *Modulationssignal* entweder in der Amplitude, der Frequenz oder der Phase moduliert wird. Demnach unterscheidet man *Amplitudenmodulation*, *Frequenzmodulation* und *Phasenmodulation*, wobei die beiden letzten, wie sich zeigen wird, eng miteinander verknüpft sind.

8.1.1 Amplitudenmodulation (AM)

Die Amplitude einer Trägerschwingung $s_T(t) = S_T \cos \omega_T t$ wird durch ein Modulationssignal, das durch $s_M(t) = S_M \cos \omega_M t$ gegeben ist, verändert:

$$s_{AM}(t) = (S_T + S_M \cos \omega_M t) \cos \omega_T t \ . \tag{8.1}$$

Die Zerlegung dieser Gleichung in Einzelkomponenten liefert ein Spektrum mit drei Frequenzen:

$\omega_T - \omega_M$	ω_T	$\omega_T + \omega_M$
$\downarrow$	$\downarrow$	$\downarrow$
untere	Träger	obere
Seitenfrequenz		Seitenfrequenz

Üblicherweise wird die Amplitude S_T in (8.1) vor die Klammer gezogen:

$$s_{AM}(t) = S_T(1 + m \cos \omega_M t) \cos \omega_T t \quad m = \frac{S_M}{S_T} = \text{Modulationsgrad}. \tag{8.2}$$

In Abb. 8.1 sind das Spektrum und die Zeitfunktion des amplitudenmodulierten Trägersignales dargestellt. Im Spektrum ist ω_M mit eingezeichnet. Diese Linie tritt bei der idealen AM nach (8.2) nicht auf. Hat man eine beliebige Nichtlinearität für die Modulation zur Verfügung, so bleibt i.a. ω_M im Spektrum, und es treten weitere Frequenzen auf, so daß dann das eigentliche AM-Spektrum ausgefiltert werden muß. Die Zeitfunktion ist durch drei Merkmale gekennzeichnet:

1. Die Hüllkurve ist symmetrisch.
2. Die Hüllkurve entspricht genau dem Modulationssignal.
3. Die Nulldurchgänge haben den gleichen Abstand.

Man darf diesen Funktionsverlauf nicht mit der Darstellung einer Schwebung verwechseln, die immer nur zwei Frequenzen enthält.

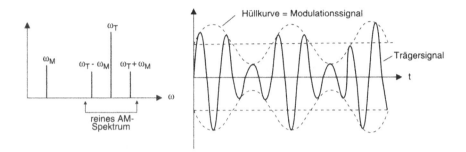

Abb. 8.1. Spektrum und Zeitfunktion der Amplitudenmodulation

Besitzt das Modulationssignal nicht nur eine Frequenz sondern ein ganzes Spektrum, so ergibt sich das AM-Spektrum der Abb. 8.2.

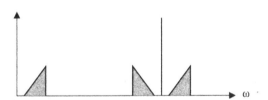

Abb. 8.2. Amplitudenmodulation mit einem Modulationsspektrum

Betrachtet man die Leistung, die in einer Seitenfrequenz gegeben ist, so folgt aus (8.2) der Ausdruck $(S_T m)^2/4$. Somit berechnet sich das Verhältnis M von Seitenfrequenzleistung zur Gesamtleistung zu:

$$M = \frac{(S_T m)^2/4}{S_T^2 + (S_T m)^2/2} = \frac{(m/2)^2}{1 + 2(m/2)^2} \ . \tag{8.3}$$

Für 100% Modulation ist $m = 1$, also wird das Verhältnis $M = 1/6$. 2/3 der Gesamtleistung ist an den Träger gebunden, der jedoch keine Information trägt. Daher wird in vielen Systemen durch geeignete Schaltungen der Träger aus dem Spektrum möglichst bis auf einen kleinen Rest eliminiert. Man spricht dann von der *Zweiseitenbandmodulation mit unterdrücktem Träger* (im Englischen SCAM = Suppressed Carrier AM oder DSB = Double Side

Band) (s. Abb. 8.3). Da beide Seitenbänder die gleiche Information enthalten, kann man noch einen Schritt weitergehen und nur noch ein Seitenband übertragen, was man durch Ausfiltern eines Seitenbandes erreichen kann. Diese Methode führt die Bezeichnung *Einseitenbandmodulation* (im Englischen SSB = Single Side Band).

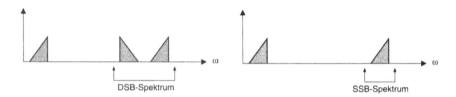

Abb. 8.3. Frequenzspektrum bei Zwei- und Einseitenbandmodulation

Als Beispiel für die Anwendung der Zweiseitenbandmodulation zeigt Abb. 8.4 die Übertragung von akustischen Stereosignalen im Stereorundfunk. Aus den beiden Signalen L (linkes Mikrofon) und R (rechtes Mikrofon) wird ein Summen- und ein Differenzsignal gebildet. Das Summensignal wird wie bei der früheren Monoübertragung in seinem Frequenzbereich belassen und direkt dem Sender zugeführt. Damit war die neue Übertragungstechnik mit den älteren Monoempfängern kompatibel. Das Differenzsignal wird mit Trägerunterdrückung auf einen Träger von 38 kHz aufmoduliert. Für die einfache Rückgewinnung des Differenzsignales im Stereoempfänger ist jedoch der 38 kHz-Träger erforderlich, damit die Hüllkurve wieder dem Differenzsignal entspricht. Zu diesem Zweck wird der 38 kHz-Träger in seiner Frequenz durch 2 geteilt. Dieses 19 kHz-Signal, als *Pilotton* bezeichnet, wird mit relativ kleiner Amplitude zu dem gesamten Spektrum hinzugefügt. Im Empfänger wird

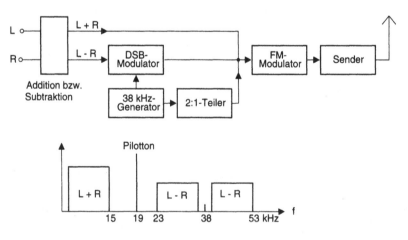

Abb. 8.4. Zweiseitenbandmodulation im Stereorundfunk

durch Frequenzverdopplung aus dem Pilotton der 38 kHz-Träger zurückge-wonnen.

Die Einseitenbandtechnik hat neben kommerziellen Funkdiensten im Kurz-wellenbereich ihr großes Einsatzgebiet in der analogen *Trägerfrequenztele-fonie, Frequenzmultiplexverfahren*, wo sie dazu dient, viele Telefongespräche über einen gemeinsamen Übertragungskanal zu schicken. Dazu wird im Prin-zip jedes Telefongespräch mit SSB auf einen eigenen Träger aufmoduliert. Dadurch werden die Telefongespräche auf der Frequenzachse „aneinanderge-reiht", ohne sich zu überlappen.

Die Anwendung der Modulationsverfahren mit unterdrücktem Träger er-fordert auf der Empfangsseite einen zusätzlichen Aufwand, wie im Abschnitt über die Mischung weiter unten erläutert wird.

Als Modulatorschaltungen kommen Dioden- und Transistorschaltungen in Frage, wobei der Einsatz der Transistoren den Vorteil einer zusätzlichen Verstärkung bietet.

8.1.2 Frequenz- und Phasenmodulation

Bei der Frequenz- und der Phasenmodulation wird das Argument einer hoch-frequenten Schwingung im Takte eines Modulationssignales verändert. Daher sind beide Modulationsarten nur wenig voneinander verschieden, so daß man sie auch unter dem Begriff der *Winkelmodulation* zusammenfaßt.

Phasenmodulation (PhM)

$$s(t) = S\sin(\omega_T t + \Delta\psi\sin\omega_M t) \qquad \Delta\psi = \text{Phasenhub.} \qquad (8.4)$$

Die zeitliche Ableitung der Phase ergibt die Augenblicksfrequenz:

$$\omega(t) = \omega_T + \Delta\psi\omega_M\cos\omega_M t \qquad \Delta\psi\omega_M = \text{Frequenzhub.} \qquad (8.5)$$

Frequenzmodulation (FM)
Hier wird die Trägerfrequenz direkt geändert:

$$\omega(t) = \omega_T + \Delta\omega_T\cos\omega_M t \qquad \Delta\omega_T = \text{Frequenzhub.} \qquad (8.6)$$

Durch die Integration erhält man die Augenblicksphase:

$$\psi(t) = \int \omega(t)\mathrm{d}t = \omega_T t + \frac{\Delta\omega_T}{\omega_M}\sin\omega_M t \qquad \frac{\Delta\omega_T}{\omega_M} = \eta \quad \text{Modulationsindex.}$$
$$(8.7)$$

Beide Modulationsarten lassen sich somit in einer gemeinsamen Gleichung zusammenfassen:

$$\begin{aligned} s(t) &= \sin[\omega_T t + A\sin\omega_M t] \qquad (S = 1) \\ &= \sin\omega_T t\cos(A\sin\omega_M t) + \cos\omega_T t\sin(A\sin\omega_M t) \ . \end{aligned} \qquad (8.8)$$

Zur Berechnung des Spektrums werden zunächst die Terme cos(...) und sin(...) zu einer komplexen Darstellung zusammengezogen:

$$y(t) = e^{i A \sin \omega_M t} \quad .$$

Bei der Fourierentwicklung entstehen die Koeffizienten

$$c_n = \frac{1}{T} \int\limits_{-T/2}^{T/2} e^{i(A \sin \omega_M t - n \omega_M t)} dt \quad . \tag{8.9}$$

Diese Integrale sind die Besselfunktionen 1. Art $J_n(A)$, die bis zu $n = 6$ in der Abb. 8.5 dargestellt sind. Unter Beachtung der Symmetrien $J_n(A) = J_{-n}(A)$ für n gerade und $J_n(A) = -J_{-n}(A)$ für n ungerade werden die Fourierkomponenten nach Real- und Imginärteil aufgetrennt und entsprechend (8.8) mit $\sin \omega_T t$ bzw. $\cos \omega_T t$ multipliziert. Dann erhält man für die Fourierreihe:

$$\begin{aligned}
s(t) =\ & J_0(A) \sin \omega_T t \\
+\ & J_1(A)[\sin(\omega_T + \omega_M)t - \sin(\omega_T - \omega_M)t] \\
+\ & J_2(A)[\sin(\omega_T + 2\omega_M)t + \sin(\omega_T - 2\omega_M)t] \\
+\ & \cdot \\
+\ & \cdot \\
+\ & J_n(A)[\sin(\omega_T + n\omega_M)t \pm \sin(\omega_T - n\omega_M)t] \quad .
\end{aligned} \tag{8.10}$$

Es ergibt sich also ein ausgedehntes Spektrum, wobei jeweils Summe und Differenz auftreten, und die Amplituden durch die entsprechenden Besselfunktionen gegeben sind. Für die Phasenmodulation muß $A = \Delta\psi$ und für die Frequenzmodulation $A = \eta = \Delta\omega_T/\omega_M$ eingesetzt werden.

Bei der Phasenmodulation ist der Phasenhub $\Delta\psi$ der Amplitude des Modulationssignales proportional. Dementsprechend wird das Spektrum mit steigender Modulationsamplitude breiter, da sich die Anzahl der relevanten Besselfunktionen vergrößert. Dagegen ändert sich die Form des Spektrums nicht

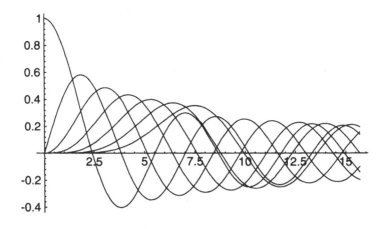

Abb. 8.5. Besselfunktionen

mit der Modulationsfrequenz, sondern es nimmt nur der Abstand zwischen den einzelnen Linien mit wachsendem ω_M zu.

Bei der Frequenzmodulation bestimmt die Modulationsamplitude den Frequenzhub. Das Spektrum wird jedoch durch den Modulationsindex $\Delta\omega_T/\omega_M$ festgelegt. In der Abb. 8.6 ist ein FM-Spektrum für Sinusmodulation mit konstanter Frequenz ω_M aber wachsender Modulationsamplitude und in der Abb. 8.7 ein solches mit konstanter Modulationsamplitude aber fallender Frequenz ω_M dargestellt.

Aus der Abb. 8.7 ersieht man, daß bei konstantem Frequenzhub, also konstanter Modulationsamplitude der Bandbreitenbedarf von der Modulationsfrequenz im wesentlichen unabhängig ist. Für den Bandbreitenbedarf Δf bei Berücksichtigung aller Frequenzlinien oberhalb 10% der unmodulierten Trägeramplitude gilt die Regel

$$\Delta f = 2f_M(A+1) \qquad \text{also bei FM} \qquad \Delta f_{FM} = 2\Delta f_T + 2f_M \ .$$

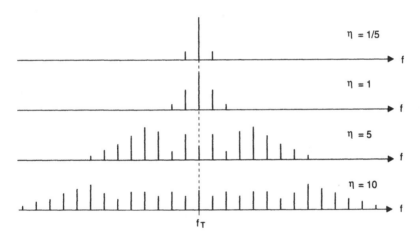

Abb. 8.6. FM-Spektrum mit konstantem ω_M und wachsender Modulationsamplitude

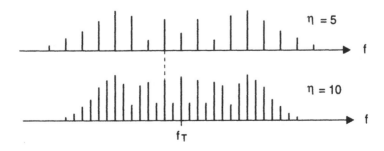

Abb. 8.7. FM-Spektrum mit konstanter Modulationsamplitude und fallendem ω_M

So wird z.B. bei der UKW-Monoübertragung der Frequenzhub auf 75 kHz begrenzt. Bei einer maximalen Modulationsfrequenz von 15 kHz ist also eine Bandbreite von 180 kHz erforderlich. Da bei der heute üblichen Stereoübertragung die Bandbreite des Modulationssignales, wie aus Abb. 8.4 zu ersehen ist, wesentlich größer als bei Monoübertragung ist, hat man den Frequenzhub auf einen geringeren Wert setzen müssen.

8.1.3 Einfluß von Störungen bei AM, PhM und FM

Bei der Übertragung von Signalen muß stets mit Störungen gerechnet werden. Diese Störungen stellen in der Hauptsache *Amplitudenstörungen* dar, so daß sie auf ein amplitudenmoduliertes Signal unmittelbar in ihrer vollen Größe einwirken können. Frequenz- oder phasenmodulierte Signale enthalten in der Amplitude keine Information. Deshalb kann man Amplitudenstörungen leicht durch eine *Amplitudenbegrenzung* beseitigen.

Amplitudenstörungen haben aber auch eine Phasenstörung zur Folge, wie in der Abb. 8.8 gezeigt wird. Die Figur ist eine Zeigerdarstellung der Trägerschwingung S_T und einer Amplitudenstörung der Frequenz ω_{St} und der Amplitude S_{St}. Als maximale Phasenstörung ergibt sich daraus $\sin \Delta\psi = S_{St}/S_T$. Bei nicht zu großen Störamplituden kann man $\sin \Delta\psi \approx \Delta\psi$ setzen. Sei r das Verhältnis von Störsignal zu Nutzsignal, so ergibt sich für die Phasenmodulation:

$$r = \frac{\Delta\psi}{\Delta\psi_M} \qquad \text{unabhängig von der Frequenz } \omega_{St} \; .$$

Für die Frequenzmodulation muß $\Delta\psi$ in einen Frequenzhub umgerechnet werden: $\Delta\omega_{St} = \omega_{St}\Delta\psi$, also:

$$r = \frac{\omega_{St}\Delta\psi}{\Delta\omega_T} \approx \frac{S_{St}}{S_T}\frac{\omega_{St}}{\Delta\omega_T} \; .$$

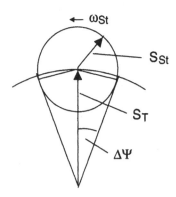

Abb. 8.8. Auswirkung von Amplitudenstörungen

Der 2. Faktor gibt die Verbesserung der FM gegenüber der AM an. Da $r \sim \omega_{St}$, ist die Störunterdrückung bei hohen Störfrequenzen schlechter als bei tiefen Frequenzen. Im UKW-Rundfunk werden deshalb die Amplituden der Höhen gegenüber den Tiefen angehoben (Preemphasis). Beim Empfang muß diese Korrektur wieder rückgängiggemacht werden (Deemphasis). Preemphasis und Deemphasis werden mit einem Hochpaß bzw. mit einem Tiefpaß mit $RC = 75\ \mu s$ durchgeführt.

8.2 Mischung

Unter der Mischung versteht man in der Signalübertragungs- und Signalverarbeitungstechnik die Umkehrung der Modulation, also die Rückgewinnung der Information aus dem modulierten Trägersignal. Dabei findet i.a. eine Frequenzumsetzung zu tieferen Frequenzen statt. Anwendung findet die Mischung im gesamten Frequenzbereich bis hin zu optischen Frequenzen.

Eine typische Anordnung, die nach diesem Prinzip verläuft, ist der Rundfunkempfang mit dem *Überlagerungsempfänger*, dessen Prinzip in der Abb. 8.9 dargestellt ist.

Das von der Antenne gelieferte HF-Signal wird zunächst in einem *HF-Verstärker* verstärkt und einer *Vorselektion* unterzogen. Dann wird es in einer *nichtlinearen Mischstufe* mit dem Signal eines *internen Oszillators* der Frequenz f_o überlagert. Aus dem entstehenden Frequenzgemisch wird mit einem Filter, dem *ZF-Filter* die Differenzfrequenz (ZF = Zwischenfrequenz) ausgefiltert. In diesem Frequenzbereich findet die Hauptverstärkung statt. Anschließend muß eine weitere Frequenzumsetzung erfolgen, damit das Modulationssignal (NF-Signal) in seinen ursprünglichen Frequenzbereich gelangt. Hierzu ist wieder eine nichtlineare Schaltung, der *Demodulator* notwendig, der bei der AM in der einfachsten Ausführung durch einen Gleichrichter mit

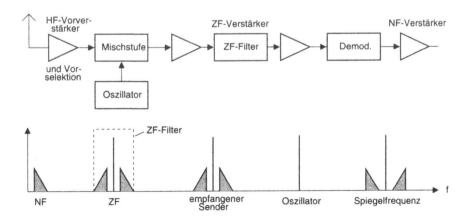

Abb. 8.9. Prinzip des Überlagerungsempfängers

anschließendem Tiefpaß, dessen Grenzfrequenz bei der oberen NF-Frequenz liegt, gebildet werden kann. Dann steht das ursprüngliche NF-Signal zur weiteren Verstärkung in einem *NF-Leistungsverstärker* zur Verfügung.

Die Abstimmung auf einen bestimmten Sender erfolgt nur durch die Veränderung der Oszillatorfrequenz f_o. Aus dem Spektrum wird deutlich, daß die ZF bei der Mischung auch mit einem Signal entsteht, das um den Frequenzabstand der ZF oberhalb vom Oszillator liegt. Diese Frequenz wird als *Spiegelfrequenz* bezeichnet. Da sie für den Empfang unerwünscht ist – wer hört schon gerne zwei Sender gleichzeitig – muß sie vor der Mischung ausgefiltert werden. Dazu dient die Vorselektion im HF-Verstärker. Da die Spiegelfrequenz immer den Abstand der ZF zum Oszillator behält, muß die Vorselektion bei der Abstimmung auf einen Sender synchron zum Oszillator mit verändert werden.

Die *Demodulation*, also die Umsetzung des ZF-Signales in den ursprünglichen Frequenzbereich, ergibt sich für die Amplitudenmodulation aus dem Bild der Zeitfunktion des AM-Signales (s. Abb. 8.1). Man muß im Prinzip nur den unteren Teil wegschneiden (s. Abb. 8.10) und das verbleibende Restsignal auf einen Tiefpaß geben, der das Modulationssignal durchläßt und das HF-Signal unterdrückt.

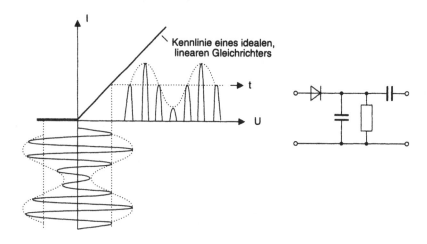

Abb. 8.10. Demodulation durch Hüllkurvengleichrichtung

An dieser Stelle wird deutlich, daß für diese Art der Demodulation (*Hüllkurvengleichrichtung*) Voraussetzung ist, daß die Hüllkurve ein genaues Abbild des Modulationssignales ist. Dieses ist gewährleistet, wenn bei der AM der Träger mitverwendet wird. Bei der DSB oder der SSB behält die Hüllkurve nicht die Form des Modulationssignales (s. Unterschied AM-Signal und Schwebung). Hier muß im Empfänger der Träger erst wieder zur Verfügung gestellt werden, was einen erheblich höheren Aufwand bedeutet, den man für den normalen Rundfunk nicht aufbringen will. Mit der in Abb. 8.10 dargestellten einfachen Gleichrichterschaltung erzielt man noch keine besonders gute Demodulation, da die Diode eine endliche Durchlaßspannung besitzt. Bei starker Modulation fällt dann in der negativen Phase des Modulationssignales die Eingangsspannung unter die Diodendurchlaßspannung, so daß erhebliche Signalverzerrungen auftreten. Moderne Demodulatoren (meistens als IC erhältlich) arbeiten nach aufwendigeren Verfahren wie z.B. der *Synchrondetektor*. Bei diesem Verfahren gewinnt man durch hohe Verstärkung und Begrenzung oder auch durch eine PLL-Schaltung (s. unten) aus dem Träger ein frequenz- und phasengleiches Rechtecksignal. In einer Multiplikatorschaltung (Ring -oder Produktmodulator) wird dieses Rechtecksignal mit dem AM-Signal multipiziert. Dabei entsteht die Differenzfrequenz = Modulationssignal, das dann nur noch über einen Tiefpaß gegeben werden muß.

Bei der *Frequenzmodulation* muß zunächst eine Umformung des frequenzmodulierten Signales in ein AM-Signal erfolgen, bevor die Frequenzumsetzung in den NF-Bereich durchgeführt werden kann. Ein sehr einfaches Verfahren ist in Abb. 8.11 dargestellt. Man nimmt einen Resonanzkreis, der gegenüber dem unmodulierten Träger verstimmt ist, so daß die Trägerfrequenz auf der Flanke der Resonanzkurve liegt. Dadurch wird die FM in eine AM umgewandelt. Eine bessere Linearität erreicht man durch zwei im Gegentakt betriebene und gegeneinander verschobene Resonanzkreise.

Moderne FM-Demodulatoren sind wie im Fall der AM durch umfangreichere Verfahren realisiert. Ein Verfahren benutzt das *PLL-Prinzip*. PLL ist die Abkürzung für *Phase-Locked-Loop*, im Deutschen auch als *Nachlaufsynchronisation* bezeichnet.

PLL besteht darin, die Frequenz eines freilaufenden Oszillators möglichst genau auf die Frequenz eines Referenzoszillators einzustellen, wozu eine Regel-

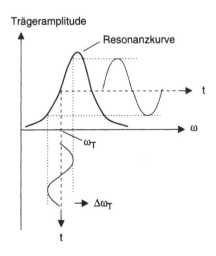

Abb. 8.11. Einfacher FM-Demodulator

schaltung benutzt wird (s. Abb. 8.12). Wenn zwei Oszillatoren in der Frequenz übereinstimmen, besteht zwischen ihnen eine konstante Phasenverschiebung. Das Ziel der Regelung ist es daher, eine konstante Phasenverschiebung herzustellen.

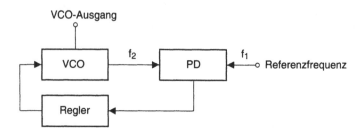

Abb. 8.12. PLL-Regelkreis

Die Referenzfrequenz f_1 wird auf den einen Eingang eines *Phasendetektors* PD gegeben. An den anderen Eingang legt man die einzuregelnde Frequenz f_2 eines *spannungsgesteuerten Oszillators* VCO (VCO = Voltage Controlled Oscillator). Am VCO-Ausgang steht dann die einsynchronisierte Frequenz $f_2 = f_1$ zur Verfügung. Besteht zwischen beiden ein Frequenzunterschied, so steigt der Phasenunterschied linear mit der Zeit an, d.h. der Phasendetektor zeigt als Regelstrecke ein integrierendes Verhalten. Man setzt daher zweckmäßigerweise einen PI-Regler ein, um die Frequenzabweichung zu Null zu machen. Für den Phasendetektor gibt es mehrere Möglichkeiten. Eine einfache PD-Schaltung kann mit einem Multiplizierer und anschließender Mittelwertbildung durch einen Tiefpaß aufgebaut werden.

Für den Einsatz der PLL-Schaltung für einen FM-Demodulator legt man an den einen Eingang des Phasendetektors das FM-Signal und an den anderen Eingang den VCO, dessen Frequenz ständig durch die Regelschleife der augenblicklichen FM-Frequenz nachgeführt wird. Dabei ist dann die Regelspannung proportional zur Frequenzabweichung $\Delta\omega_T$, sie ergibt also das ursprüngliche Modulationssignal.

Die PLL-Schaltung wird in den modernen Rundfunkempfängern auch für die digitale Sendereinstellung eingesetzt. Dazu liegt zwischen dem VCO und dem Phasendetektor und/oder zwischen Referenzoszillator und Phasendetektor ein einstellbarer Frequenzteiler, so daß aus einer einzigen Referenzfrequenz ein ganzes Raster von stabilen Frequenzen für den internen Abstimmungsoszillator hergestellt werden kann.

9. Rauschen

9.1 Rauschquellen

Die Empfindlichkeit jeder physikalischen Messung ist grundsätzlich durch statistische Schwankungen der Meßgröße begrenzt. Diese statistischen Schwankungen werden unabhängig von ihrer Entstehungsursache als *Rauschen* bezeichnet. So ist auch in der Elektronik das Rauschen ein stets vorhandenes Phänomen. Jedes elektronische Bauelement, unabhängig davon, ob es passiv oder aktiv ist, ist eine Rauschquelle, wobei das Rauschen sehr unterschiedliche, physikalische Ursachen haben kann. Trotzdem können die maßgeblichen elektronischen Rauschquellen auf zwei prinzipielle Ursachen zurückgeführt werden.

9.1.1 Rauschen im thermischen Gleichgewicht

In einem elektrischen Leiter ist bei endlicher Temperatur die Ladungsträgerverteilung statistischen Schwankungen unterworfen. So können z.B. an den Enden eines Widerstandes R mit einem schnell registrierenden Spannungsmesser, etwa einem Oszillografen, völlig regellose positive und negative Spannungsimpulse unterschiedlicher Dauer und Größe festgestellt werden. Da dieses Rauschen durch die Temperaturbewegung der Ladungsträger zustandekommt, wird es *thermisches Rauschen* genannt.

Wie bei jedem anderen Rauschen auch ergibt sich bei der Bildung des linearen zeitlichen Mittelwertes:

$$\overline{u_r} = \lim_{T \to \infty} \frac{1}{2T} \int\limits_{-T}^{T} u_r \mathrm{d}t = 0 \ . \tag{9.1}$$

Erst der quadratische zeitliche Mittelwert ergibt einen von Null verschiedenen Wert:

$$\overline{u_r^2} = \lim_{T \to \infty} \frac{1}{2T} \int\limits_{-T}^{T} u_r^2 \mathrm{d}t \neq 0 \ . \tag{9.2}$$

Die Wurzel aus dem quadratischen Mittelwert wird häufig als RMS-Wert (Root Mean Square) bezeichnet. Für das thermische Rauschen eines elektrischen Widerstandes R gibt es eine einfache Gleichung für den quadratischen Mittelwert, die *Nyquist-Formel*:

$$\overline{u_r^2} = 4k_B T R \Delta f \ . \tag{9.3}$$

Darin sind k_B die Boltzmann-Konstante, T die absolute Temperatur und Δf die Bandbreite der Meßeinrichtung. Die Bandbreite tritt als Faktor auf, weil das thermische Rauschen bis zu sehr hohen Frequenzen ein konstantes Leistungsdichtespektrum besitzt, weshalb es auch als *weißes Rauschen* bezeichnet wird. Bei der klassischen Herleitung der Nyquist-Formel wird davon ausgegangen, daß jedem Freiheitsgrad im Mittel die Energie $1/2k_B T$ zugeordnet ist. Diese Annahme ist jedoch durch $hf/[\exp(hf/k_B T) - 1]$ zu ersetzen. Dadurch fällt das Rauschleistungsspektrum für $hf > k_B T$ exponentiell ab. Bei 300 K liegt diese Frequenzgrenze bei $6 \cdot 10^{12}$ Hz, so daß man im Bereich elektronischer Frequenzen immer mit einem weißem Rauschen rechnen kann.

Für das thermische Rauschen sind auch die Bezeichnungen Widerstandsrauschen, Nyquist-Rauschen und im Englischen Johnson-noise im Gebrauch. Ein Beispiel: $R = 10$ kΩ, $\Delta f = 1$ MHz, $T = 300$ K ergibt einen RMS-Wert von ≈ 13 μV.

9.1.2 Rauschen im thermischen Nichtgleichgewicht

Das thermische Gleichgewicht wird insbesondere durch das Fließen von Strömen verlassen. Die Ströme werden durch diskrete Ladungsträger gebildet, deren Verteilungsfunktion (Poisson-Verteilung) statistischen Schwankungen unterworfen ist. Das hierdurch entstehende Rauschen nennt man das *Schrotrauschen* (im Englischen shot-noise). Das klassische Beispiel für das Schrotrauschen (vor allem von Shockley untersucht) ist der Elektronenstrom in einer Elektronenröhre. Jedes von der Kathode zur Anode fliegende Elektron mit der Ladung e erzeugt einen Stromimpuls von der Dauer der Flugzeit τ. Die Summation über alle Einzelimpulse ergibt einen mittleren Gleichstrom I_0 und einen statistischen Wechselanteil i_r, für den gilt:

$$\overline{i_r^2} = 2e I_0 \Delta f \qquad \text{für} \qquad f \ll 1/\tau \ . \tag{9.4}$$

Im Prinzip kann diese Gleichung auf die Verhältnisse der Ströme in Halbleiterbauelementen übertragen werden. In den Halbleiterbauelementen treten aber noch weitere Rauschquellen auf. Dies sind besonders die statistischen Schwankungen bei Rekombinations- und Generationsvorgängen in den pn-Übergängen.

Sehr unterschiedliche physikalische Ursachen hat das *1/f-Rauschen*, das durch die $1/f^n$-Abhängigkeit des Rauschleistungsspektrums von der Frequenz ausgezeichnet ist. Der Exponent n liegt um 1. Dieses Rauschen ist bei tiefen Frequenzen die dominierende Rauschquelle. So liegt z.B. die Frequenz, ab der zu tiefen Frequenzen hin dieses Rauschen überwiegt, bei bipolaren Transistoren bei etwa 1 kHz und bei einigen Sperrschicht-FETs bei 100 Hz. Andere Namen für das $1/f$-Rauschen sind *Funkelrauschen* und *flicker noise* im Englischen.

Im Bereich optischer Frequenzen muß berücksichtigt werden, daß ein optisches Signal von Photonen, also diskreten Teilchen, gebildet wird, so daß ein Lichtstrom immer einen statistischen Anteil enthält, den man als *Quantenrauschen* bezeichnet, und der das thermische Rauschen für Wellenlängen unterhalb des Infrarotgebietes bei weitem übertrifft. Schließlich stellt die Unschärferelation eine prinzipielle Grenze der Meßgenauigkeit von Signalen dar.

9.2 Kenngrößen rauschender Systeme

Für die praktische Handhabung der Rauschquellen in elektronischen Schaltungen ist es günstig, sich einfache Ersatzschaltungen und Ersatzgrößen zu verschaffen, ohne in jedem Fall nach den physikalischen Ursachen der Rauscherscheinungen fragen zu müssen. Deshalb werden zunächst einige gebräuchliche Größen eingeführt und anschließend das Rauschen der wichtigsten aktiven Bauteile besprochen.

Im folgenden sollen die Rauschspannungen und die Rauschströme immer die entsprechend (9.2) definierten quadratischen Mittelwerte bzw. die Wurzel aus diesen Mittelwerten (RMS-Wert) sein.

9.2.1 Rauschtemperatur, äquivalenter Rauschwiderstand

Eine Rauschquelle läßt sich wie jede andere Signalquelle durch eine Ersatzschaltung (s. Abb. 9.1) beschreiben, wobei der Innenwiderstand R_i als ein rauschfreier Widerstand angesehen wird. Die maximal verfügbare Rauschleistung N_r an R_a ergibt sich bei Leistungsanpassung $R_a = R_i$ zu:

$$N_r = \frac{\overline{u_r^2}}{4R_a} = \frac{\overline{i_r^2}}{4}R_a \ . \tag{9.5}$$

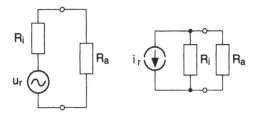

Abb. 9.1. Ersatzspannungsquelle und Ersatzstromquelle für eine Rauschquelle

Denkt man sich die Rauschquelle als eine thermische Rauschquelle, so gilt:

$$N_r = k_B T_r \Delta f \ . \tag{9.6}$$

Die für die Erzielung der Rauschleistung erforderliche Temperatur T_r nennt man die *Rauschtemperatur* der Rauschquelle.

Wird die Rauschquelle als ein thermisch rauschender Widerstand angesehen, so gilt:

$$\overline{u_r^2} = 4 k_B T R_{äq} \Delta f \ . \tag{9.7}$$

Der zur Erreichung von $\overline{u_r^2}$ notwendige Widerstand $R_{äq}$ heißt der *äquivalente Rauschwiderstand* der Rauschquelle.

9.2.2 Rauschzahl, noise figure

Jedes Signal ist grundsätzlich mit Rauschen behaftet. Zur zahlenmäßigen Kennzeichnung benutzt man das Verhältnis SNR (Signal-to-Noise-Ratio) von Signalleistung S zur Rauschleistung N_r. Signale mit einem bestimmten $(SNR)_e$, die über ein System übertragen werden, erhalten durch das Eigenrauschen des Systems einen zusätzlichen Rauschanteil, so daß am Ausgang ein $(SNR)_a$ vorliegt, das kleiner als $(SNR)_e$ ist. Zur Beschreibung dieser Verschlechterung des SNR definiert man die *Rauschzahl F*:

$$F = \frac{(SNR)_e}{(SNR)_a} \geq 1 \ . \tag{9.8}$$

Vielfach wird F in dB angegeben: $F_{dB} = 10 \log F$. Zu beachten ist hierbei, daß $N \sim \Delta f$ und damit von der Bandbreite des Meßsystems abhängt, d.h. bei der Angabe von F sollte die Bandbreite, mit der F bestimmt worden ist, mit angegeben werden.

Schaltet man mehrere rauschende Syteme z.B. Verstärker hintereinander (s. Abb. 9.2), so kommt für die Gesamtrauschzahl im wesentlichen die Rauschzahl des ersten Verstärkers zum Tragen, wenn die folgenden Verstärker Verstärkungen $\gg 1$ aufweisen. Dieses läßt sich an zwei hintereinandergeschalteten Verstärkern für den Fall der Leistungsanpassung leicht herleiten: Es sollen sein: S_e = Eingangssignalleistung, N_e = Eingangsrauschleistung, v_1 und v_2 = maximal verfügbare Leistungsverstärkung der Verstärker, N_1 und N_2 = maximal verfügbare Eigenrauschleistung der Verstärker, S_a = maximal

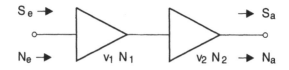

Abb. 9.2. Bestimmung der Gesamtrauschzahl von zwei Verstärkern

verfügbare Ausgangssignalleistung und N_a = maximal verfügbare Ausgangsrauschleistung. Weiterhin soll die Eingangsrauschleistung thermisch sein, also $N_e = k_B T \Delta f$.

Es gilt dann: $N_a = v_1 v_2 N_e + v_2 N_1 + N_2$. Die Rauschzahl eines einzelnen Verstärkers ergibt sich als

$$F_1 = \frac{N_a}{v_1 N_e} = \frac{v_1 N_e + N_1}{v_1 N_e} = 1 + \frac{N_1}{v_1 k_B T \Delta f} \ . \qquad (9.9)$$

Die Gesamtrauschzahl ist dann:

$$F = \frac{N_a}{v_1 v_2 N_e} = 1 + \frac{N_1}{v_1 k_B T \Delta f} + \frac{1}{v_1} \frac{N_2}{v_2 k_B T \Delta f}$$

$$= 1 + (F_1 - 1) + \frac{1}{v_1}(F_2 - 1) \ . \qquad (9.10)$$

Die Rauschzahl des 1. Verstärkers geht also voll ein, während die des 2. Verstärkers um die Leistungsverstärkung des 1. Verstärkers reduziert wird.

9.2.3 Rauschersatzschaltung eines Systems

Rauschende Systeme zeigen i.a. am Ausgang eine Rauschleistung sowohl bei kurzgeschlossenem als auch bei leerlaufendem Eingang. Deshalb bedient man sich der in Abb. 9.3 gezeigten Ersatzschaltung, die sich als nützlich erweist, wenn man die Rauschverhältnisse unter Einbeziehung der Signalquelle betrachten will, wie sich im folgenden zeigen wird.

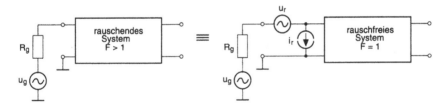

Abb. 9.3. Ersatzschaltung für ein rauschendes System

Die Signalquelle liefert über den Innenwiderstand R_g die Signalspannung u_g. Im einfachsten Fall wird das Rauschen der Signalquelle durch das thermische Rauschen $\overline{u_{rg}^2} = 4 k_B T R_g \Delta f$ von R_g erzeugt. Das Signal-Rausch-Verhältnis am Eingang ist daher:

$$(SNR)_e = \frac{u_g^2}{u_{rg}^2} \ .$$

Zum Rauschen der Signalquelle addieren sich $\overline{u_r^2}$ und $\overline{i_r^2} R_g^2$ (i_r fließt durch R_g!) hinzu, so daß für das Signal-Rausch-Verhältnis am Ausgang folgt:

$$(SNR)_\mathrm{a} = \frac{\overline{u_\mathrm{g}^2}}{\overline{u_\mathrm{rg}^2} + \overline{u_\mathrm{r}^2} + \overline{i_\mathrm{r}^2}R_\mathrm{g}^2} \quad .$$

Für die Rauschzahl F ergibt sich also:

$$F = \frac{(SNR)_\mathrm{e}}{(SNR)_\mathrm{a}} = \frac{\overline{u_\mathrm{rg}^2} + \overline{u_\mathrm{r}^2} + \overline{i_\mathrm{r}^2}R_\mathrm{g}^2}{\overline{u_\mathrm{rg}^2}} = 1 + \frac{1}{4k_\mathrm{B}T}\left(\frac{1}{R_\mathrm{g}}\frac{\overline{u_\mathrm{r}^2}}{\Delta f} + R_\mathrm{g}\frac{\overline{i_\mathrm{r}^2}}{\Delta f}\right) \quad . \quad (9.11)$$

Aus dieser Gleichung ersieht man, daß die Rauschzahl F sowohl für kleiner als auch für größer werdendes R_g ansteigt. Es existiert daher bei einem bestimmten R_g eine minimale Rauschzahl F_min, wenn $\overline{u_\mathrm{r}^2} = \overline{i_\mathrm{r}^2}R_\mathrm{g}^2$, wie aus (9.11) durch Differenzieren folgt. Bezieht man sich auf Rauschspannungen, so ergibt sich aus dem ersten Teil von (9.11) unmittelbar der Satz:

Gesamtrauschspannung $= \sqrt{F}\cdot$ Quellenrauschspannung .

Dieser einfache Zusammenhang ist für viele Rauschbetrachtungen gültig. Es sei jedoch daraufhingewiesen, daß sich im Einzelfall die Rauschprobleme als sehr komplex herausstellen können.

9.3 Rauschen von aktiven Bauteilen

9.3.1 Rauschen des bipolaren Transistors

Die Rauschspannung $\overline{u_\mathrm{r}^2}$ wird durch zwei Anteile erzeugt:
1. Thermisches Rauschen des Basis-Bahnwiderstandes $r_\mathrm{BB'}$.
2. Schrotrauschen des Kollektor-Stromes, das am Emitter-Basis-Widerstand r_EB eine Rauschspannung hervorruft.

$$\overline{u_\mathrm{r}^2} = 4k_\mathrm{B}Tr_\mathrm{BB'}\Delta f + 2eI_\mathrm{C}r_\mathrm{EB}^2\Delta f \quad .$$

Da $r_\mathrm{EB} = U_\mathrm{T}/I_\mathrm{E} \approx k_\mathrm{B}T/eI_\mathrm{C} = 1/S$ folgt

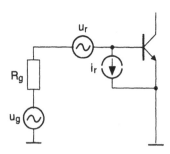

Abb. 9.4. Ersatzschaltung für den rauschenden Transistor

$$\frac{\overline{u_r^2}}{\Delta f} = 4k_B T r_{BB'} + \frac{2(k_b T)^2}{eI_C} = 4k_B T r_{BB'} + \frac{2eI_C}{S^2} \ . \tag{9.12}$$

Der Rauschstrom wird durch das Schrotrauschen des Basis-Stromes I_B verursacht.

$$\overline{i_r^2} = 2eI_B\Delta f = 2e\frac{I_C}{\beta}\Delta f \ . \tag{9.13}$$

Hinzu kommt noch das Funkelrauschen des Basis-Bahnwiderstandes $r_{BB'}$. Der zugehörige Rauschanteil steigt $\sim I_C^{2/3}$.

Entsprechend dem vorigen Abschnitt, trägt auch hier der Rauschstrom mit $\overline{i_r^2}R_g^2$ zum Gesamtrauschen additiv bei. Neben der Abhängigkeit der Rauschzahl von R_g kommt noch die Abhängigkeit vom Kollektorstrom I_C hinzu. Da $\overline{u_r^2}$ mit fallendem I_C, $\overline{i_r^2}$ dagegen mit steigendem I_C größer werden, ergibt sich bei gegebenem R_g in Abhängigkeit von I_C ein Minimum in der Rauschzahl, wenn $\overline{u_r^2} = \overline{i_r^2}R_g^2$. Für den Zusammenhang zwischen I_C und R_g im Minimum der Rauschzahl folgt:

$$R_g = \frac{\sqrt{\beta}}{S}\sqrt{1 + 2r_{BB'}S} \ . \tag{9.14}$$

Die Abhängigkeit der Rauschzahl von Kollektor-Strom und Generatorinnenwiderstand findet man insbesondere für rauscharme Transistoren als Diagramme $F = f(I_C, R_g)$, wobei R_g als Parameter benutzt wird, angegeben oder in der Darstellung I_C als Ordinate und R_g als Abszisse mit den Kurven $F =$ const.

9.3.2 Rauschen des Feldeffekttransistors

Das Rauschen des FETs kann mit dem gleichen Ersatzschaltbild beschrieben werden. Die Rauschspannung wird durch das thermische Rauschen des Kanalwiderstandes, für den im Sättigungsgebiet der Ausdruck $2/(3S)$ ($S =$Steilheit) als äquivalenter Rauschwiderstand eine gute Näherung ist, verursacht:

$$\overline{u_r^2} \approx 4k_B T\frac{2}{3S}\Delta f \ . \tag{9.15}$$

Diese Gleichung gilt für den Sperrschicht-FET und auch für den MOSFET, wobei hier eine Vergrößerung der Rauschspannung bis zum Faktor 2 auftreten kann, was im wesentlichen durch die Raumladeschicht zwischen dem Kanal und dem Substrat verursacht wird. Für den Sperrschicht-FET tritt als Rauschstrom das Schrotrauschen des Gate-Sperrstromes auf. Im Vergleich mit bipolaren Transistoren ist wegen des sehr kleinen Gate-Sperrstromes dieser Rauschstrom sehr viel geringer, so daß ein FET mit wesentlich höheren Generatorwiderständen angesteuert werden kann, bevor sich der durch den Rauschstrom hervorgerufene Spannungsabfall am Innenwiderstand des Generators bemerkbar macht. Der MOSFET zeigt bei tiefen Frequenzen keinen Rauschstrom. Bei höheren Frequenzen ($\geq 10^6 \ldots 10^7$ Hz) induziert das Kanalrauschen über die Gate-Kanal-Kapazität C_G einen Gate-Rauschstrom. Im

Bereich tiefer Frequenzen gibt es beim FET ebenfalls das Funkelrauschen, das für den Sperrschicht-FET das thermische Rauschen zu tieferen Frequenzen hin bei etwa 100 Hz übersteigt, beim MOSFET jedoch schon im Bereich von 100 kHz bis 10 MHz. Im Niederfrequenzbereich ist also der Sperrschicht-FET für rauscharme Einsatzzwecke auf jeden Fall vorzuziehen.

Gegenüber dem bipolaren Transistor besitzt der FET den Vorteil, daß er auch noch bei tiefen Temperaturen arbeitet, wo das thermische Rauschen dann wegen der T-Abhängkeit wesentlich verringert werden kann.

9.3.3 Rauschen des Operationsverstärkers

Auch für den Operationsverstärker wird das einfache Rauschersatzschaltbild der Abb. 9.3 eingesetzt. Für den praktischen Gebrauch und zur bequemen Berechnung der Rauscheigenschaften werden speziell für rauscharme Operationsverstärker von den Herstellern Angaben in Form von Diagrammen oder Zahlenwerten zur Verfügung gestellt.

Dabei werden neben den F-Konturdiagrammen u_{r} und i_{r} (bzw. $\overline{u_{\mathrm{r}}^2}$ und $\overline{i_{\mathrm{r}}^2}$) pro $\sqrt{\mathrm{Hz}}$ (bzw. Hz) Frequenzintervall angegeben.

Die Angaben beziehen sich immer auf den unbeschalteten Operationsverstärker, so daß für jede Beschaltung die Rauscheigenschaften unter Einbeziehung der äußeren Schaltelemente berechnet werden müssen.

9.4 Korrelation

Die Berechnung des quadratischen Mittelwertes eines Rauschsignales gibt lediglich die mittlere Rauschleistung an. Bei bisher behandelten Signalen geben der zeitliche Ablauf oder das Amplitudenspektrum eine genaue Kenntnis der Signaleigenschaften. Bei statistischen Signalen sind diese Angaben wenig sinnvoll bzw. gar nicht möglich. Mit Hilfe der Korrelationsfunktionen und hier speziell der *Autokorrelationsfunktion* lassen sich auch für statistische Signale ihre Eigenschaften genauer beschreiben.

Ohne eine genauere mathematische Herleitung kann man sich die Autokorrelationsfunktion folgendermaßen verständlich machen:

Für eine beliebige Zeitfunktion $f(t)$ wird das Produkt $f(t)f(t+\tau)$ gebildet, wobei $f(t+\tau)$ ein Wert zu einem späteren um τ verschobenen Zeitpunkt sein soll. Wird dieses Produkt zeitlich gemittelt, so wird sich für ein periodisches Signal ein bestimmter, durch τ festgelegter Wert ergeben. Bei einem idealen statistischen Signal wird bei der Mittelung Null herauskommen, weil zu jeder beliebigen Zeitverschiebung τ im Mittel gleich viele positive und negative Werte vorhanden sind. Die mathematische Formulierung der Autokorrelationsfunktion lautet:

$$k(\tau) = \lim_{T \to \infty} \frac{1}{2T} \int\limits_{-T}^{T} f(t)f(t+\tau)\mathrm{d}t \ . \tag{9.16}$$

$k(\tau)$ ist also für ein ideales statistisches Signal nur für $\tau = 0$ von Null verschieden und ist hier der mittleren Leistung proportional.

Für ein periodisches Signal wird $k(\tau)$ klarerweise wieder eine periodische Funktion sein, deren maximaler Wert ebenfalls bei $\tau = 0$ liegt und sich entsprechend periodisch wiederholt.

Ein weißes Rauschen stellt ein ideales statistisches Signal dar. In der Praxis ist jedoch jedes Rauschen mehr oder weniger in der Bandbreite begrenzt, was dazu führt, daß $k(\tau)$ auch für $\tau \geq 0$ noch von Null verschieden ist. Aus dem Vergleich zwischen den beiden Grenzfällen, periodisches Signal und weißes Rauschen, kann man folgern, daß $k(t)$ für ein bandbreitenbegrenztes Rauschen um so schneller auf Null abfällt, je größer die Bandbreite ist.

Zusammenstellung der wichtigsten Eigenschaften von $k(\tau)$:

1. $k(0)$ = maximaler Wert $\sim$ mittlere Leistung.
2. $k(\tau) = k(-\tau)$.
3. $k(\tau)$ von periodischen Funktionen ist periodisch mit der gleichen Periode im τ-Bereich wie im t-Bereich.
4. Die Phasenlage im t-Bereich hat auf $k(\tau)$ keine Auswirkung.
5. Für statistische Signale fällt $k(\tau)$ umso schneller auf Null ab, je größer die Bandbreite des Signales ist. Den Wert von τ, ab dem $k(\tau)$ praktisch Null ist, nennt man die *Korrelationslänge* τ_0.

Die Autokorrelationsfunktion ist eine Zeitfunktion. Also sollte $k(\tau)$ eine Fouriertransformierte $K(\omega)$, die *spektrale Leistungsdichte*, besitzen. Die Bedeutung dieser Fouriertransformierten wird in dem *WIENER-Theorem* (ohne Herleitung) formuliert:

Die Autokorrelationsfunktion und die spektrale Leistungsdichte eines Signales bilden ein Paar von Fouriertransformierten.

$$K(\omega) = \int\limits_{-\infty}^{\infty} k(\tau) \mathrm{e}^{-i\omega\tau} \mathrm{d}\tau \ . \tag{9.17}$$

Die Autokorrelationsfunktion $k(\tau)$ kann verallgemeinert werden, indem zwei Funktionen $f_1(t)$ und $f_2(t)$ in (9.16) eingesetzt werden. So erhält man die *Kreuzkorrelationsfunktion* $k_{12}(\tau)$:

$$k_{12}(\tau) = \lim_{T\to\infty} \int\limits_{-T}^{T} f_1(t) f_2(t+\tau) \mathrm{d}t \ . \tag{9.18}$$

Entsprechend gibt es die spektrale Kreuzleistungsdichte $K_{12}(\omega)$:

$$K_{12}(\omega) = \int\limits_{-\infty}^{\infty} k_{12}(\tau) \mathrm{e}^{-i\omega\tau} \mathrm{d}\tau \ . \tag{9.19}$$

Die Kreuzkorrelationsfunktion ist im Gegensatz zur Autokorrelationsfunktion nicht symmetrisch in τ. Dadurch erhält man i.a. als Kreuzleistungsspektrum eine komplexe Funktion. $f_1(t)$ und $f_2(t)$ sind nicht vertauschbar. Es gilt $k_{12}(\tau) = k_{21}(-\tau)$.

Die Veränderung eines Signalspektrums $S(\omega)$ durch die Übertragungsfunktion $H(\omega)$ eines linearen Systems wird durch (1.13) beschrieben: $G(\omega) = S(\omega)H(\omega)$. Diese einfache Beziehung läßt sich auch auf die Leistungsdichtespektren übertragen:

$$K_g(\omega) = K_s(\omega)|H(\omega)|^2 \quad \mathcal{F}(K_g(\omega)) \quad \rightarrow \quad k_g(\tau) = k_s(\tau) * k_h(\tau) \; . \quad (9.20)$$

Wird also weißes Rauschen, dessen Leistungsdichtespektrum $K(\omega)$ ja konstant ist, auf einen idealen Tiefpaß mit der Grenzfrequenz ω_{gr} gegeben, so wird die Autokorrelationsfunktion des Ausgangsrauschens $k_g(\tau) \sim (sin\omega_{gr}\tau)/\tau$. Wird ein RC-Tiefpaß benutzt, so wird $k_g(\tau)$ durch eine Exponentialfunktion dargestellt.

9.5 Methoden zur Rauschbefreiung

Jedes Signal ist grundsätzlich mit einem Rauschanteil behaftet. Solange das Signal noch deutlich über dem Rauschpegel liegt, kann es detektiert werden. In vielen Fällen ist das Signal jedoch vom Rauschen verdeckt, so daß es nicht mehr gemessen werden kann. Hier bieten die Korrelationsfunktionen eine Möglichkeit, in besonderen Fällen Signale vom Rauschen zu befreien. Eine Rauschbefreiung ist dann besonders gut erreichbar, wenn die Signale periodisch sind, weil dann die Eigenschaft der Korrelationsfunktion ausgenutzt werden kann, daß periodische Signale eine periodische Korrelationsfunktion ergeben, statistische Signale dagegen eine abklingende Korrelationsfunktion haben.

Soll ein periodisches Signal vom Rauschen befreit werden, so besteht grundsätzlich die Rauschbefreiung darin, die Bandbreite des Meßsystems so weit wie möglich einzuschränken, so daß nur noch der periodische Anteil durchgelassen wird. Da die Rauschleistung proportional zur Bandbreite ist, wird auf diese Weise das Rauschen reduziert. Mit normalen Filtern ist es jedoch aus praktischen Gründen nicht möglich, die Bandbreite unter einen minimalen Wert zu verkleinern. Hier helfen die im folgenden vorgestellten Methoden, die alle darauf beruhen, das Signal von seinem Realzeitbereich in einen Verzögerungszeitbereich zu transformieren.

9.5.1 Korrelationsverfahren

Das erste Verfahren nutzt die Autokorrelation aus. Zur Verdeutlichung der Anforderungen an die praktische Durchführung der Autokorrelation soll die

Autokorrelationsfunktion eines Sinussignales $f(t) = A \sin \omega t$ berechnet werden (T ist nicht die Periode!!):

$$k(\tau) = \lim_{T \to \infty} \frac{1}{2T} \int_{-T}^{T} A \sin \omega t \cdot A \sin \omega(t + \tau) dt$$

$$= \frac{A^2}{2} \lim_{T \to \infty} \frac{1}{2T} \int_{-T}^{T} [\cos \omega \tau - \cos(2\omega t + \omega \tau)] dt$$

$$= \frac{A^2}{2} \cos \omega \tau \cdot \lim_{T \to \infty} \frac{1}{2T} \int_{-T}^{T} dt - \frac{A^2}{2} \lim_{T \to \infty} \frac{1}{2T} \int_{-T}^{T} \cos(2\omega t + \omega \tau) dt$$

$$= \frac{A^2}{2} \cos \omega \tau \quad - \quad \text{Rest von der Ordnung} \quad \lim_{T \to \infty} \frac{A^2}{T\omega} \to 0$$

also:

$$k(\tau) = \frac{A^2}{2} \cos \omega \tau \ . \tag{9.21}$$

Für die praktische Realisierung der Autokorrelation besteht neben der Bereitstellung einer Verzögerungs- und einer Multiplizierschaltung die Mittelwertsbildung in der Trennung eines zeitlich konstanten Anteils – $\cos \omega \tau$ – von einem zeitlich oszillierenden Anteil – $\cos(2\omega t + \omega \tau)$ –. Diese Trennung kann leicht durch einen Tiefpaß erfolgen, dessen Grenzfrequenz so klein gewählt werden muß, daß der oszillierende Anteil möglichst gut unterdrückt wird. Im Prinzip könnte die Grenzfrequenz beliebig klein gemacht werden. In der Praxis soll natürlich $k(\tau)$ in einer endlichen Zeit gemessen werden. Daher wird τ zeitlich nicht konstant bleiben können. Sinnvollerweise wird man τ linear mit der Zeit verändern mit $\tau = at$. Im obigen Beispiel wird also $\cos \omega \tau$ langsam oszillieren, so daß nun in (9.21) ein schnell und ein langsam oszillierender Anteil auftreten. Hieraus ergibt sich zwangsläufig die Forderung an den zur Mittelwertsbildung nötigen Tiefpaß, daß seine Grenzfrequenz so eingestellt wird, daß der langsam oszillierende Anteil voll durchgelassen und der schnell oszillierende Anteil weitgehend gesperrt wird. Wie niedrig die Grenzfrequenz sein darf, hängt nur von der durch $\tau = at$ erzeugten Änderungsgeschwindigkeit von $k(\tau)$ ab. Ist $k(\tau)$ nicht wie im obigen Beispiel eine so einfache Funktion, so muß der Tiefpaß so dimensioniert werden, daß alle in $k(at)$ enthaltenen Frequenzanteile durch den Tiefpaß durchgelassen werden.

Die Frage nach der Rauschbefreiung läßt sich nun sofort beantworten: Der Korrelator transformiert das periodische Signal vom t-Bereich in den τ-Bereich, wobei Effektivwert und die Periode erhalten bleiben. Gleichzeitig bildet der Korrelator auch die Autokorrelationsfunktion des überlagerten Rauschens, die zur Autokorrelationsfunktion des Signales addiert wird. Da jedoch $k(\tau)$ für Rauschen mit zunehmendem τ auf Null abfällt, bleibt oberhalb der Korrelationslänge nur $k(\tau)$ des Signales übrig. Da im Korrelator die

Mittelwertsbildung durch einen Tiefpaß vorgenommen wird, wird stets wegen des breitbandigen Rauschens ein Restrauschen bestehen bleiben, das wegen $\overline{u_r^2} \sim \Delta f$ durch den Tiefpaß jedoch sehr stark reduziert wird.

Eine typische Meßkurve für ein verrauschtes Sinussignal zeigt Abb. 9.5. Das Restrauschen ist übertrieben stark gezeichnet. Für eine möglichst gute Rauschbefreiung muß die Grenzfrequenz des Tiefpasses sehr niedrig gemacht werden. Wie weit man hier gehen kann, muß aus der Änderungsgeschwindigkeit der $k(\tau)$-Kurve bestimmt werden, die umso kleiner ist, je langsamer τ verändert wird.

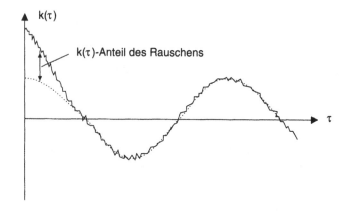

Abb. 9.5. Rauschbefreiung durch Autokorrelation

Für ein Rauschen mit konstantem Leistungsdichtespektrum wie etwa beim thermischen Rauschen kann, wie aus dem Obigen ersichtlich, die Verbesserung des Signalrauschverhältnisses durch das Verhältnis der Rauschbandbreite vor dem Korrelator zur Bandbreite des Tiefpasses angegeben werden.

9.5.2 Lock-in-Verfahren

Ein spezieller Fall der Kreuzkorrelation liegt vor, wenn auf den einen Eingangskanal das zu messende, periodische Signal $s(t)$, das von Rauschen $n(t)$ überlagert ist, und auf den anderen Eingangskanal ein periodisches Referenzsignal $r(t)$, das die gleiche Frequenz wie das Meßsignal besitzt, gelegt werden und zwischen beiden Kanälen keine Zeitverschiebung existiert. Diese Anordnung wird als *Lock-in, phasenempfindlicher Gleichrichter* oder *Synchrondetektor* bezeichnet.

Sei das Meßsignal gegeben durch $s(t) = s_0(\sin(\omega t + \varphi)) + n(t)$ und das Referenzsignal durch $r(t) = r_0 \sin \omega t$, dann berechnet sich die Kreuzkorrelationsfunktion für $\tau = 0$ zu:

$$k_{sr}(0) = s_0 r_0 \lim_{T \to \infty} \frac{1}{2T} \int_{-T}^{T} [\sin(\omega t + \varphi) + n(t)] \sin \omega t\, dt$$

$$= s_0 r_0 \lim_{T \to \infty} \frac{1}{2T} \int_{-T}^{T} \left\{ \frac{1}{2}[\cos \varphi - \cos(2\omega t + \varphi)] + n(t) \sin \omega t \right\} dt$$

$$= \frac{s_0 r_0}{2} \cos \varphi \ . \tag{9.22}$$

Der Lock-in ergibt also eine Gleichspannung (Transformation des Signales auf die Frequenz Null), deren Größe sowohl von der Signal- als auch der Referenzamplitude und dem Phasenunterschied zwischen den beiden Kanälen abhängt. Das überlagerte Rauschen fällt durch die zeitliche Mittelwertsbildung heraus. Damit hat man ein relativ einfaches Rauschbefreiungsverfahren erhalten. Damit das Ausgangssignal maximal wird, wird man i.a. zwischen Signal- und Referenzkanal einen Phasenschieber einbauen müssen, um $\varphi \rightleftharpoons 0$ zu erreichen.

Für die Güte der Rauschbefreiung gelten die gleichen Überlegungen wie im vorigen Abschnitt, da für die Mittelwertsbildung beim Lock-in ebenfalls ein Tiefpaß eingesetzt wird. In vielen Fällen wird das Signal $s(t)$ keine zeitlich konstante Amplitude s_0 haben, da bei der Untersuchung von physikalischen Systemen, bei denen der Lock-in eingesetzt wird, die Abhängigkeit eines Meßsignales von zeitlich veränderbaren Parametern gemessen wird. k_{sr} wird daher zeitabhängig, und es gelten die gleichen Vorschriften für die Grenzfrequenz des Tiefpasses wie im vorherigen Abschnitt.

9.5.3 Boxcar-Integrator

Ein weiterer Spezialfall der Kreuzkorrelation liegt vor, wenn eine periodische Funktion $f(t)$ mit einer periodischen Folge von Deltafunktionen $\delta(t)$ korreliert wird und beide Funktionen die gleiche Periode T aufweisen. Bekanntlich ergibt die Faltung einer Funktion $f(t)$ mit der Deltafunktion $\delta(t)$ die Funktion $f(t)$ an der Stelle $t = \tau$. Wenn wie hier beide Funktionen periodisch sind, reicht eine Periode T als Integrationsintervall aus. Also:

$$f(\tau) = \int_{-T/2}^{T/2} f(t)\delta(\tau - t)dt = \int_{-T/2}^{T/2} f(t)\delta(t - \tau)dt, \quad \text{da } \delta(t) \text{ gerade ist.} \tag{9.23}$$

Für die Bildung der Kreuzkorrelationsfunktion genügt in diesem Fall auch die Integration über eine Periode, wobei noch τ durch $-\tau$ ersetzt wird, so daß gilt:

$$k_{12}(-\tau) = k_{21}(\tau) = \frac{1}{T} \int_{-T/2}^{T/2} f(t)\delta(t - \tau)dt \ . \tag{9.24}$$

Aus dem Vergleich mit (9.23) sieht man, daß diese Kreuzkorrelation die periodische Zeitfunktion bis auf den Faktor $1/T$ wiederherstellt. Die zweite wesentliche Eigenschaft dieser Korrelation besteht darin, daß eine periodische Funktion vom Realzeitbereich in den Verzögerungszeitbereich transformiert wird.

Hier kann nun wieder die Rauschbefreiung einsetzen. Ist nämlich $f(t)$ von Rauschen überlagert, so kann durch die Transformation in den τ-Bereich die Frequenz von $f(\tau)$ durch die langsame Änderung von τ mit der Zeit sehr klein gemacht werden, so daß wieder ein Tiefpaß zur Rauschunterdrückung benutzt werden kann wie in den anderen Verfahren auch. Gegenüber den beiden anderen Verfahren bietet diese Methode den Vorteil, daß der Verlauf der periodischen Zeitfunktion wiedergewonnen wird.

Zur praktischen Realisierung dieser Kreuzkorrelation werden eine Sample-Hold-Schaltung, eine Einheit zur Erzeugung der periodischen Delta-Impulse aus der Zeitfunktion, einer Verzögerungsstufe und einem Tiefpaß benötigt. Diese ganze Anordnung hat die Bezeichnung *Boxcar-Integrator* erhalten.

10. Optoelektronik

Die Optoelektronik ist insbesondere durch die Verfügbarkeit der modernen Halbleiterbauelemente zu einem wichtigen Teilgebiet der Elektronik geworden. Es stehen leistungsfähige Strahlungsquellen und Strahlungsempfänger zur Verfügung. Außerdem ist durch die Einführung der Glasfasertechnik die Möglichkeit der Übertragung optischer Signale gegeben. Neben den Bauelementen auf Halbleiterbasis sind die auf der Röhrentechnologie basierenden Fotovervielfacher im Bereich der physikalischen Meßtechnik auch weiterhin von Bedeutung.

10.1 Strahlungsdetektoren

Zur Detektion von optischer Strahlung wird das Freisetzen von Elektronen durch Fotoeffekt ausgenützt. Je nachdem, ob die Elektronen das bestrahlte Material verlassen oder im Material verbleiben, spricht man vom *äußeren* oder vom *inneren Fotoeffekt*. Detektoren, die auf dem äußeren Fotoeffekt beruhen, sind die *Fotozelle* und der *Fotovervielfacher*. Die Fotozelle (Vakuumfotozelle oder gasgefüllte Fotozelle) spielt heutzutage keine Rolle mehr, da sie durch die Halbleiterfotodetektoren verdrängt wurde.

Der *Fotovervielfacher*, auch *Sekundärelektronenvervielfacher* oder in der englischen Bezeichnung *Photomultiplier* genannt, kommt dagegen auch heute noch in der Messung schwacher optischer Signale und in der kernphysikalischen Meßtechnik verbreitet zum Einsatz.

In der Bildaufnahmetechnik sind die bislang üblichen Bildaufnahmeröhren durch die modernen *CCD-Bildwandler* ersetzt.

10.1.1 Fotovervielfacher

Das Prinzip (s. Abb. 10.1) des Fotovervielfachers besteht darin, daß durch die Photonen Elektronen aus einer strahlungsempfindlichen *Fotokathode* ausgelöst werden. Diese Elektronen werden durch ein System von *Dynoden* beschleunigt, wobei sie aus den Dynoden *Sekundärelektronen* auslösen, so daß von Dynode zu Dynode eine Verstärkung des Elektronenstromes erreicht wird. Der Elektronenstrom wird von einer *Anode* aufgefangen und als ein der Intensität der eingefallenen Strahlung proportionales Signal nach außen geführt.

Das ganze System aus Kathode, Dynoden und Anode befindet sich in einem evakuierten Glaskolben.

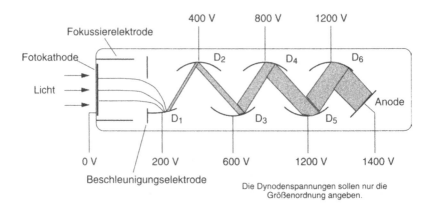

Abb. 10.1. Prinzip des Fotovervielfachers

Für die Eigenschaften des Fotovervielfachers spielt die elektronenoptische Abbildung der primären und sekundären Elektronen eine wichtige Rolle. Die Fotokathode befindet sich üblicherweise als eine halbdurchlässige Schicht auf der Innenseite des Glaskolbens. Die Auswahl des Fotokathodenmaterials orientiert sich in erster Linie an einer möglichst kleinen Austrittsarbeit der Elektronen. Deshalb wird zumindest als Grundmaterial Cäsium für die Fotokathode benutzt. In zweiter Linie ist die *spektrale Empfindlichkeit* von Bedeutung. Hier hat sich eine ganze Reihe von Fotokathodentypen, die sich durch die verschiedensten Cs-Legierungen unterscheiden, etabliert. Eine andere oft benutzte Größe für die Effektivität der Umwandlung von Photonen in Elektronen ist die *Quantenausbeute* η (Quantenwirkungsgrad), die die Anzahl der pro Photon erzeugten Elektronen angibt. Sie zeigt praktisch die gleiche spektrale Abhängigkeit wie die Empfindlichkeit und liegt je nach Fotokathodenmaterial im Bereich 10^{-3} bis einige Zehntel.

Für die Dynoden benutzt man Materialien mit einem möglichst großen Sekundäremissionsfaktor δ, der als Anzahl der erzeugten Sekundärelektronen pro primärem Elektron definiert ist, und mit guten technologischen Eigenschaften. Die Spannung zwischen den Dynoden liegt üblicherweise im Bereich 100 bis 200 V und die Anzahl der Dynoden typischerweise im Bereich von 6 bis 14.

Bei N primären Fotoelektronen und n Dynoden erreichen $N\delta^n$ Elektronen die Anode. Die *Stromverstärkung* G beträgt also δ^n. Typischer Wertebereich $10^6 \ldots 10^8$.

Leider zeigen die Dynodenmaterialien in dem benutzten Spannungsbereich eine starke Abhängigkeit von δ von der Energie der auftreffenden Elektronen. Da G von δ abhängt, ist G auch stark von den Dynodenspannungen abhängig.

Hieraus folgt unmittelbar die Forderung, daß die Betriebsspannung U_b des Fotovervielfachers sehr gut konstant gehalten werden muß.

Die Bereitstellung der notwendigen Dynodenspannungen wird in der Regel durch einen *Spannungsteiler* (s. Abb. 10.2) zwischen Anode und Fotokathode erreicht. Hierbei ist zu beachten, daß durch die Widerstände des Spannungsteilers neben dem Querstrom I_k, der durch die Betriebsspannung vorgegeben ist, von jeder Dynode noch ein Stromanteil hinzukommt, wobei dieser Anteil umso größer ist, je näher die Dynode zur Anode liegt, wie in Abb. 10.2 abzulesen ist.

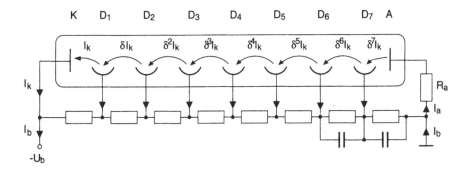

Abb. 10.2. Erzeugung der Dynodenspannungen durch einen Spannungsteiler

Beim Einsatz des Fotovervielfachers mit wechselndem Lichteinfall wird sich also der Strom durch den Spannungsteiler ändern, was eine Änderung der Dynodenspannungen und damit der Verstärkung zur Folge hat. Hieraus folgt, daß der Querstrom durch den Spannungsteiler immer wesentlich größer als der maximale Anodenstrom I_a zu wählen ist.

Für den Gleichlichtbetrieb bei n Dynoden gilt für die relative Verstärkungsänderung näherungsweise:

$$\frac{\Delta G}{G} \approx \frac{I_k}{I_b}\left[\delta^n - \frac{\delta^{n-1}}{(n+1)(\delta-1)}\right] \ . \tag{10.1}$$

Beispiel: Für $G = 10^6$ ist $\Delta G/G < 1\%$, wenn $I_b > 10^8 I_k$ oder $I_b > 100\,I_a$.

Für den Impulsbetrieb, bei dem der maximale Anodenstrom, der im Gleichlichtbetrieb im Bereich einiger Zehntel mA liegt, je nach Impulsbreite bis um den Faktor 1000 größer sein kann, würde man zu unvernünftig hohen Querströmen im Spannungsteiler kommen. Hier kann man sich helfen, wenn zumindest bei den anodennahen Dynoden der zugehörige Spannungsteilerwiderstand einen parallelgeschalteten Kondensator erhält, der dafür sorgt, daß während des Impulses die Dynodenspannung etwa konstant gehalten wird. Die genaue Berechnung des Verstärkungsverlaufs mit der Zeit ist sehr schwierig. Für einen Einsatz des Fotovervielfachers z.B. in Verbindung mit einem Szintillator gilt angenähert:

$$\frac{\Delta G}{G} \approx \frac{\tau_0 I_{am}}{I_b} \frac{e^{-t/\tau_0} - e^{-t/RC}}{\tau_0 - RC} . \qquad (10.2)$$

Dabei ist: τ_0 die Zeitkonstante des Szintillatorimpulses, I_{am} der Spitzenwert des Anodenstromes und RC die Zeitkonstante des letzten Gliedes des Spannungsteilers. Weiterhin wird davon ausgegangen, daß sich die Parallelkondensatoren von Stufe zu Stufe in Richtung auf die Kathode zu jeweils um den Faktor $1/\delta$ verkleinern. Für die kathodennahen Stufen ergeben sich so kleine Kapazitäten, daß es ausreicht, die letzten drei oder vier anodennahen Stufen kapazitiv zu überbrücken. Aus der Gleichung folgt als Beispiel, daß bei $I_{am} = 1$ mA $\Delta G/G$ nur dann $< 1\%$ ist, wenn $RC > 100\,\tau_0$ und $I_b = 1$ mA. Diese Rechnung bleibt jedoch nur solange richtig, wie die einzelnen Impulse sich zeitlich nicht nennenswert überlagern.

Die Hersteller von Fotovervielfachern geben für die verschiedenen Typen in der Regel an, wie der Spannungsteiler aufzubauen ist. Grundsätzlich gilt, daß die einzelnen Spannungen so zu wählen sind, daß sich alle Dynodenstufen im Sättigungsgebiet befinden, so daß alle emittierten Elektronen die nächste Dynode bzw. die Anode als letzte Elektrode erreichen. Wegen der vielfältigen Abhängigkeiten der Eigenschaften des Fotovervielfachers von den Betriebsbedingungen geben Hersteller unterschiedliche Spannungsteiler an, je nachdem man z.B. eine möglichst hohe Verstärkung oder ein möglichst gutes Impulsverhalten erzielen möchte.

Für den Impulsbetrieb ist das *zeitliche Verhalten* des Fotovervielfachers wichtig. Die Form eines Anodenimpulses bei einer sehr kurzen Bestrahlung der Fotokathode wird beschrieben durch (in Klammern jeweils typische Werte):

1. Gesamtlaufzeit, die verstreicht, bis der Anodenimpuls sein Maximum nach dem Eintreffen des Lichtimpulses erreicht hat, (20 ... 40 ns).
2. Laufzeitdifferenz, die die Abhängigkeit der Gesamtlaufzeit von der Stelle des beleuchteten Punktes auf der Fotokathode (Mitte zu Rand) angibt, (< 1 ns).
3. Anstiegszeit (2 ... 4 ns).
4. Impulshalbwertsbreite bei einer sehr kurzen Bestrahlung der gesamten Fotokathodenfläche, (4 ... 8 ns).

Der Fotovervielfacher zeigt auch bei völliger Dunkelheit bereits einen Strom, den *Dunkelstrom*. Er wird zur Hauptsache durch die thermische Emission von Elektronen aus der Fotokathode, durch Isolationsströme (vor allem bei niedrigeren Betriebsspannungen) und im Bereich höherer Betriebsspannungen durch die Restgasionisation verursacht. Die thermische Emission kann durch Abkühlen der Fotokathode verringert werden. Die beiden anderen Ursachen sind durch sorgfältigen inneren Aufbau des Fotovervielfachers gering zu halten. Der Anodendunkelstrom gebräuchlicher Fotovervielfacher liegt im Bereich einiger nA.

Bei Gleichlichtmessungen begrenzt der Dunkelstrom die Empfindlichkeit des Fotovervielfachers. Bei Wechsellicht kann der Gleichanteil abgetrennt werden. Dann wird die Empfindlichkeit durch das Schrotrauschen des Dunkelstromes begrenzt.

10.2 Halbleiterfotodetektoren

Fotodetektoren auf Halbleiterbasis nutzen den inneren Fotoeffekt aus, bei dem durch Photonen Elektron-Loch-Paare erzeugt werden. Hierzu muß ebenso wie beim äußeren Fotoeffekt die Energie $h\nu$ der Photonen größer als die nötige Energie zur Erzeugung eines Elektron-Loch-Paares sein. In reinen Halbleitern ist diese Energie durch den Bandabstand ΔE zwischen Valenz- und Leitungsband gegeben.

$$h\nu \geq \Delta E \quad \rightarrow \quad \text{Grenzwellenlänge} \quad \lambda_{\mathrm{gr}}[\mu\mathrm{m}] = \frac{1,24}{\Delta E[\mathrm{eV}]} \ . \tag{10.3}$$

In dotierten Halbleitern ist für die Freisetzung von Ladungsträgern der Abstand der Störstellenniveaus vom Leitungs- bzw. Valenzband maßgebend. ΔE ist daher erheblich kleiner, so daß sich höhere Werte für die Grenzwellenlänge ergeben. Der kleine ΔE-Wert verlangt allerdings, daß Fotodetektoren aus einem solchen Material bei tieferen Temperaturen betrieben werden müssen, um die thermische Ionisation der Störstellenniveaus gering zu halten.

Die theoretische spektrale Empfindlichkeit S_λ als Verhältnis von Fotostrom I_{ph} zu Strahlungsleistung Φ_{e} ergibt sich aus der folgenden Gleichung:

$$S_\lambda = \frac{\eta e\, \Delta N/\Delta t}{h\nu\, \Delta N/\Delta t} = \frac{\eta e}{hc}\lambda = \frac{\eta}{1,24}\lambda \ . \tag{10.4}$$

ΔN = Anzahl der pro Zeiteinheit Δt auf den Detektor fallenden Photonen. S_λ zeigt also grundsätzlich einen linearen Anstieg mit der Wellenlänge bis zur Grenzwellenlänge, wo S_λ auf Null abfällt. Die wirklichen Empfindlichkeitskurven zeigen zwar auf Grund der verschiedensten physikalischen und technologischen Einflüsse abgewandelte Formen. Es bleibt jedoch auf jeden Fall ein ausgeprägtes Empfindlichkeitsmaximum.

10.2.1 Fotoleiter

Der Fotoleiter (oder auch als Fotowiderstand bezeichnet) ist der einfachste Fotodetektor. Er besteht im Prinzip nur aus einem Halbleiterstück mit zwei Kontakten. Durch die Bestrahlung mit Licht ändert sich die Leitfähigkeit infolge der Ladungsträgererzeugung. Die *Widerstandsänderung* wird üblicherweise in einem geschlossenen Stromkreis mit einer Hilfsquelle als Spannungs- oder Stromänderung registriert.

Die Widerstandsänderung kann sehr große Werte annehmen. So beträgt der Dunkelwiderstand z.B. bei einem Fotowiderstand aus CdS $10^6 \ldots 10^7\ \Omega$ und der Hellwiderstand bei 1000 lx (lux) $100 \ldots 3500\ \Omega$ (je nach Typ).

Im sichtbaren Spektralbereich werden Fotoleiter aus CdS oder CdSe als dünne Filme (aufgedampft oder gesintert) mit Schichtdicken von 10 bis 30 μm hergestellt. Sie zeichnen sich durch eine hohe Empfindlichkeit aus, besitzen jedoch eine große Trägheit in Bezug auf zeitliche Änderungen der Bestrahlung. *Ansprech-* und *Erholzeiten* liegen im ms- bis s-Bereich je nach der Stärke der Bestrahlung. Dieses Verhalten wird durch die relativ große Lebensdauer der erzeugten Ladungsträger bewirkt. Sie kommt dadurch zustande, daß die Löcher an Haftstellen „getrapt" werden.

Im Infrarotbereich werden Halbleiter wie PbS, InSb oder $Hg_x Cd_{1-x} Te$ verwendet, wobei man besonders bei dem letztgenannten Material durch Wahl von x den Bandabstand variieren kann und so einen großen Wellenlängenbereich (1 ... 30 μm) überstreichen kann. Zeitkonstanten sind i.a. wesentlich kürzer als bei CdS und liegen im Bereich μs ... 100 μs.

10.2.2 Fotodiode

Eine Fotodiode (s. Abb. 10.3) ist im Prinzip eine in *Sperrichtung gepolte pn-Diode*, bei der im Halbleitermaterial durch eine Bestrahlung Elektron-Loch-Paare erzeugt werden, die im elektrischen Feld getrennt werden und einen *Fotostrom* oder ohne eine von außen angelegte Spannung eine *Fotospannung* erzeugen. Als Halbleiter werden Ge, Si und GaAs eingesetzt. Das p-Gebiet wird möglichst dünn gehalten und hoch dotiert, so daß die Sperrzone ganz im n-Gebiet liegt und die Strahlung in der Sperrzone und dem angrenzenden n-Gebiet größtenteils absorbiert wird.

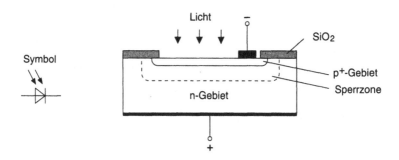

Abb. 10.3. Prinzip der Fotodiode

Der Fotostrom besteht demnach aus zwei Anteilen: 1. den Elektron-Loch-Paaren, die innerhalb der Sperrzone generiert werden und sich mit kurzer Laufzeit als Driftstrom durch die Sperrzone bewegen und 2. den Elektron-Loch-Paaren, die innerhalb einiger Diffusionslängen in dem Bahngebiet erzeugt werden und als Diffusionsstrom fließen, durch den im wesentlichen das Zeitverhalten bestimmt wird.

Die Fotodiode kann in mehreren Betriebsarten verwendet werden. Im Punkt A (s. Abb. 10.4) wird sie in einem Stromkreis mit Vorspannung U_0 und Arbeitswiderstand R_L betrieben. Der Strom ist über weite Bereiche der absorbierten Strahlung proportional. An R_L kann eine Spannung abgenommen werden.

Punkt B stellt den Kurzschlußbetrieb dar, in dem der Strom die Meßgröße bildet. Ohne Vorspannung (Punkt C) erzeugt die Fotodiode eine Spannung, die ihren Einsatz als *Fotoelement* oder als *Solarzelle* ermöglicht.

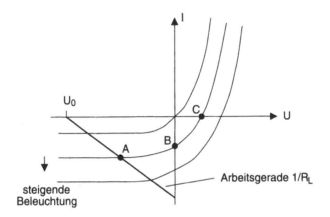

Abb. 10.4. Kennlinien der Fotodiode

Die Fotodiode wird wegen ihres günstigen Zeitverhaltens vor allem für die Detektion von schnellveränderlichen Lichtsignalen eingesetzt. Zusätzlich zu den internen Laufzeiten kommt die Zeit, die zum Umladen der Sperrschichtkapazität notwendig ist. Da diese Kapazität $\sim 1/\sqrt{U}$, erreicht man eine Schaltverbesserung, wenn man mit einer möglichst hohen Betriebsspannung arbeitet (max. Sperrspannung ca 10 ... 30 V). Außerdem wird hierdurch die Breite der Sperrzone größer, so daß der Diffusionsstromanteil verringert wird. Die *Schaltzeiten* liegen bis in den 10 ns-Bereich, wenn insbesondere neben höherer Betriebsspannung mit kleinen Lastwiderständen gearbeitet wird.

Benutzt man die Fotodiode als Fotoelement, so nimmt die Kapazität durch den hinzutretenden Diffusionsanteil erheblich zu, so daß die Grenzfrequenz wesentlich kleinere Werte annimmt.

Eine weitere Verbesserung des Zeitverhaltens bietet das pin-Diodenkonzept, das hier zu den *pin-Fotodioden* führt. Mit ihnen kommt man in den 100 ps-Bereich.

Die bisher vorgestellten Diodentypen erlauben keine Verstärkung des Fotostromes. Hier kann jedoch durch das Prinzip der *Lawinen-Fotodiode* (Avalanche-Fotodiode) eine innere Verstärkung erreicht werden. Dazu wird durch entsprechende Dotierung (z.B. eine Schichtenfolge p^+-p^--p-n^+, wobei + und − die Dotierungsdichte andeuten sollen) ein Gebiet in der Diode erzeugt, in dem eine Stoßionisation stattfinden kann, so daß sich eine Verstärkung bis zu 10^4 ergeben kann. Das Zeitverhalten solcher Fotodioden ist mit den PIN-Fotodioden vergleichbar oder sogar noch günstiger.

Abbildung 10.5 zeigt zwei mögliche Betriebsschaltungen: Linke Schaltung mit nachfolgendem Transistor als Spannungsverstärker, rechte Schaltung mit einem Transimpedanzverstärker als Stromverstärker; die Vorspannung U_0 kann auch entfallen.

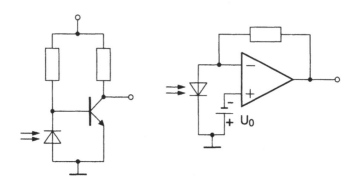

Abb. 10.5. Fotodiodenschaltungen

10.2.3 Fototransistor

Sowohl der Bipolar- als auch der Unipolartransistor eignen sich als Fotodetektor. Beim Bipolartransistor wird das Prinzip der pn-Fotodiode mit der hohen Stromverstärkung eines in Emitterschaltung betriebenen Transistors kombiniert.

Dazu stellt die Kollektor-Basis-Diode (s. Abb. 10.6) die Fotodiode dar, indem das Licht durch die dünne Basis-Schicht in die Sperrzone des Kollektor-Basis-Überganges tritt und dort Elektron-Loch-Paare erzeugt. Die Löcher erhöhen die Basis-Emitter-Spannung, so daß vom Emitter Elektronen emittiert werden, die zum Kollektor fließen. Die Wirkung kann auch so beschrieben werden, als wenn bei einem normalen Transistor zwischen Kollektor und Basis eine Fotodiode liegt, die den Basisstrom liefert, der dann um β verstärkt als Kollektorstrom im Transistor fließt.

Da der Transistor in Emitterschaltung betrieben wird, erzeugt die Kapazität der Fotodiodenstrecke eine Spannungsgegenkopplung und damit eine Verschlechterung des Zeitverhaltens gegenüber einer Fotodiode allein. Die erreichbaren Grenzfrequenzen liegen deshalb bestenfalls im 100 kHz-Bereich.

Eine weitere Erhöhung der Empfindlichkeit jedoch unter gleichzeitiger Verkleinerung der Grenzfrequenz wird durch den *Darlington-Fototransistor* erzielt, indem die direkte Nachschaltung eines zweiten Transistors Strom-

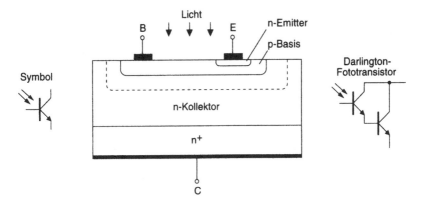

Abb. 10.6. Prinzip des Fototransistors

verstärkungen von einigen 1000 ergibt. Anstiegs- und Abfallzeiten liegen im ms-Bereich.

Beim *Sperrschichtfeldeffekt-Fototransistor* wird die Gate-Kanal-Diode als Fotodiode ausgelegt. Er ist besonders zum rauscharmen Messen von kleinen Fotoströmen einsetzbar. Beim MOSFET-Fototransistor ist sowohl der Kanal als auch die Sperrschicht zwischen Kanal und Substrat der fotoempfindliche Bereich. Bei Verwendung von GaAs lassen sich Ansprechzeiten im 0,1 ns-Bereich erzielen.

Für den Einsatz in der Leistungselektronik haben sich die Fotothyristoren eingeführt, bei denen die Gate-Kathoden-Diode als Fotodiode ausgebildet wird, so daß sich der Thyristor durch einen Lichtimpuls ausreichender Dauer ($\approx 10\,\mu s$) und Stärke zünden läßt. Dieses Prinzip bleibt auf Kleinleistungsthyristoren beschränkt. Man kann sie jedoch sehr gut zum Zünden von Leistungsthyristoren benutzen. So lassen sich Hochvoltanlagen mit Hilfe eines Fotothyristors, der über einen Lichtleiter durch eine LED gezündet wird, steuern. Damit entfallen die teuren Hochspannungszündübertrager.

10.2.4 Rauschverhalten von Fotodetektoren

Beim Empfang optischer Strahlung tritt neben den aus dem Kapitel über das Rauschen genannten Rauschursachen wegen der Quantisierung des Strahlungsfeldes zusätzlich das *Quantenrauschen* auf. Es kann als das Schrotrauschen des Photonenstromes aufgefaßt werden.

Nach (10.4) und (9.4) für das Schrotrauschen gilt:

$$I_{ph} = \frac{\eta e}{h\nu}\Phi_e \quad \text{und} \quad \overline{i_r^2} = 2eI_{ph}\Delta f = 2e\Delta f\frac{\eta e}{h\nu}\Phi_e \; . \tag{10.5}$$

Daraus folgt ein Signal-Rauschverhältnis

$$SNR = \frac{I_{ph}^2}{\overline{i_r^2}} = \eta\frac{\Phi_e}{2h\nu\Delta f} \; . \tag{10.6}$$

Dieses Ergebnis kann so interpretiert werden, als ob der Fotodetektor ein Signal empfängt, dessen spektrale Rauschleistungsdichte $2h\nu/\eta$ beträgt. Hinzu kommt das *thermische Rauschen* der Strahlungsquelle, für dessen spektrale Leistungsdichte gilt $h\nu/[\exp(h\nu/k_\mathrm{B}T) - 1]$. Dieser Anteil wird im fernen Infrarotgebiet mit dem Quantenrauschen vergleichbar. Er wird für größere Wellenlängen unabhängig von der Lichtfrequenz $kT_\mathrm{r}\Delta f$, während das Quantenrauschen linear mit der Lichtfrequenz ansteigt. Darum benötigt man im optischen Bereich für ein gewünschtes SNR eine erheblich größere Signalleistung als im Bereich elektronischer Frequenzen.

Zu dem Schrotrauschen des Signalstromes kommen noch weitere Rauschursachen, die von dem speziellen Typ des Fotodetektors abhängen. In erster Linie muß das *Schrotrauschen des Dunkelstromes* berücksichtigt werden. Der Dunkelstrom ist, da er ja durch die thermische Ladungsträgererzeugung über die Bandlücke verursacht wird, exponentiell von der Temperatur abhängig. Er ist darum bei IR-Fotodetektoren wegen ihres kleinen Bandabstandes besonders störend, so daß IR-Fotodetektoren für empfindliche Messungen bei tiefen Temperaturen betrieben werden müssen. Von störendem Einfluß sind im IR-Bereich auch noch der durch die *thermische Hintergrundsstrahlung* hervorgerufene Fotostrom und sein Schrotrauschen. Sie können nur durch Abschirmung mit gekühlten Blenden reduziert werden.

Beim Fotovervielfacher unterliegt der Sekundäremissionsfaktor statistischen Schwankungen, wodurch eine weitere Rauschkomponente hervorgerufen wird. Der Verstärkungsmechanismus bei Halbleiterfotodetektoren, insbesondere bei der Avalanche-Fotodiode, ist ebenfalls eine Rauschquelle. Weiterhin ist das thermische Rauschen von Bahnwiderständen und Lastwiderständen zu berücksichtigen, ebenso das Generations-Rekombinations-Rauschen.

10.3 Bildaufnahmeeinheiten

Die bisher vorgestellten Fotodetektoren wandeln die auf die Detektorfläche auffallende Strahlung integral in ein elektrisches Signal um. Für die Aufnahme von Bildern sind Fotodetektoren mit einer möglichst großen Ortsauflösung erforderlich. Diese Forderung kann im Prinzip nur mit vielen Einzeldetektoren, die in einer linearen oder flächenhaften Anordnung zusammengefaßt werden, erfüllt werden. Dabei werden die örtlich verteilten Helligkeitsschwankungen eines Bildes in ein *Ladungsbild* umgewandelt, das dann anschließend sequentiell abgetastet wird, so daß das aufgenommene Bild als eine zeitliche Folge von Einzelimpulsen zur weiteren Verarbeitung zur Verfügung steht.

Vor dem Aufkommen der heute in der Mehrzahl verwendeten Bildsensoren auf Halbleiterbasis wurde sowohl für die Speicherung des Ladungsbildes als auch für das Abtasten das optische Bild auf einem flächenhaften Fotoleiter oder einer Diodenmatrix gespeichert und anschließend mit einem Elektronenstrahl ausgelesen (Vidikon, Plumbikon u.a.).

Unter den verschiedenen Arten von reinen Halbleiterbildsensoren haben sich insbesondere diejenigen durchgesetzt, deren Fotosensorelement durch einen *MOS-Kondensator* gebildet wird. Typische Sensormatrizen haben Größen von 500 ... 800 x 400 ... 600 Pixel.

Grundsätzlich wird bei allen Verfahren so vorgegangen, daß zwischen den Abtastzeitpunkten (meistens wird entsprechend der *Fernsehnorm* eine Sensorzelle alle 20 oder 40 ms ausgelesen, je nachdem mit Halbbild = non interlace mode oder Vollbild = interlace mode gearbeitet wird) die von der auffallenden Strahlung erzeugte Ladung aufgesammelt wird (Integrationsphase). Das Auslesen erfolgt dann innerhalb einer sehr kurzen Zeit.

Da das flächenhafte Ladungsbild nach der Integrationsphase in ein zeitlich sequentielles Signal umgewandelt werden soll, muß für jede Sensorzelle die aufgesammelte Ladung in einen separaten Speicher transferriert werden. Hierzu gibt es in der Praxis drei Verfahren. Sie orientieren sich an der Fernsehnorm. Das Auslesen erfolgt also zeilenweise und in Halbbildern, die um eine Zeile vertikal versetzt sind.

10.3.1 Das XY-Konzept (MOS-XY-Sensor)

Jede Sensorzelle ist mit einem MOS-Schalter versehen (s. Abb. 10.7). Über einen Impuls aus dem vertikalen Schieberegister (die Funktion eines Schieberegisters wird in Kap. 11 beschrieben) werden die Schalter einer Zeile geschlossen, so daß das Fotosignal jeder Zeilenzelle an der zugehörigen vertikalen Signalleitung liegt. Durch die zeitlich sequentiellen Impulse aus dem horizontalen Schieberegister wird dann die Ladung jeder einzelnen Zelle der

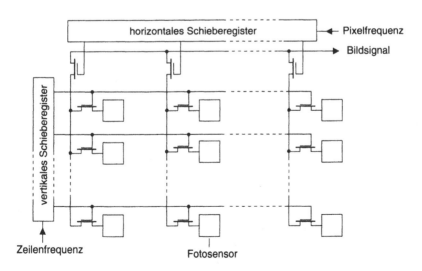

Abb. 10.7. Das XY-Konzept

aktivierten Zeile auf den Videoausgang gelegt. In diesem Konzept ist keine eigentliche Speicherung der aufgesammelten CCD- Ladung erforderlich.

10.3.2 Das Interline-Konzept (IL-Sensor)

Dieses Konzept wie auch das folgende benutzt für den Transfer der Fotoladung in einen Speicher und für den Transport der Ladungen zum Ausgang das sog. *CCD-Prinzip*. CCD ist die Abkürzung für Charge Coupled Device, womit der Ladungstransport durch eine Kondensatorkette gemeint ist. In der Abb. 10.8 ist dieses Prinzip schematisch dargestellt. Man erkennt hieraus deutlich, wie durch den Phasenwechsel an den jeweils 4 zusammengehörigen Elektroden die Ladungspakete mit zunehmender Zeit nach rechts transportiert werden.

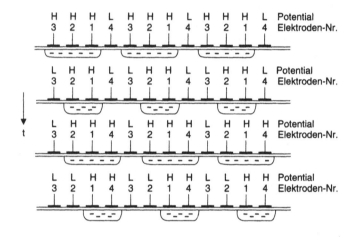

Abb. 10.8. Das CCD-Prinzip

Der IL-Sensor (s. Abb. 10.9) enthält spaltenförmig angeordnete Sensorelemente, die der Integration der Fotoladung dienen. Zwischen den Sensorspalten sind vertikale CCD-Transportregister angeordnet. Wegen des Halbbildverfahrens gehören zu jedem Transportregister zwei Sensorzellen. Die Transportregister sind so beschaffen, daß sie durch eine entsprechende Taktsteuerung pro Halbbild nur jeweils die Ladung einer der beiden Sensorzellen übernehmen. Aus den vertikalen Transportregistern wird dann die Ladung zeilenweise in das horizontale CCD-Ausleseregister übergeben, während für das andere Halbbild die Integrationsphase läuft. Aus dem horizontalen CCD-Ausleseregister wird dann mit der Pixelfrequenz die Zeileninformation sequentiell ausgegeben wird.

10.3.3 Das Frame-Transfer-Konzept (FT-Sensor)

Bei diesem Verfahren ist der Sensor in einen Bildbereich, in dem die Integration des auffallenden Lichtes erfolgt, und einen lichtdichten Speicherbereich,

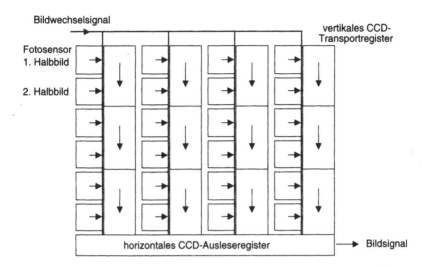

Abb. 10.9. Das Interline-Konzept

in dem die Speicherung des Ladungsbildes vorgenommen wird, aufgeteilt. Dadurch ist eine relativ einfache Struktur gegeben, bei der in horinzontaler Richtung lichtdurchlässige Streifenelektroden aus Polysilizium aufgebracht sind, wobei jeweils vier Streifen entsprechend dem oben dargestellten CCD-Prinzip für das Verschieben der Ladung zusammengehören.In der Bildwechselphase wird das gesamte Ladungsbild nach dem CCD-Prinzip in vertikaler Richtung in den Speicherbereich verschoben. Im Speicherbereich befindet sich die gleiche Struktur wie im Bildbereich. Das Auslesen des Speicherbereiches wird dann wie oben zeilenweise vorgenommen. Da bei dem FT-Sensor für jedes Halbbild das gesamte Ladungbild gespeichert wird, sind im Bild- und im Speicherbereich jeweils nur so viele Sensor- bzw. Speicherzellen nötig, wie für ein Halbbild erforderlich ist.

10.4 Solarzellen

Die Si-Fotodiode ist der Prototyp für die direkte Umwandlung von Strahlung in elektrische Energie, indem die Fotodiode ohne Vorspannung betrieben wird (s. Abb. 10.3). Damit aus der Solarzelle eine elektrische Leistung entnommen werden kann, muß sie in einem Bereich zwischen Leerlauf und Kurzschluß betrieben werden. Zu diesem Zweck ist in Abb. 10.10 eine Kennlinie aus Abb. 10.4 nochmals mit umgekehrten Vorzeichen dargestellt.

Wie aus der Abbildung ersichtlich ist, hängt die maximal entnehmbare Leistung $P_m = U_m I_m$ stark von der Kennlinienform ab. Das Verhältnis von P_m zu dem Produkt $U_l I_k$ bezeichnet man als den *Füllfaktor*. Er beträgt etwa 0,75. Die Leerlaufspannung liegt um 0,5 V. Sie sinkt mit steigender Temperatur, weil sie unmittelbar mit der Diffusionsspannung zusammenhängt.

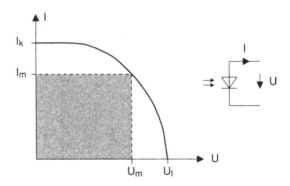

Abb. 10.10. Kennlinie der Solarzelle

Die für die Praxis wichtigste Größe für Solarzellen ist der *Wirkungsgrad*, der das Verhältnis von maximal entnehmbarer elektrischer Leistung zur Strahlungsleistung ist. Seine Größe hängt von einer ganzen Reihe von Faktoren ab:

1. Zum Fotostrom tragen nur die Photonen bei, deren Energie $h\nu$ > Bandabstand ΔE. Photonen unterhalb dieser Energie erwärmen die Solarzelle, falls sie absorbiert werden.
2. Die Überschußenergie der Photonen $h\nu - \Delta E$ führt ebenfalls zu einer Erwärmung.
3. Reflexionsverluste an der Oberfläche, die Antireflexschichten notwendig machen.
4. Der innere Serienwiderstand der Solarzelle vermindert den Kurzschlußstrom.
5. Füllfaktor. Er steigt etwas mit wachsendem Bandabstand und fällt mit steigendem Serienwiderstand.
6. Leerlaufspannung. Sie ist $\sim \Delta E$. Die Anzahl der erzeugten Elektron-Loch-Paare sinkt jedoch mit steigendem Bandabstand, so daß sich bei einem bestimmten ΔE von etwa 1,35 eV ein Maximum der Leerlaufspannung ergibt. Dieser Einfluß sorgt auch dafür, daß bei etwa diesem Bandabstand das Maximum des Wirkungsgrades liegt.
7. Ein Teil der erzeugten Ladungsträger rekombiniert wieder in der Sperrschicht.

Für Si-Solarzellen werden Wirkungsgrade z.Z. (1995) bis zu 23% erreicht. Der theoretische Wirkungsgrad liegt bei 25 bis 30%.

10.5 Halbleiterstrahlungsquellen

Die Umkehrung des Fotoeffektes, nämlich die Rekombination von Elektronen und Löchern, kann Photonen entstehen lassen. Für die Rekombination von Elektronen und Löchern gibt es eine Reihe verschiedener physikalischer Pro-

zesse, die eine Folge der Bandstruktur und der zwischen Valenz- und Leitungsband liegenden Energiezustände sind. Für die Ausnutzung dieser Prozesse
zur Strahlungserzeugung interessieren nur diejenigen, die Photonen erzeugen.
Man spricht dann von *strahlender Rekombination* oder der *Lumineszenz* und
bei den Halbleiterstrahlungsquellen von der *Elektrolumineszenz* und speziell
bei der LED (s. unten) von *Injektionslumineszenz*, da sie durch die Injektion
von Ladungsträgern in eine Sperrschicht hervorgerufen wird. Abbildung 10.11
zeigt die wichtigsten Übergänge zur Rekombination von Ladungsträgern. Bei
diesen Prozessen muß beachtet werden, daß Energie- und Impulssatz erfüllt
werden müssen. Da die Photonen gegenüber den in den Bandstrukturen auftretenden Impulsen nur einen kleinen Impuls besitzen, wird der Prozeß A
nur bei direkten Halbleitern wie GaAs eine ausreichende Wahrscheinlichkeit
haben.

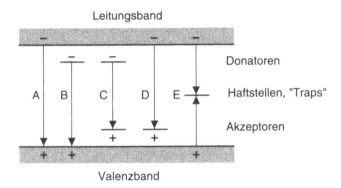

Abb. 10.11. Rekombinationsmöglichkeiten im Halbleiter

Bei indirekten Halbleitern wie Si und Ge müssen zur Erfüllung des Im-
pulssatzes Phononen, die eine kleine Energie aber einen großen Impuls besitzen, am Rekombinationsprozeß beteiligt werden. Dadurch besitzt jedoch der
wichtigste Prozeß A eine sehr geringe Wahrscheinlichkeit. In Si und Ge findet
daher hauptsächlich eine nichtstrahlende Rekombination statt, so daß diese
Halbleiter für die Elektrolumineszenz ausscheiden.

Aber auch in direkten Halbleitern findet eine strahlungslose Rekombination entsprechend dem Prozeß E statt, in dem Elektronen und Löcher an tiefen
Zentren (Haftstellen, Verunreinigungen, Kristallfehler) rekombinieren, wobei
nur kleine Energien frei werden und daher bevorzugt Phononen am Prozeß
mitwirken.

Durch den Einbau von *isoelektronischen Zentren*, das sind Störstellen aus
der gleichen Spalte des Periodensystems wie das Kristallatom, das sie ersetzen, in indirekten Halbleitern wie GaP und $GaAs_{1-x}P_x$ (P durch N oder
ZnO ersetzen) entstehen *gebundene Exzitonen* (wasserstoffähnliche Gebilde),
in denen Elektronen stark lokalisiert sind. Dementsprechend ist der Impuls

unscharf, und die Wahrscheinlichkeit für den Prozeß A steigt auf genügend hohe Werte, so daß er für die Aussendung von Strahlung zur Verfügung steht.

Da die Lichtaussendung über den Prozeß A erfolgen soll, wird die Wellenlänge der erzeugten Strahlung von der Größe der Bandlücke abhängen.

10.5.1 Lumineszenzdioden (LED = Light Emitting Diode)

Für die strahlende Rekombination über den Prozeß A muß eine geeignete Anordnung gefunden werden, in der möglichst viele Ladungsträger zur Rekombination zur Verfügung stehen. Eine solche Anordnung stellt der in *Durchlaß-richtung gepolte pn-Übergang* dar; denn in der unmittelbaren Umgebung des pn-Überganges ergibt sich durch den injizierten Strom ein Überschuß an Ladungsträgern, die dann dort rekombinieren können. Abbildung 10.12 zeigt den prinzipiellen Aufbau einer LED. Damit die Strahlung aus dem Halbleitermaterial austreten kann, bevor sie wieder absorbiert wird, muß der pn-Übergang möglichst dicht unter die Oberfläche gelegt werden. Dazu wird einerseits die p-Schicht sehr dünn gehalten (wenige μm) und andererseits schwächer als die n-Zone dotiert, so daß die Sperrschicht weitgehend in der p-Zone liegt.

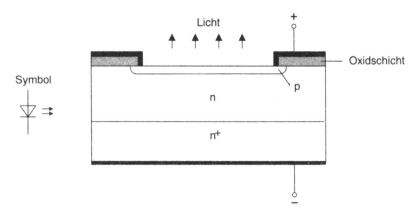

Abb. 10.12. Prinzip der LED

Als Substrat werden GaAs und GaP eingesetzt. Für den pn-Übergang werden im sichtbaren Bereich vor allem $GaAs_{1-x}P_x$ mit $x \approx 0,35 \ldots 0,85$ mit den erzielbaren Farben Rot bis Gelb und GaP:N mit den Farben Gelb bis Grün eingesetzt. Blaue LEDs können aus SiC hergestellt werden. LEDs aus reinem GaAs strahlen im Infrarotgebiet, weshalb man für diesen Bereich die LED oft als IRED = Infra-Red-Emitting-Diode bezeichnet.

Die benutzten Halbleiter besitzen einen relativ hohen Brechungsindex von $\approx 3,5$. Beim Austritt der erzeugten Strahlung aus der LED tritt daher Totalreflexion auf mit einem Grenzwinkel von nur $17°$. Für viele Anwendungen ist jedoch eine breite Abstrahlung erwünscht. Man kann sie durch lichtstreuende Umhüllungen, geeignete Form der Abdeckung oder Mehrfachreflexionen erreichen. Von den LED-Herstellern wird ein sehr großes Typenspektrum angeboten. Neben Einzel-LEDs gibt es eine Vielzahl von Anzeigeeinheiten, z.b. Siebensegment- oder Matrixanordnung.

Da die Schwellspannung einer Diode von der Bandlücke abhängt – je größer die Bandlücke umso höher liegt die Schwellspannung – bewegen sich die Werte für die erforderliche Spannung für einen typischen Strom von 10...20 mA zwischen 1 V bei roten und infraroten und 2,5 V bei grünen LEDs.

Für den Einsatz der LED in informationsübertragenden Systemen (Lichtleiter) ist das *zeitliche Verhalten* von besonderem Interesse. Es ist im Prinzip von den gleichen Vorgängen wie bei normalen pn-Dioden bestimmt. Übliche LEDs haben Anstiegszeiten im 1 μs-Bereich. Bei speziellen Typen erreicht man Zeiten im 1 ... 10 ns-Bereich.

LEDs werden grundsätzlich stromgespeist betrieben. Beim Betrieb mit einer konstanten Spannung würde der Strom mit steigender Temperatur ansteigen, so daß die Gefahr der thermischen Überlastung und Zerstörung der LED besteht. LEDs können von digitalen Schaltungen direkt angesteuert werden, weshalb sie dort in großem Umfang zu Anzeigeeinheiten eingesetzt werden.

10.5.2 Optokoppler

Der Zusammenbau einer LED und eines Fotodetektors (Fotodiode oder Fototransistor) in einem Gehäuse ergibt einen *Optokoppler zur potentialfreien Signalübertragung* sowohl für analoge als auch für digitale Signale. Eine der häufigsten Anordnungen besteht aus einer infrarotstrahlenden GaAs-LED als Sender und einem Fototransistor als Empfänger. Es gibt darüber hinaus auch Fotothyristoren, Fototriac, Fotowiderstand sowie spezielle Kombinationen mit Verstärkern und logischen Schaltungen auf der Empfängerseite. Zwischen Eingangs- und Ausgangsseite dürfen Potentialdifferenzen bis zu einigen kV bestehen.

Optokoppler werden in zwei unterschiedlichen Grundanordnungen angeboten: 1. als geschlossene Koppler, bei denen der optische Übertragungsweg nicht beeinflußt werden kann. 2. als offene Koppler, bei denen in den optischen Übertragungsweg eingegriffen werden kann und die meistens als Lichtschranken bezeichnet werden.

Die Eigenschaften des Optokopplers werden durch die folgenden Kennwerte beschrieben:

1. Stromübertragungsverhältnis (Koppelfaktor, CTR = Current Transfer Ratio).

Es ist das Verhältnis von Ausgangsstrom zu Eingangsstrom und entspricht der Stromverstärkung B eines Transistors. Je nach dem verwendeten Empfänger ist CTR von der Größenordnung 0,01 (Fotodiode) ... 10 (Fotodarlingtontransistor oder zusätzliche Verstärker). CTR ist mit einigen %/K temperaturabhängig. Von Nachteil ist ein Abnahme von CTR von bis zu 50% mit der Betriebszeit ($10^4 \ldots 10^5$ h), was insbesondere durch einen Betrieb bei höheren Strömen und höheren Temperaturen auftritt.

2. Übertragungskennlinie = Ausgangsstrom als Funktion des Eingangsstromes.

CTR steigt mit dem Eingangsstrom an und wird erst bei höheren Strömen ($\approx$ 10 mA) vom Eingangsstrom einigermaßen unabhängig. Optokoppler haben daher eine stark nichtlineare Übertragungskennlinie. Allgemein kann festgestellt werden, daß die Nichtlinearitäten umso größer sind, je größer CTR eines Optokopplertyps ist. So zeigen Optokoppler mit Fotodioden als Empfänger noch die besten Linearitätseigenschaften. Ohne besondere Schaltungsmaßnahmen sind daher Optokoppler für die Übertragung von größeren analogen Signalen nicht gut geeignet.

3. Schaltzeiten, Datenrate, Grenzfrequenz.

Das dynamische Verhalten von Optokopplern wird zur Hauptsache durch den Fotodetektor bestimmt. Deshalb erreicht man die besten Werte mit Fotodioden mit Grenzfrequenzen bis zu 10 MHz. Fototransistoren ergeben Grenzfrequenzen von einigen 100 kHz. Fotodarlingtontransistoren liegen noch erheblich darunter. Für die Übertragung von digitalen Signalen werden spezielle Ausgangsschaltungen eingesetzt mit denen sich Datenraten von bis zu 10 Mbit/s realisieren lassen.

4. Gleichtaktstörfestigkeit.

Über die Koppelkapazität zwischen Eingangs- und Ausgangsseite werden Änderungen des Potentialunterschiedes zwischen Eingang und Ausgang als Störimpulse auf den Ausgang übertragen. Typische Werte für die Koppelkapazität liegen im 1 pF-Bereich.

10.5.3 Halbleiterlaser (Laserdioden)

Das LED-Prinzip läßt sich zum *Halbleiterlaser* erweitern, wenn zwei zusätzliche Bedingungen erfüllt werden, nämlich eine ausreichende *Besetzungsinversion*, wodurch die induzierte Emission die Absorptions- und sonstigen Verluste übertrifft, und die *Modenselektion* durch eine Resonatorstruktur.

Die Besetzungsinversion kann in einer in Durchlaßrichtung gepolten pn-Diode erreicht werden, wenn die Dotierung so hoch ($> 10^{19}/\text{cm}^3$) gewählt wird, daß die Fermikante im Leitungs- bzw. im Valenzband liegt (entarteter pn-Übergang) (s. Abb. 10.13). Aus der Abbildung rechts wird deutlich, daß bei starker Ladungsträgerinjektion auf der p-Seite des pn-Überganges vielen Elektronen im Leitungsband unbesetzte Zustände im Valenzband gegenüberstehen, so daß eine Inversion vorliegt und durch Rekombination Strahlung ausgesandt wird. Der erforderliche optische Resonator kann durch Spaltflächen des Halbleiterkristalles gebildet werden (s. Abb. 10.14). In dieser einfachen Struktur muß der Injektionsstrom, der zum Einsetzen der Laseraktion nötig ist, bei Zimmertemperatur eine Stromdichte von $5 \cdot 10^4$ A/cm^2 überschreiten. Bei solch hohen Werten ist wegen der thermischen Verlustleistung nur ein

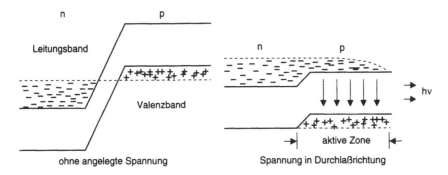

Abb. 10.13. Bandstruktur einer Laserdiode

Impulsbetrieb möglich. Bei 77 K verringert sich die Schwellstromdichte auf $100\ \mathrm{A/cm^2}$, so daß dann ein Dauerbetrieb erlaubt ist.

Soll ein Halbleiterlaser auch bei Zimmertemperatur betrieben werden, so muß zur Herabsetzung der Schwellstromdichte die Inversionsdichte erhöht werden. In der bisherigen einfachen Struktur ist die Dicke der aktiven Zone durch die Diffusionslänge der Elektronen von einigen μm gegeben.

An dieser Stelle setzen die modernen *Heterostrukturen* ein (s. Abb. 10.15). Man benutzt eine Schichtenfolge aus Halbleitern mit unterschiedlichen Bandlücken in der Weise, daß der pn-Übergang (GaAs) von beiden Seiten (Doppel-Hetero-Laserdiode) von einem Material (GaAlAs) mit einer größeren Bandlücke eingegrenzt wird. Dadurch werden die Elektronen und auch die Löcher am Auseinanderlaufen infolge Diffusion gehindert, so daß eine sehr schmale aktive Zone von $\approx 0,2\ \mu$m entsteht. Damit fällt bei Zimmertemperatur die Schwellstromdichte auf unter $1000\ \mathrm{A/cm^2}$, so daß ein Dauerbetrieb gewährleistet ist.

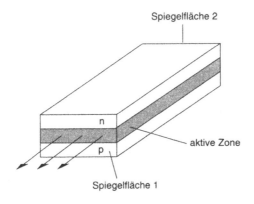

Abb. 10.14. Prinzip des Laserresonators

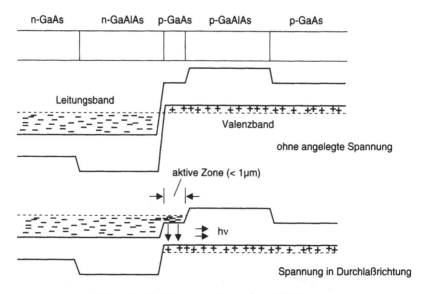

Abb. 10.15. Heterostruktur eines HL-Lasers

Der Brechnungsindex von GaAlAs ist kleiner als von GaAs, so daß an den Grenzflächen der von den beiden GaAlAs-Schichten eingegrenzten GaAs-Zone Totalreflexion auftritt. Die in der GaAs-Zone entstehende Laserstrahlung wird daher in diese zurückreflektiert, so daß das Wellenfeld im Resonator vergrößert wird und damit eine höhere Laserstrahlung erzielt wird.

Mit der weiteren Verbesserung der Heterostrukturen und anderer Strukturen ist die Schwellstromdichte weiter verkleinert worden, worauf hier nicht näher eingegangen werden kann.

Die Ausgangsleistung üblicher Laserdioden beträgt im Dauerbetrieb 10 mW. Im Impulsbetrieb sind Ausgangsleistungen von mehr als 10 W erreichbar. Lebensdauern im Normalbetrieb von $\approx 10^6$ h sind üblich. Impulsanstiegszeiten liegen im 1 ns-Bereich oder noch darunter.

10.6 Flüssigkristallanzeigen

Flüssigkristalle sind organische Substanzen, die oberhalb ihrer Schmelztemperatur T_s (je nach Material $-25° \ldots 0°$C) bis zu einer Temperatur T_k ($70° \ldots 80°$C) in einer kristallinen Phase verbleiben, wodurch insbesondere ihre anisotropen optischen und dielektrischen Eigenschaften erhalten bleiben.

Flüssigkristalle treten in mehreren Strukturen auf, die sich durch die Anordnung ihrer Moleküle voneinander unterscheiden. Von den drei Haupttypen, bei denen die Moleküle eine langgestreckte Form aufweisen, wird in der Praxis der Flüssigkristallanzeigen (LCD = Liquid Crystal Display) der *nematische*

Typ verwendet. Bei ihm sind alle Moleküle parallel zueinander ausgerichtet und in ihrer Längsrichtung gegeneinander verschiebbar.

Zu den anisotropen Eigenschaften gehört eine *anisotrope DK*, d.h. Flüssigkristalle sind doppelbrechend mit $\Delta\epsilon \neq 0$. $\Delta\epsilon$ ist die DK-Differenz für eine Polarisation parallel zu den Molekülketten und senkrecht zu den Molekülketten. Für die gebräuchlichen LCD-Zellen nach dem *Verdrillungsprinzip* (TN-LCD = Twisted-Nematic-LCD) muß $\Delta\epsilon > 0$ sein.

Abbildung 10.16 zeigt das Prinzip einer LCD-Zelle. Die Flüssigkeit wird zwischen zwei Glasplatten mit einem Abstand von 10 ... 20 μm eingebracht. Die Innenseiten der Glasplatten werden mit lichtdurchlässigen Elektroden versehen. Durch eine Rillenstruktur auf der Oberfläche der Elektroden wird erreicht, daß sich die Molekülketten parallel zu dieser Struktur ausrichten. Die beiden Endflächen der Zelle sind in bezug auf ihre Rillenstruktur um 90° gegeneinander verdrillt. Die Molekülketten müssen dieser Verdrillung folgen. Durch ein Polarisationsfilter wird linear polarisiertes Licht erzeugt, wobei die Polarisationsrichtung mit der Parallelstruktur der ausgerichteten Molekülketten auf der Lichteintrittsseite der Zelle übereinstimmt. Die Polarisation einer linear polarisierten Lichtwelle folgt der Verdrillung der Molekülketten, so daß die Polarisationsrichtung beim Austritt aus der Zelle um 90° gedreht ist. Wird an der Ausgangsseite ein Polarisationsfilter mit der gleichen Orientierung wie

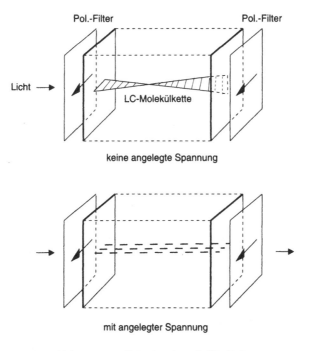

Abb. 10.16. Prinzip einer LCD-Zelle

auf der Eingangsseite benutzt, so kann kein Licht durch die Zelle hindurchtreten.

Wird jetzt ein elektrisches Feld angelegt, so drehen sich die Molekülketten wegen $\Delta\epsilon > 0$ in die Feldrichtung. Die Verdrillung wird dadurch aufgehoben. Das Licht kann jetzt durch die Zelle hindurchtreten. Die durch die Elektrodenform vorgegebenen Symbole erscheinen also bei Durchlichtbetrieb hell vor dunklem Hintergrund. Sind die Polarisationsfilter gekreuzt, so kehrt sich das Verhalten der Zelle um.

In der Praxis werden LCD-Zellen vielfach im Reflexionsbetrieb eingesetzt, wobei sich hinter der Zelle ein Spiegel befindet. Eine LCD-Zelle muß mit Wechselspannung (30 ... 50 Hz) betrieben werden, da eine Gleichspannung eine Ionenverschiebung bewirken würde, die das Gleichfeld kompensiert. Die Anzeige würde also verschwinden.

Hauptvorteile sind der extrem niedrige Leistungsverbrauch und die beliebige Symbolgestaltung. Inzwischen ist die Technologie so weit fortgeschritten, daß großflächige, teilweise farbige Displays mit bis zu 640 x 480 Bildpunkten hergestellt werden, wobei Weiterentwicklungen der oben beschriebenen Technik zur Anwendung kommen. (STN = Super-Twisted-Nematic mit 240° statt 90° Verdrillung und DSTN = Double-Super-Twisted-Nematic mit 2 übereinander gelegten STN-Zellen, wodurch eine echte Schwarzweiß-Darstellung mit hohem Kontrast erreicht wird.) Zu den neuesten Entwicklungen gehören Strukturen, die die ansteuerden Transistoren als Dünnfilmtransistoren (TFT = Thin-Film-Transistor) in die LCD-Zelle integrieren.

10.7 Lichtleiter, Glasfaser

Durch die Verfügbarkeit der modernen, schnellen Fotosender und Fotoempfänger ist die Datenübertragung auf optischem Wege zu einem festen Bestandteil auf dem Gebiet der Informationstechnik geworden. Grundlage für diese Technik ist die *Übertragung der Information über Glasfaser*, die die Möglichkeit von geführten Signalen ganz in Analogie zur Mikrowellentechnik bieten. Die Glasfaser (s. Abb. 10.17) besteht aus einem Kern aus hochreinem Quarzglas mit einem Brechungsindex n_1. Dieser Kern ist von einem

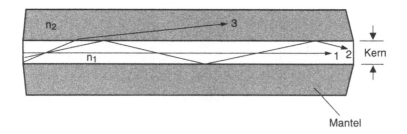

Abb. 10.17. Lichtausbreitung in einer Glasfaser

Mantel (Glas oder bei niedrigen Anforderungen Plastik) mit einem kleineren Brechungsindex n_2 umgeben, so daß an der Grenzfläche zwischen Kern und Mantel Totalreflexion auftritt. Der Unterschied zwischen den Brechungsindices beträgt einige Prozent.

Lichtstrahlen, die sich im Kern mit einem Winkel unterhalb des Grenzwinkels der Totalreflexion ausbreiten (Strahlen 1 und 2 in Abb. 10.17) verbleiben im Kern, während Strahlen mit einem größeren Winkel (Strahl 3) den Kern verlassen. Entsprechend der Analogie zum Mikrowellenhohlleiter breiten sich im Kern diskrete Wellenmoden aus.

Für den technischen Einsatz sind drei Glasfasertypen (s. Abb. 10.18) gebräuchlich, wobei sich der Begriff „Profil" auf den Verlauf des Brechungsindex vom Kernmittelpunkt nach außen bezieht:
– Multimodefaser mit Stufenprofil (step index)
– Multimodefaser mit Gradientenprofil (graded index)
– Monomodefaser mit Stufenprofil

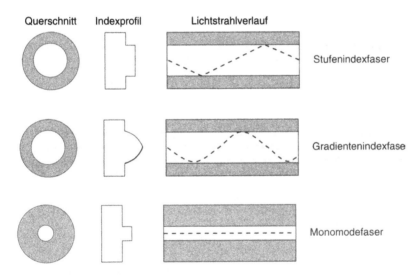

Abb. 10.18. Die verschiedenen Glasfasertypen

10.7.1 Eigenschaften und charakteristische Daten

10.7.1.1 Einkopplung, numerische Apertur. Die Einkopplung von Licht in die Glasfaser erfolgt aus einem Medium heraus, das einen anderen Brechungsindex als der Kern besitzt. Häufig geschieht die Einkopplung über die Luft. Da im Kern der Grenzwinkel der Totalreflexion nicht überschritten werden darf, ergibt sich auch ein maximaler Winkel, unter dem Licht in den Kern eingekoppelt werden kann (s. Abb. 10.19). Dieser Winkel wird als der *Akzeptanzwinkel* bezeichnet.

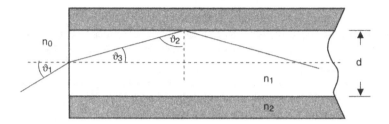

Abb. 10.19. Akzeptanz- und Grenzwinkel in einer Glasfaser

Sei ϑ_1 der Akzeptanzwinkel und ϑ_2 der Grenzwinkel der Totalreflexion, so gilt:

$$\sin\vartheta_2 = \frac{n_2}{n_1}; \quad \text{numerische Apertur} \quad A = n_0\sin\vartheta_1; \quad \frac{\sin\vartheta_1}{\sin\vartheta_3} = \frac{n_1}{n_0} .$$

$$\vartheta_3 = 90° - \vartheta_2 \quad \rightarrow \quad \sin^2\vartheta_1 = \frac{n_1^2}{n_0^2}\cos^2\vartheta_2$$

$$\cos^2\vartheta_2 = 1 - \sin^2\vartheta_2 = 1 - \frac{n_2^2}{n_1^2} \quad \rightarrow \quad A = \sqrt{n_1^2 - n_2^2} . \tag{10.7}$$

$$\text{Sei} \quad \Delta = \frac{n_1 - n_2}{n_1} \quad \rightarrow \quad A \approx n_1\sqrt{2\Delta} . \tag{10.8}$$

Quarzglas hat einen Brechungsindex von 1,45. Wird für $\Delta = 5\%, n_0 = 1$ gewählt, so ergibt sich $A = 0,46$ und $\vartheta_1 = 27°$. Bei $\Delta = 0,5\%$ folgt $A = 0,145$ und $\vartheta = 8,3°$. Multimodefasern haben eine numerische Apertur von 0,2 ... 0,3, Monomodefaser haben Werte von $\leq 0,15$. Die Monomodefaser hat also einen sehr kleinen Akzeptanzwinkel, so daß für eine effektive Einkopplung nur Laserdioden infrage kommen.

Für die Anzahl der möglichen Wellenmoden in der Glasfaser gilt:

$$N = \frac{\pi^2}{2}\frac{d^2}{\lambda^2}(n_1^2 - n_2^2) . \tag{10.9}$$

10.7.1.2 Dämpfung. Die sich ausbreitenden Moden werden durch Streuung an Verunreinigungen und Inhomogenitäten und durch Absorption infolge der Anregung von bestimmten Molekülschwingungen im Quarzglas gedämpft.

Für die Streuung sind die mikroskopischen Inhomogenitäten im Brechungsindex, die sich bei der Erstarrung des Glases ergeben, verantwortlich. Sie sind klein gegenüber der Lichtwellenlänge, so daß *Rayleigh-Streuung* ($\sim \lambda^{-4}$) auftritt. Bei einer Wellenlänge von 0,5 μm verursacht die Rayleigh-Streuung bei einer Monomodefaser eine Dämpfung von ca. 10 dB/km und sinkt für 2 μm auf unter 0,1 dB/km ab.

Die OH-Schwingungen bewirken bei 1,4 μm ein hohes Dämpfungsmaximum von 10 dB/km. Bei den Wellenlänge von 1,2, 1,3 und 1,6 μm, also im Infrarot-Bereich, tritt die kleinste Dämpfung auf, weshalb Lichtleiterübertragungssysteme diese Wellenlängenbereiche ausnutzen.

10.7.1.3 Dispersion. Das Vorhandensein von Dispersion führt zu einer zeitlichen Verbreiterung eines anfänglich rechteckförmigen Lichtimpulses längs der Ausbreitung in der Glasfaser. Damit ist gleichbedeutend, daß die Übertragungsfunktion der Glasfaser eine Grenzfrequenz aufweist, die direkt von der Dispersion abhängt. Die Dispersion besitzt zwei Ursachen: *Modendispersion* und *Materialdispersion*

Modendispersion:
In den Multimodefasern haben die verschiedenen Moden unterschiedlich lange Laufwege, die zu Laufzeitdifferenzen führen. Bei der Stufenindexfaser gilt für den Unterschied Δt zwischen der niedrigsten und höchsten Mode:

$$\Delta t = \frac{L}{c} n_1 \Delta \qquad (10.10)$$

(L = Glasfaserlänge, c = Lichtgeschwindigkeit). Die Gradientenfaser besitzt einen parabelförmigen Verlauf des Brechungsindex im Kern. Moden mit einem steileren Winkel verlaufen daher im Randbereich in Gebieten mit kleinerem Brechungsindex. Sie sind daher schneller als die Moden im Kernmittelbereich und gleichen deshalb die längere Laufstrecke aus. Daher ergibt sich eine wesentlich kleinere Modendispersion:

$$\Delta t = \frac{L}{c} n_1 \frac{\Delta^2}{2} \qquad . \qquad (10.11)$$

Typische Werte:
Stufenindexfaser 10 ... 100 ns/km; Gradientenfaser 1 ... 5 ns/km.

Materialdispersion:
 Eine Materialdispersion wird durch den wellenlängenabhängigen Brechungsindex und der spektralen Breite $\Delta\lambda$ des optischen Senders verursacht. LEDs haben $\Delta\lambda$-Werte um 50 nm, Laserdioden 1 ... 2 nm.
 In der Praxis werden für die komplette optische Übertragungssysteme die Wellenlängenbereiche um 0,85 1,3 und 1,55 μm angeboten. Als eine die Glasfaser charakterisierende Größe wird das Produkt aus Bandbreite und Länge benutzt. Werte sind:
 Stufenindexfaser < 100 MHz·km
 Gradientenindexfaser < 1 GHz·km
 Monomodefaser < 100 GHz·km
Komplette optische Übertragungssysteme benötigen neben der Glasfaser Sender, Empfänger und eine ganze Reihe von optischen Schaltelementen wie Koppler, Verzweigungen, Modulatoren. Hier haben Verfahren aus der Halbleitertechnologie zu Miniaturisierung und Zusammenfassung von Einzelkomponenten geführt, weshalb sich für diese neue Technologie der Begriff *integrierte Optik* eingebürgert hat.

11. Digitale Schaltungen

Die gesamte Digitaltechnik beruht im Prinzip auf der wiederholten Anwendung und Kombination weniger Grundschaltungen, die sich aus der binären Logik ergeben. Die Verknüpfung dieser logischen Grundfunktionen erfolgt auf Grund formaler Methoden, die sich aus den Rechenregeln der binären Booleschen Algebra ableiten, die in der Anwendung auf die Digitaltechnik als Schaltalgebra bezeichnet wird. Im folgenden Abschnitt werden zunächst die logischen Grundfunktionen und die Rechenregeln der Schaltalgebra zusammengestellt.

11.1 Die logischen Grundfunktionen

Die logischen Variablen, die mit den logischen Grundfunktionen verknüpft werden, nehmen nur 2 Zustände ein:

logisch falsch oder Null, abgekürzt 0
logisch wahr oder Eins, abgekürzt 1

Die vielfach zu findenden Bezeichnungen *High* oder *H* und *Low* oder *L* beziehen sich bereits auf die technische Realisierung durch Potentiale, wie im Abschn. 11.2 gezeigt wird.

Es gibt 3 logische Grundfunktionen:

Konjunktion	=	UND (AND)
Disjunktion	=	ODER (OR)
Negation	=	NICHT (NOT).

Die Darstellung von logischen Verknüpfungen kann durch drei verschiedene Formen ausgedrückt werden: *Wahrheitstafeln, mathematischen Formeln* und *Schaltbildern mit Symbolen* (s. Abb. 11.1).

Als Aussage dieser 3 Grundfunktionen kann also formuliert werden:

Konjunktion: Die Ausgangsvariable ist dann und nur dann 1, wenn alle Eingangsvariablen den Wert 1 haben.

Disjunktion: Die Ausgangsvariable ist dann 1, wenn mindestens eine Eingangsvariable den Wert 1 hat.

Negation: Die Ausgangsvariable ist stets die invertierte Eingangsvariable.

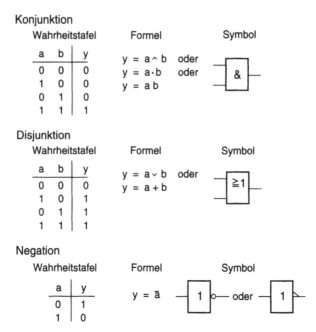

Abb. 11.1. Die logischen Grundfunktionen

11.1.1 Die Rechenregeln der Schaltalgebra

	für die Konjunktion	für die Disjunktion
Kommutativgesetz	$ab = ba$	$a + b = b + a$
Assoziativgesetz	$a(bc) = (ab)c$	$a + (b + c) = (a + b) + c$
Distributivgesetz	$a(b + c) = ab + ac$	$a + bc = (a + b)(a + c)$
Absorptionsgesetz	$a(a + b) = a$	$a + ab = a$
Tautologie	$aa = a$	$a + a = a$
Negationssatz	$a\bar{a} = 0$	$a + \bar{a} = 1$
Doppelte Verneinung	$\overline{(\bar{a})} = a$	
De Morgansche Regeln	$\overline{ab} = \bar{a} + \bar{b}$	$\overline{a + b} = \bar{a}\bar{b}$
Operation mit 0 und 1	$a \cdot 1 = a$	$a + 1 = 1$
	$a \cdot 0 = 0$	$a + 0 = a$

Für die Reihenfolge der Grundoperationen gilt:

1. Negation 2. Konjunktion 3. Disjunktion

Die De Morganschen Regeln beschreiben den wichtigen Begriff der *Dualität*, der Folgendes besagt: Vertauscht man in einer logischen Gleichung sowohl 0 und 1 als auch Konjunktion und Disjunktion, so bleibt die logische Aussage der Gleichung erhalten, wie am Beispiel der 1. De Morganschen Regel in der nächsten Tabelle gezeigt wird:

a	b	ab	$\overline{ab}$	$\overline{a}$	$\overline{b}$	$\overline{a}+\overline{b}$
0	0	0	1	1	1	1
0	1	0	1	1	0	1
1	0	0	1	0	1	1
1	1	1	0	0	0	0

11.1.2 Wahrheitstafel → logische Gleichung → Schaltbild

In der Wahrheitstafel wird in der Regel zunächst jedes Problem in der Digital-technik formuliert. Mit Hilfe der *disjunktiven bzw. konjunktiven Normalform* kann eine Wahrheitstafel in eine logische Gleichung umgewandelt werden, die dann mit Hilfe der Rechenregeln vereinfacht werden kann. An Hand der so gewonnenen Gleichung kann schließlich ein Schaltbild entworfen werden.

An einem einfachen Beispiel soll dieses Standardverfahren demonstriert werden. Dazu seien die digitalen Verknüpfungen durch die folgende Wahr-heitstafel gegeben:

y	0	0	1	0	1	0	1	0
x_1	0	0	0	0	1	1	1	1
x_2	0	0	1	1	0	0	1	1
x_3	0	1	0	1	0	1	0	1

Fragt man, welche Werte der Reihe nach y annehmen kann, so läßt sich schrei-ben:

$$y = 0+0+1+0+1+0+1+0$$
$$= 1+1+1 .$$

Es bleiben also für den Ausgangswert 1 nur einige Eingangskombinationen übrig, die jetzt in eindeutiger Weise festgelegt werden müssen, so daß sie den Wert 1 ergeben. Hierfür kommt nur die Konjunktion der entsprechenden Eingangsvariablen in Frage. Dazu wird in den Eingangskombinationen die Eingangsvariable x_i eingesetzt, wenn $x_i = 1$, sonst $\overline{x}_i$. Auf diese Weise gelangt man zur *disjunktiven Normalform*, deren einzelne Terme *Minterme* genannt werden. In dem Beispiel folgt dann:

$$y = \overline{x}_1 x_2 \overline{x}_3 + x_1 \overline{x}_2 \overline{x}_3 + x_1 x_2 \overline{x}_3 .$$

Die Anwendung der verschiedenen Rechenregeln ergibt:

$$y = [\overline{x}_1 x_2 + (\overline{x}_2 + x_2)x_1]\overline{x}_3$$
$$= (\overline{x}_1 x_2 + x_1)\overline{x}_3$$
$$= (x_1 + x_2)(x_1 + \overline{x}_1)\overline{x}_3$$
$$= (x_1 + x_2)\overline{x}_3 .$$

Hieraus ist sofort ein Schaltbild (s. Abb. 11.2) abzuleiten.

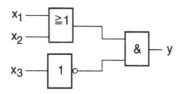

Abb. 11.2. Schaltbild aus den Grundfunktionen aufgebaut

Sind in der Wahrheitstafel für die Ausgangsvariable mehr 1- als 0-Werte vorhanden, so benutzt man einfacher die duale *konjunktive Normalform*, bei der für alle Zeilen mit $y = 0$ die Disjunktion der zugehörigen Eingangsvariablen gebildet wird. Die so erhaltenen Terme (*Maxterme*) werden konjunktiv verknüpft.

Für den praktischen Schaltungsentwurf gibt es weitere Hilfsmittel so z.B. das *Karnaugh-Diagramm*, für das jedoch auf die Literatur verwiesen wird.

11.1.3 Abgeleitete Grundfunktionen

Auf Grund der Dualität kann auf das UND oder das ODER verzichtet werden, so daß man mit 2 Grundfunktionen auskommen kann: UND - NICHT oder ODER - NICHT. Aus beiden Paaren können neue logische Funktionen gebildet werden, die in der Praxis der digitalen Schaltungen besonders häufig benutzt werden, da sie jede für sich als Universalfunktion dienen können. Diese sind das NAND und das NOR. Man kann sich leicht davon überzeugen, daß jeweils aus beiden allein durch Kombination die ursprünglichen 3 Grundfunktionen hergestellt werden können.

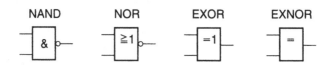

Abb. 11.3. Symbole für NAND, NOR, EXOR und EXNOR

Weitere gebräuchliche Funktionen, denen man eigene Namen und Symbole gegeben hat, sind das EXOR = Exclusive OR = Antivalenz mit der logischen Gleichung:

$$y = \bar{a}b + a\bar{b}$$

d.h. die Ausgangsvariable ist 0, wenn alle Eingangsvariablen den gleichen Wert haben, und das EXNOR = Exclusive NOR = Äquivalenz mit der logischen Gleichung:

$$y = ab + \bar{a}\bar{b}$$

d.h. die Ausgangsvariable ist 1, wenn alle Eingangsvariablen den gleichen Wert haben.

11.2 Technische Realisierung der Grundfunktionen

Der Entwurf einer digitalen Schaltung ist zunächst von der technischen Realisierung im Prinzip völlig unabhängig. Bei der Umsetzung der logischen Schaltung mit realen *Logikbausteinen* müssen deren Eigenschaften berücksichtigt werden. Grundprinzip jedes Logikbausteines ist die Bereitstellung von 2 deutlich voneinander getrennten Zuständen. Bei den Digitalbausteinen werden 2 unterschiedliche Spannungswerte benutzt, die man mit HIGH (H) und mit LOW (L) bezeichnet. Digitalbausteine für die Grundfunktionen werden *Gatter* oder *Gate* genannt.

Die Zuordnung von HIGH und LOW zu den logischen Werten 1 und 0 kann auf zwei Weisen erfolgen:

1. HIGH = 1 und LOW = 0 $\implies$ *positive Logik*
2. HIGH = 0 und LOW = 1 $\implies$ *negative Logik*

UND- und ODER-Gatter lassen sich leicht durch Diodenschaltungen realisieren (s. Abb. 11.4). Bei der linken Schaltung fließt nur im Fall $U_1 = U_2 =$ H kein Strom durch die Dioden und den Widerstand, so daß dann $U_a =$ H. Also stellt die Schaltung ein UND-Gatter dar.

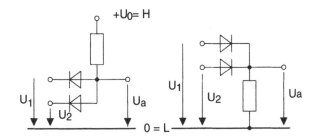

Abb. 11.4. Einfaches UND- und ODER-Gatter

Bei der rechten Schaltung ist der Widerstand nur dann stromlos, wenn beide Spannungen U_1 und U_2 auf L liegen. U_a ist dann ebenfalls L. Sobald eine der Spannungen auf H ($\gg$ Diodendurchlaßspannung) geschaltet wird, fließt ein Strom durch den Widerstand, und $U_a =$ H. Also realisiert diese Schaltung ein ODER-Gatter.

Durch Hinzunahme eines Transistors wird aus dem UND-Gatter ein NAND-Gatter. Dieses Prinzip hat zu der ersten größeren *Logikfamilie* geführt, der *Dioden-Transistor-Logik* (DTL). Logikfamilien sind Familien von integrierten, digitalen Schaltungen mit gleicher Technologie. Sie zeichnen sich dadurch aus, daß die Werte H und L und ihre Toleranzen und die Eingangs- und Ausgangswiderstände so festgelegt sind, daß die Bausteine ohne Zusatzschaltungen direkt miteinander verbunden werden können. DTL-Schaltungen sind heute nicht mehr im Gebrauch. Sie wurden durch die *Transistor-Transistor-Logik* (TTL) verdrängt, mit der wesentlich kürzere Schaltzeiten und größere

Ausgangsströme erreicht werden. Die Standard-TTL-Schaltung ist inzwischen durch zusätzliche Schaltungsmaßnahmen weiter verbessert worden (s. unten), so daß auch die Standard-Schaltung in Neuentwicklungen in der Regel nicht mehr verwendet wird.

11.2.1 Wichtige Gattereigenschaften

Die *Versorgungsspannung* aller TTL-Schaltungen, auch der weiter unten aufgeführten Weiterentwicklungen beträgt 5 Volt. Diese Spannung muß auf 5% eingehalten werden. Da beim Umschalten der Gatter von dem einen Zustand in den anderen kurzzeitig höhere Ströme fließen, muß auf ausreichend dimensionierte Versorgungsleitungen geachtet werden, damit Spannungseinbrüche vermieden werden, die als Störsignale eine Schaltung beeinflussen können. Als Zusatzmaßnahme wird empfohlen, für Gruppen aus 5 bis 10 Bausteinen direkt an den Spannungsanschlüssen induktivitätsarme Kondensatoren von etwa 100 nF vorzusehen. In bezug auf die Belastung der Versorgungsspannungsquelle und die Wärmeproduktion einer logischen Schaltung ist die *thermische Verlustleistung* eines Gatters eine wichtige Größe. Sie beträgt für ein Standard-TTL-Gatter 10 mW.

Die *Ausgangsleistung* eines Gatter wird durch den Begriff *Fan-out* beschrieben, der angibt, wie viele Eingänge von einem Ausgang betrieben werden können. Der Standardwert ist 10. Es gibt spezielle Leistungsgatter mit einem Fan-out von 30.

Zur Charakterisierung der *dynamischen Eigenschaften* wird sehr oft eine summarische Größe, die *Gatterlaufzeit* (propagation delay time) t_{pd} angegeben (s. Abb. 11.5). Für das Standard-TTL-Gatter liegt die Gatterlaufzeit bei 10 ns.

Von besonderer Bedeutung sind die Spannungspegelbereiche für den Zustand HIGH und den Zustand LOW sowohl am Eingang als auch am Ausgang eines Gatters. Aus Abb. 11.5, die die Verhältnisse bei den TTL-Gattern zeigt, ist zu entnehmen, daß der sog. *Störabstand* nur 0,4 V beträgt. Das bedeutet z.B. daß bei einem minimalen H-Pegel am Ausgang von 2,4 V dieser H-Zustand an einem Eingang nicht mehr sicher erkannt wird, wenn ein negatives Störsignal von mehr als 0,4 V überlagert wird.

11.2.2 Verbesserung der Standard-TTL-Technologie

Bei der Standard-TTL-Technologie ist in beiden Schaltzuständen ein Transistor innerhalb des Gatters in der Sättigung, so daß einerseits eine kurze Anstiegszeit erreicht wird aber andererseits die bekannte Ausschaltverzögerung auftritt. Wie in Abschn. 3.4.5.3 angegeben, kann durch den Einbau von Schottky-Dioden der Sättigungszustand vermieden werden. Diese Technik hat zu der *Schottky-TTL-Technologie* geführt, abgekürzt STTL . Mit ihr erreicht man eine Gatterlaufzeit für ein NAND-Gatter von 3 ns. Allerdings muß dafür

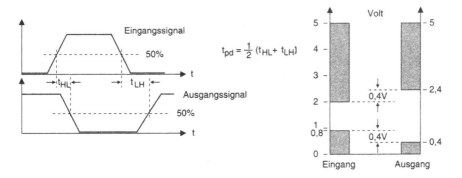

Abb. 11.5. Definition der Gatterlaufzeit und der Spannungspegelbereiche

eine etwa doppelt so hohe Verlustleistung in Kauf genommen werden. Durch weitere Schaltungsverbesserungen dieser Technik hat man die Verlustleistung um den Faktor 5 gegenüber Standard-TTL verringern können. Trotzdem beträgt die Gatterlaufzeit nur 10 ns wie bei der Standard-TTL. Diese Technologie nennt man *Low-Power-Schottky-TTL* oder kurz LSTTL. Digitalbausteine in dieser Technologie sind z.Z. die am häufigsten benutzten bipolaren Schaltungen. Abbildung 11.6 zeigt das Prinzip eines LSTTL-NANDs. Das Eingangsseite besteht aus dem UND-Gatter mit zwei Schottky-Dioden. Die drei Transistoren sind jeweils mit einer Schottky-Diode versehen, was durch das s-förmige Basissymbol angedeutet ist. Sind beide Eingänge auf HIGH, so leiten die Transistoren T_1 und T_3, der Ausgang geht also in den LOW-Zustand. Ist einer der Eingänge auf LOW, so sperren diese beiden Transistoren, und der Transistor T_2 leitet, so daß der Ausgang auf HIGH geht.

Weitere Entwicklungen der bipolaren Technik sind die *Advanced-Low-Power-Schottky-TTL* (ALSTTL) mit 4 ns Gatterlaufzeit und 1 mW Verlust-

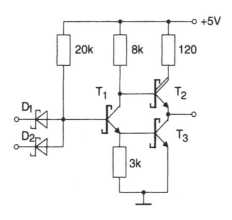

Abb. 11.6. LSTTL-NAND-Gatter

leistung, die *Advanced-Schottky-TTL* (ASTTL) mit 1,5 ns Gatterlaufzeit und 10 mW Verlustleistung und die *Fast-TTL* (FTTL) mit 3 ns Gatterlaufzeit und 4 mW Verlustleistung.

Die Typenbezeichnung der sehr umfangreichen TTL-Familie wird von vielen Herstellern einheitlich mit XX74YYY vorgenommen, wobei für XX ein Herstellercode (z.B. SN für Texas Instruments) und für YYY ein Zahlencode für den Bausteintyp verwendet wird. So hat ein NAND mit 2 Eingängen den Code 7400. Zwischen den Ziffern 74 und dem Typcode steht noch ein Kürzel für die Technologie: S, LS, ALS, AS, F. Für die Standard-TTL wird kein Extracode benutzt.

11.2.3 Emittergekoppelte Logik (ECL)

Eine ganz andere bipolare Technologie zur Vermeidung der Sättigung der Transistoren der Standard-TTL ist die ECL, die als wesentliches Schaltungselement einen Differenzverstärker enthält. Mit dieser Technik lassen sich Gatterlaufzeiten von 0,7 ns realisieren. Dafür liegt die Verlustleistung um den Faktor 3 bis 5 höher als bei der Standard-TTL, so daß vor allem bei höher integrierten ECL-Bausteinen zusätzliche Kühlungsmaßnahmen erforderlich werden. Der Aufbau eines NOR-OR-Gatters ist in Abb. 11.7 dargestellt. Befinden sich beide Eingänge x_1 und x_2 auf L = -1,7 V, so sperren die Transistoren T_1 und T_2. Der Transistor T_3 leitet. Die Ausgänge stellen sich also auf y_1 = L und y_2 = H ein. Ist mindestens einer der Eingänge auf H = -0,9 V, so fließt ein Strom durch den Widerstand R_1. Der Ausgangszustand kehrt sich dadurch um. Für diesen Fall sind die Spannungswerte in der Abbildung angegeben. Aus ihnen ersieht man, daß in den Ausgangstransistoren immer ein Strom fließt und die Sättigung nicht erreicht wird. Beim Umschalten zwischen den Zuständen werden die Ströme sowohl im Eingangs- als auch im Ausgangsteil nur von einem Transistor auf den anderen umgeschaltet, so daß

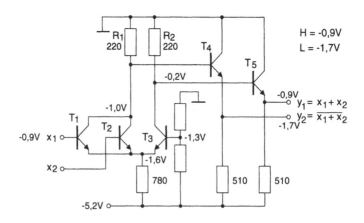

Abb. 11.7. ECL-NOR-OR-Gatter

der Gesamtstrom des Bausteines immer konstant bleibt. Man bezeichnet die ECL-Technologie deshalb auch als Stromschaltertechnik.

11.2.4 Komplementäre MOS-Logik (CMOS)

Die MOSFETs eignen sich hervorragend für den Aufbau von integrierten Digitalschaltungen, weil sie wesentlich höhere Integrationsgrade als die bipolaren Transistoren erlauben. So sind alle Mikroprozessoren und Halbleiterspeicher mit großen Kapazitäten in dieser Technik aufgebaut. Kombiniert man p-Kanal- und n-Kanal-MOSFETs in geeigneter Weise miteinander, so kommt man zur komplementären MOS-Logik. Auf dieser Technologie baut sich analog zu den bipolaren Familien ebenfalls ein Logikfamilie auf, die insbesondere durch einen extrem niedrigen Leistungsverbrauch gekennzeichnet ist. Das Prinzip der CMOS-Logik wird schon an einem einfachen Inverter deutlich (s. Abb. 11.8).

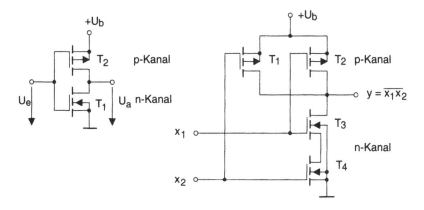

Abb. 11.8. CMOS-Inverter und CMOS-NAND

Liegt U_e auf 0 bzw. unterhalb der Schwellspannung des MOSFETs T_1, so sperrt dieser und T_2 befindet sich im Leitzustand. D.h. $U_a \approx U_b$. Wird umgekehrt U_e auf $+U_b$ bzw. oberhalb von U_s, der Schwellspannung von T_2 gelegt, so leitet T_1, und T_2 ist gesperrt. Also $U_a \approx 0$. In beiden Zuständen fließt lediglich der sehr kleine Sperrstrom. Nur im Moment des Umschaltens ergibt sich ein kurzer Stromimpuls. Dadurch ist eine CMOS-Schaltung sehr stromsparend. Im Ruhezustand liegt die Verlustleistung pro Inverter bei 10 nW. Da jedoch pro Umschaltvorgang kurzzeitig ein Strom fließt, steigt die Verlustleistung proportional zur Schaltfrequenz an. So wird bei einer Schaltfrequenz von einigen MHz etwa die gleiche Verlustleistung wie bei LSTTL erreicht. Die Versorgungsspannung kann im Bereich von 3 bis 15 V liegen. Aus dem Schaltbild des Inverters ist zu ersehen, daß die Logikpegel von der Betriebsspannung abhängen. Hohe Betriebsspannung bedeutet daher den Vorteil eines großen Störabstandes.

In Abb. 11.8 ist ebenfalls ein CMOS-NAND-Gatter dargestellt. Sind x_1 oder x_2 auf L-Pegel, so leitet T_1 oder T_2. T_3 oder T_4 sperrt, d.h. y = H. Liegen x_1 und x_2 auf H-Pegel, so leiten T_3 und T_4, und die beiden anderen MOSFETs sind gesperrt, so daß y = L. Aus der Schaltung sieht man, daß der schaltungstechnische Aufwand viel geringer als bei der TTL ist.

Die Standard-CMOS-Schaltungen haben noch relativ lange Gatterlaufzeiten von 30 - 90 ns. Durch Weiterentwicklungen für Bausteine mit 5 V Betriebsspannung stehen jetzt Bausteine mit 10 ns als *High-Speed-CMOS* (Typkennzeichnung HC) und 3 ns als *Advanced-CMOS* (Typkennzeichnung AC) zur Verfügung. Da die Logikpegel von der TTL abweichen, hat man Pegelumsetzer in den CMOS-Bausteinen integriert, so daß sie problemlos mit LSTTL zusammengeschaltet werden können. Die Typbezeichnung lautet dann HCT bzw. ACT.

Die großen Vorteile der CMOS-Bausteine in Bezug auf den Leistungverbrauch führen zu einem immer stärker werdenden Zurückdrängen der TTL.

11.2.5 Spezielle Ausgangsschaltungen

Besteht die Forderung, daß mehrere Gatterausgänge logisch verknüpft werden müssen z.b. daß eine Reihe von Gattern auf eine gemeinsame Leitung, eine solche Leitung bezeichnet man als *Busleitung*, geschaltet werden müssen, so können dazu die normalen Gatter nicht eingesetzt werden, da eine Verbindung von einem LOW-Ausgang mit einem HIGH-Ausgang zu einer Zerstörung des HIGH-Ausganges führt. Diese Aufgabe kann jedoch durch TTL-Gatter mit *offenem Kollektor-Ausgang* (Open Collector Gate) einfach gelöst werden.

Solche Gatter haben eine geänderte Ausgangsstufe, bei der der Transistor T_2 aus Abb. 11.6 fehlt, und der Kollektor des Transistors T_3 nach außen geführt ist. Dann können mehrere Ausgänge (s. Abb. 11.9) über einen gemeinsamen Widerstand (*Pull-up-Widerstand*) zusammengelegt werden.

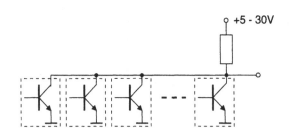

Abb. 11.9. Bus-Leitung mit Open-Collector-Ausgängen

Logisch stellt diese Schaltung bei positiver Logik eine UND-Verknüpfung (*wired-AND*) dar; denn der gemeinsame Ausgang liegt nur dann auf HIGH, wenn alle angeschlossenen Ausgänge HIGH sind. In der negativen Logik liegt eine ODER-Verknüpfung (*wired-OR*) vor. Von Nachteil bei dieser Schaltung ist es, daß Schaltkapazitäten über den Widerstand umgeladen werden müssen, was das Schaltverhalten verschlechtert.

Eine technisch bessere Lösung bei gemeinsamen Bus-Leitungen ergibt sich mit Gattern, die in einen dritten Ausgangszustand versetzt werden können, bei dem der Ausgang hochohmig wird und deshalb von einem anderen Gatterausgang ohne Probleme auf HIGH oder auf LOW gezogen werden kann. Gatter mit dieser Eigenschaft werden als Gatter mit einem *Tristate-Ausgang* bezeichnet. Diese Gatter haben einen zusätzlichen Eingang, an dem ein LOW-Signal das Gatter in den Tristate-Zustand schaltet.

11.3 Beispiele für logische Schaltungen

Aus der Zusammenschaltung von logischen Grundbausteinen können beliebig komplexe logische Schaltnetze (kombinatorische Logik) entstehen. Einige einfache Beispiele sind im folgenden aufgeführt. Dabei soll immer positive Logik vorausgesetzt werden, so daß die logischen Symbole 0 und 1 verwendet werden können.

11.3.1 Addition von Dualzahlen

Die Wahrheitstafel für die binäre Addition von 2 Binärstellen lautet:

a	b	s	c	
0	0	0	0	
0	1	1	0	$s =$ Summe und $c =$ Übertrag (carry)
1	0	1	0	$s = a \oplus b$ $\oplus =$ EXOR-Verknüpfung
1	1	0	1	$c = ab$.

Die Summe ergibt sich also sehr einfach aus einer EXOR-Schaltung und der Übertrag aus einer UND-Schaltung. Diese Additionschaltung (s. Abb. 11.10) bezeichnet man als *Halbaddierer*, da sie nur 2 Binärziffern ohne den Übertrag einer vorhergehenden Binärstelle verarbeitet.

Einen *Volladdierer* erhält man durch Hinzufügen eines zweiten Halbaddierers, der den Übertrag der vorhergehenden Stelle hinzuaddiert (s. Abb. 11.10).

$$s_i = a_i \oplus b_i \oplus c_i$$
$$c_{i+1} = a_i b_i + (a_i \oplus b_i)c_i$$
$$= g_i + p_i c_i$$

($g_i =$ carry generate, $p_i =$ carry propagate).

Sollen mehrere Stellen addiert werden, so muß das Carry-Bit an die nächst höhere Stelle weitergegeben werden. Eine solche serielle Weitergabe

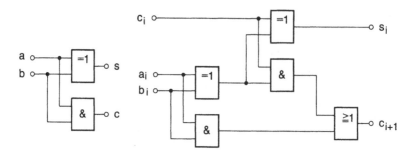

Abb. 11.10. Halb- und Volladdierer

des Carry-Bits benötigt eine erhebliche Zeit für die Berechnung der Summe, da für die Berechnung jedes Summen-Bits abgewartet werden muß, bis aus den jeweils niederen Stellen das Carry-Bit zur Verfügung steht. Hier bietet sich aus der obigen Gleichung eine Möglichkeit, den Übertrag jeweils aus g_i und p_i in einer Extraschaltung, der Übertragslogik (carry-look-ahead), parallel zu der Summenberechnung zu ermitteln:

$$c_1 = g_0 + p_0 c_0$$
$$c_2 = g_1 + p_1 c_1 = g_1 + p_1 g_0 + p_1 p_0 c_0$$
$$c_3 = g_2 + p_2 c_2 = g_2 + p_2 g_1 + p_2 p_1 g_0 + p_2 p_1 p_0 c_0 \ .$$

Für die Subtraktion wird in der Regel (insbesondere bei Mikroprozessoren) keine Extraschaltung verwendet, sondern sie wird durch die Darstellung von Zahlen im sog. *Zweierkomplementformat* auf die Addition zurückgeführt. Diese Methode wird am Beispiel einer vierstelligen Dualzahl in der Abb. 11.11 verständlich gemacht:

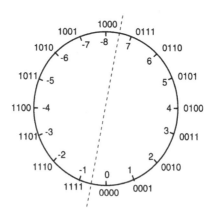

Abb. 11.11. Darstellung positiver und negativer Zahlen im Zweierkomplementformat

Der zur Verfügung stehende Zahlenvorrat wird je zur Hälfte auf die positiven Zahlen einschließlich der Null und auf die negativen Zahlen verteilt. Man sieht dabei, daß eine negative Zahl dadurch gekennzeichnet ist, daß das höchste Bit auf 1 gesetzt ist. Die Regel für die Bildung des Zweierkomplements einer Zahl lautet: Invertiere alle Bits (*Einerkomplement*) und addiere 1.

11.3.2 Komparator

Komparatorschaltungen dienen dazu, festzustellen, ob in binärer Form vorliegende Zeichen gleich oder nicht gleich sind. Abbildung 11.12 zeigt eine solche Schaltung, die 2 vierstellige Zahlen $Z_1(A_3, A_2, A_1, A_0)$ und $Z_2(B_3, B_2, B_1, B_0)$ auf Gleichheit prüft. Bei Gleichheit liegt am Ausgang 1.

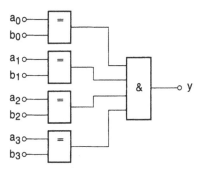

Abb. 11.12. Komparatorschaltung

11.3.3 Paritätsbitgenerator

In der Technik der Informationsübertragung und Informationsspeicherung ist die Erkennung von Fehlern eine sehr wichtige Forderung. Hierzu muß zu der eigentlichen Information noch eine geeignete Fehlerprüfinformation hinzugefügt werden. Ein einfaches Verfahren ist die sog. *Paritätsprüfung*. Sie besteht darin, zu einer bestimmten Anzahl von Informationsbits (8 bit ist eine übliche Anzahl) ein *Paritätsbit* hinzuzufügen, das die Anzahl der vorhandenen 1-Bits zu einer geraden oder auch ungeraden Anzahl ergänzt. Demgemäß spricht man von *gerader* oder *ungerader Parität*. Die erforderliche Schaltung kann man sich leicht überlegen: Nimmt man zunächst nur 2 Bits, so ergibt für eine gerade Parität das EXOR gerade das richtige 3. Bit, um insgesamt eine gerade Anzahl von 1-Bits zu erhalten. Das Ergebnis von 2 2-Bits-Gruppen wird wieder auf ein EXOR gegeben usw. So ergibt sich z.B. für 8 Bits die Schaltung der Abb. 11.13.

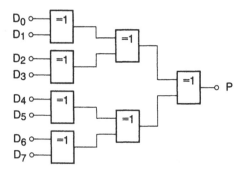

Abb. 11.13. Paritätsbitgenerator

11.4 Digitale Schaltwerke

Die bisher behandelten logischen Schaltungen sind nicht in der Lage, logische Zustände zu speichern. Diese Aufgabe erfüllen Schaltwerke, deren Prototyp das *Flip-Flop* ist.

11.4.1 Flip-Flops

Das einfachste Flip-Flop, das *RS-Flip-Flop* erhält man sehr leicht aus 2 rückgekoppelten NANDs oder NORs (s. Abb. 11.14). Da das Flip-Flop 2 Eingänge besitzt, gibt es 4 verschiedene Eingangszustände. Diese sind mit den dazu gehörigen Ausgangszuständen bei der linken Schaltung (auch im folgenden sollen die weiter oben eingeführten logischen Zustände 0 und 1 der Einfachheit halber stets die physikalischen Zustände Low und High bedeuten):

1. $\overline{R} = 0, \quad \overline{S} = 0 \quad \longrightarrow \quad Q = \overline{Q} = 1$.
2. $\overline{R} = 0, \quad \overline{S} = 1 \quad \longrightarrow \quad Q = 0, \overline{Q} = 1$.
3. $\overline{R} = 1, \quad \overline{S} = 0 \quad \longrightarrow \quad Q = 1, \overline{Q} = 0$.
4. $\overline{R} = 1, \quad \overline{S} = 1 \quad \longrightarrow \quad Q = 0, \overline{Q} = 1$ oder $Q = 1, \overline{Q} = 0$.

Aus dieser Aufstellung ersieht man, daß man mit den ersten 3 Eingangszuständen die Ausgänge des Flip-Flops definiert setzen kann. Die Zustände 2 und 3 sind jedoch vor dem Zustand 1 ausgezeichnet, da ihre Ausgangszustände

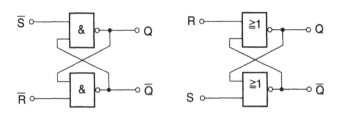

Abb. 11.14. RS-Flip-Flop aus NANDs bzw. NORs aufgebaut

beide im Zustand 4 möglich sind. War also zu irgendeinem Zeitpunkt der Zustand 2 oder der Zustand 3 an den Eingängen vorhanden gewesen und wurde dann in den Zustand 4 geschaltet, so bleibt der durch 2 oder 3 eingestellte Ausgangszustand erhalten, d.h. *das Flip-Flop ist in der Lage, 2 digitale Zustände zu speichern.* Den Zustand 4 kann man als *Grundzustand* bezeichnen. R und S sind die Abkürzungen für „Reset" und „Set". Die Negationsstriche sollen anzeigen, daß am Eingang eine negative Logik verwendet wird: Ein Ausgangszustand wird durch eine 0 gesetzt!

Der Zustand 1 kann nicht gespeichert werden. Hier tritt sogar das Problem auf, daß beim Schalten vom Zustand 1 in den Zustand 4 nicht vorhergesagt werden kann, welcher der beiden möglichen Ausgangszustände sich einstellen wird.

Die Aussage, daß ein Zustand 2 oder 3 vorhanden ist und gespeichert werden kann, stellt eine Information dar, deren Menge als 1 *bit* (binary digit) bezeichnet wird.

Bei der rechten Schaltung liegt am Eingang positive Logik vor, und die Ausgänge sind gerade entgegengesetzt zu denen der linken Schaltung.

11.4.1.1 Getaktetes RS-Flip-Flop. In sehr vielen Fällen ist es erforderlich, daß ein Bit nur zu einem bestimmten Zeitpunkt gespeichert werden soll. Dazu muß am RS-Flip-Flop eine zusätzliche UND-Bedingung eingebaut werden, die nur beim Vorhandensein eines *Taktsignales* C (Clock) ein Einspeichern ermöglicht. Dazu werden beide Eingänge mit dem Taktsignal verknüpft (s. Abb. 11.15). Da das Flip-Flop aus NANDs am Eingang mit negativer Logik arbeitet, muß die UND-Bedingung mit NANDs aufgebaut werden, wie die Abbildung zeigt. Dadurch erreicht man am Eingang gleichzeitig positive Logik. Das Flip-Flop kann nur gesetzt werden, wenn der Takteingang $C = 1$ ist.

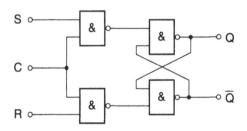

Abb. 11.15. Getaktetes RS-Flip-Flop

11.4.1.2 D-Flip-Flop (Data-Latch). Für die Speicherung eines Bits ist der Zustand 1 (hier jetzt $R = S = 1$) nicht erforderlich. Man kann ihn umgehen, wenn nur der S-Eingang benutzt wird und der R-Eingang über einen Inverter angeschlossen wird (s. Abb. 11.16). D muß länger als der Taktimpuls anliegen!

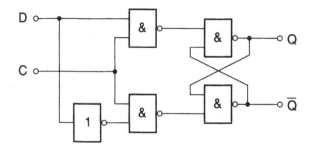

Abb. 11.16. D-Flip-Flop

11.4.1.3 Master-Slave-Flip-Flop. Viele Anwendungen (z.B. Zähler) verlangen Flip-Flops, die einen Eingangszustand zwischenspeichern und ihn erst an den Ausgang geben, wenn der Eingang wieder verriegelt ist. Dazu sind zwei Flip-Flops erforderlich, von denen der erste der *Master* und der zweite der *Slave* ist. Beide werden vom gleichen Taktimpuls gesteuert, wobei jedoch der Slave den invertierten Taktimpuls erhält. Diese Schaltung (s. Abb. 11.17) wird *RS-Master-Slave-Flip-Flop* genannt. Solange $C = 0$, ist der Eingang gesperrt. Bei $C = 1$ wird der an R und S anliegende Zustand in den ersten Flip-Flop (Master) eingespeichert. Der Slave ist jedoch durch den invertierten Takt verriegelt. Erst wenn $C = 0$, wird der Ausgangszustand des Masters in den Slave übernommen und erscheint am Ausgang der Gesamtschaltung.

Ist während des Taktimpulses der Master durch $S = 1, R = 0$ gesetzt worden, so darf zwar S auf 0 zurückgehen; aber R darf nicht auf 1 schalten bzw. umgekehrt. Von Nachteil bei diesem Flip-Flop ist, daß der Zustand $S = R = 1$ nach dem Ende des Taktimpulses zu dem oben erwähnten unbestimmten Zustand führt.

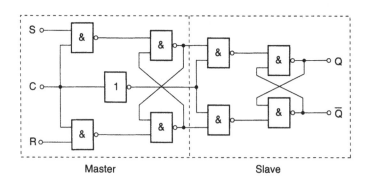

Master   Slave

Abb. 11.17. RS-Master-Slave-Flip-Flop

Dieser Nachteil läßt sich durch zusätzliche Rückkopplungsleitungen vermeiden, die auf die Eingänge S und R führen (s. Abb. 11.18). Zur Ansteue-

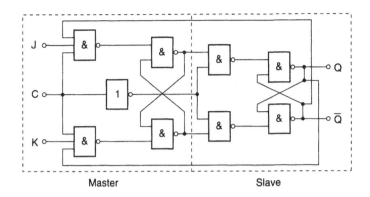

Abb. 11.18. JK-Master-Slave-Flip-Flop

rung des Flip-Flops dienen dann 2 neue Eingänge J und K. Die so entstehende Schaltung wird als *JK-Master-Slave-Flip-Flop* bezeichnet. Da Q und $\overline{Q}$ immer komplementär zueinander sind, wird sich bei $J = K = 1$ der Ausgangszustand nach jedem Taktimpuls ändern.

Das JK-Master-Slave-Flip-Flop arbeitet also bei $J = K = 1$ als *Frequenzteiler* in Bezug auf den Taktimpuls, weshalb das JK-Master-Slave-Flip-Flop die Grundschaltung für Zählschaltungen darstellt. Es unterscheidet sich auch noch in anderer Hinsicht vom RS-Master-Slave-Flip-Flop, indem nämlich bei diesem der Master in Abhängigkeit von R und S seinen Zustand ändern kann, solange $C = 1$ ist. Beim JK-Master-Slave-Flip-Flop kann der Master nur einmal während $C = 1$ in seinen neuen Zustand kippen, weil durch die Rückkopplung ein Zurückkippen verhindert wird. Daher wird das JK-Master-Slave-Flip-Flop zur genaueren Kennzeichnung *zweiflankengetriggert* genannt. Die erste Flanke des Taktimpulses setzt den Master, bei der zweiten Flanke erscheint der neue Zustand am Ausgang. Man findet jedoch diesen Flip-Flop zusammen mit den bisher behandelten auch unter der Bezeichnung *pulsgetriggert*.

Zur genaueren zeitlichen Festlegung der Speicherung eines Eingangszustandes hat man Flip-Flops entwickelt, die einen Zustand nur während der positiven oder der negativen Flanke des Taktimpulses einspeichern. Man hat diese Typen deshalb mit der Bezeichnung *positiv flankengetriggert* oder *negativ flankengetriggert* belegt. Ein Beispiel ist der Typ 7474, der zwei positiv flankengetriggerte D-Flip-Flops enthält, die noch zusätzlich einen Set- und einen Reset-Eingang besitzen, die unabhängig vom Taktimpuls den Flip-Flop in einen definierten Zustand versetzen können. Die logische Schaltung dieses Typs zeigt Abb. 11.19. Die Funktionsweise kann man sich verdeutlichen, wenn zunächst davon ausgegangen wird, daß $C = 0$. Die Ausgänge der Gatter G_2 und G_3 sind dann 1. S und R sollen auf 1 gesetzt sein. Dann wird der Zustand von D auf den Ausgang von Gatter G_4 übertragen. Das Flip-Flop aus G_5 und G_6 bleibt von D unberührt, da jeweils die zwei Steuereingänge auf 1 liegen.

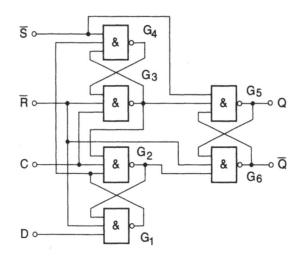

Abb. 11.19. Flankengetriggertes D-Flip-Flop

Wird jetzt $C = 1$, so wird die Sperrung der Gatter G_2 und G_3 aufgehoben. Sei $D = 0$, so nimmt der Ausgang von Gatter G_3 den Wert 1 an. Am Gatter G_2 liegen alle drei Eingänge auf 1, der Ausgang ist also 0. Damit schaltet das Ausgangs-Flip-Flop auf $Q = 0$ und $\overline{Q} = 1$. Der Ausgang von Gatter G_2 sperrt Gatter G_1, d.h. weitere Änderungen von D sind wirkungslos. Ist $D = 1$ beim $0 \rightarrow 1$ Übergang von C, so wird der Ausgang von Gatter $G_3 = 0$ und der von Gatter $G_2 = 1$, so daß am Ausgang des Flip-Flops $Q = 1$ und $\overline{Q} = 0$ entsteht. Geht D auf 0 zurück, während $C = 1$, so wird damit der Ausgang von Gatter $G_3 = 1$, was ohne Bedeutung für das Ausgangs-Flip-Flop ist.

Man kann sich weiterhin überlegen, daß mit $\overline{S} = 0$ $Q = 1$ und $\overline{Q} = 0$ unabhängig von C gesetzt wird. Ebenso wird mit $\overline{R} = 0$ $Q = 0$ und $\overline{Q} = 1$.

11.4.2 Binärzähler

Eine große Anwendung finden die Flip-Flops in den binären Zählschaltungen, da sie als Frequenzteiler durch einfache Hintereinanderschaltung beliebige duale Teilerfaktoren erlauben. Durch zusätzliche logische Bedingungen lassen sich auch nicht-duale Teilerfaktoren wie z.B. Dezimalzähler herstellen.

11.4.2.1 Asynchroner Dualzähler. Ein asynchroner Dualzähler entsteht sehr einfach aus einer Reihenschaltung von JK-Master-Slave-Flip-Flops, bei denen $J = K = 1$ (s. Abb. 11.20).

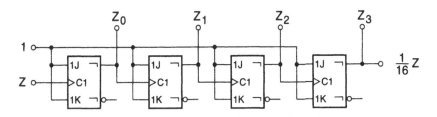

Abb. 11.20. Asynchroner Binärzähler

Zählablauf:

	0	1	2	3	4	5	6	7	8	9	10	11	12	13	14	15	16
Z_0	0	1	0	1	0	1	0	1	0	1	0	1	0	1	0	1	0
Z_1	0	0	1	1	0	0	1	1	0	0	1	1	0	0	1	1	0
Z_2	0	0	0	0	1	1	1	1	0	0	0	0	1	1	1	1	0
Z_3	0	0	0	0	0	0	0	0	1	1	1	1	1	1	1	1	0

Aus dem Zählablauf ersieht man, daß der erste Flip-Flop nach jedem Taktimpuls Z seinen Ausgangszustand ändert. Jeder folgende Flip-Flop ändert seinen Ausgang, wenn der vorhergehende Flip-Flop-Ausgang von $1 \rightarrow 0$ schaltet. Ebenso sieht man aus der Tabelle, daß eine Rückwärtszählung entsteht, wenn der vorhergehende Flip-Flop-Ausgang von $0 \rightarrow 1$ schaltet. Einen *Rückwärtszähler* erhält man also aus der Schaltung, wenn der $\overline{Q}$-Ausgang eines jeden Flip-Flops auf den Takteingang des nächsten Flip-Flops gelegt wird.

Soll das Zählergebnis noch während des Zählens ausgewertet werden (z.B. zum Abstoppen der Impulsfolge), so muß berücksichtigt werden, daß der letzte Flip-Flop erst schalten kann, wenn der Zählimpuls durch alle vorangehenden Flip-Flops durchgelaufen ist, wobei sich die unvermeidlichen Signalverzögerungen addieren. Die Taktfrequenz darf also einen Grenzwert nicht überschreiten, der sich aus der Anzahl der Flip-Flops in dem Zähler und der Signalverzögerung des einzelnen Flip-Flops ergibt.

11.4.2.2 Synchroner Dualzähler. Mit dem Prinzip des synchronen Zählers kann dieses Problem umgangen werden. Aus dem Zählablauf entnimmt man die Bedingungen für ein synchrones Zählen:

Flip-Flop 0 kippt nach jedem Zählimpuls
Flip-Flop 1 kippt, wenn $Z_0 = 1$ und beim nächsten Zählimpuls
Flip-Flop 2 kippt, wenn $Z_0 \wedge Z_1 = 1$ und beim nächsten Zählimpuls
Flip-Flop 3 kippt, wenn $Z_0 \wedge Z_1 \wedge Z_2 = 1$ und beim nächsten Zählimpuls

Werden diese Bedingungen erfüllt, so kann der Zählimpuls parallel auf den Takteingang aller Flip-Flops gegeben werden (s. Abb. 11.21).

11.4.2.3 Dezimalzähler. Für die Darstellung des Zählergebnisses ist eine dezimale Zählweise praktischer. Dazu muß man den Dualzähler so modifizieren, daß der duale Zählablauf nach dem Erreichen der Ziffer 9 beendet wird

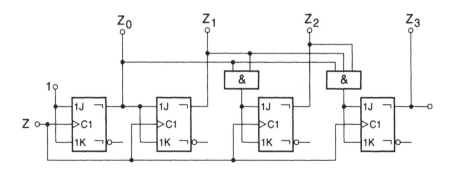

Abb. 11.21. Synchroner Binärzähler

und Z_0 bis Z_3 auf 0 gesetzt werden, so daß der Zählvorgang wieder von vorn beginnt. Diese Aufgabe leistet die Schaltung in Abb. 11.22.

Die Darstellung der Ziffern 0 bis 9 durch einen 4-stelligen Dualcode bezeichnet man als *BCD-Code* (binary coded decimals). Er wird sehr häufig in digitalen Meß- und Anzeigegeräten verwendet, wobei jede Dezimalstelle für sich in diesem Code ausgedrückt wird.

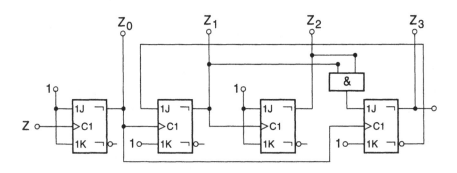

Abb. 11.22. Dezimalzähler

4-stellige Dualzähler und BCD-Zähler gibt es als integrierte Bausteine, wobei noch zusätzlich Steuereingänge wie Reset und Set vorhanden sind. Auch integrierte Vor- und Rückwärtszähler (Up/Down Counters) mit der Möglichkeit einer Vorwahl des Zählerstandes werden angeboten.

11.4.3 Schieberegister

In der Digitaltechnik können Informationen, d.h. Bitfolgen sowohl bitseriell als auch bitparallel vorliegen. Typisches Beispiel für bitserielle Informationen ist die Speicherung von Daten auf Disketten und Magnetplatten, während die

Speicherung und Verarbeitung von Daten in Computern üblicherweise bitparallel erfolgt. Zur Umwandlung beider Formate ineinander dient das *Schieberegister* Abb. 11.23.

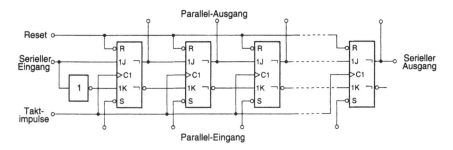

Abb. 11.23. Schieberegister

Durch die Verwendung von Master-Slave-Flip-Flops wird das am 1. Flip-
Flop anliegende Bit mit der negativen Flanke des Taktimpulses an seinem
Ausgang erscheinen. Der nächste Taktimpuls schaltet das Bit in den 2. Flip-
Flop, an dessen Ausgang das Bit mit der negativen Flanke des Taktimpulses
vorliegt usw. Jeder Taktimpuls schiebt also das Bit um 1 Stelle weiter. Nach
n Taktimpulsen ist das Bit im n-ten Flip-Flop angekommen. Alle mit dem
Takt synchron am Eingang anliegenden Bits werden also in den n Flip-Flops
gespeichert. Damit stehen die seriell einlaufenden Bits jetzt an den Ausgängen
der Flip-Flops parallel zur Verfügung. Über die Set-Eingänge kann nach einem Reset aller Flip-Flops eine parallele Bitfolge in das Schieberegister eingebracht werden. Mit n Taktimpulsen kann diese Bitfolge am Ausgang des
n-ten Flip-Flops seriell abgenommen werden.

11.4.4 Einige Beispiele

11.4.4.1 Entprellen mechanischer Schalter. Mechanische Schalter zeigen beim Schließen und beim Öffnen mechanische Schwingungen, so daß der
Schalter nicht einen einzelnen Schaltimpuls sondern mehrere undefinierte Impulse abgibt, was für digitale Schaltungen äußerst unerwünscht ist. Mit einem
einfachen RS-Flip-Flop kann sehr leicht Abhilfe geschaffen werden (s. Abb.
11.24). Sei 0 die Ruhestellung. Dann ist $Y = 0$. Wird der Schalter auf 1 gelegt, so entstehen zunächst Prellungen beim Öffnen. Sobald der Schalter in
die Stellung 1 gelangt, wird beim 1. $1 \rightarrow 0$ Übergang an $\overline{S}\,Y$ auf 1 geschaltet.
Weitere Prellimpulse haben keinen Einfluß. Beim Zurückschalten bewirkt der
1. $1 \rightarrow 0$ Übergang an $\overline{R}$, daß $Y = 0$.

11.4.4.2 Synchronisation von Impulsen. [6] Oftmals müssen Impulse
mit einem Systemtakt synchronisiert werden. Dazu kann ein flankengetriggertes D-Flip-Flop herangezogen werden (s. Abb. 11.25). An dem Zeitdiagramm

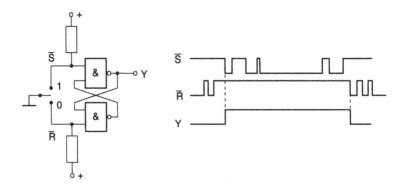

Abb. 11.24. Entprellen eines Schalters

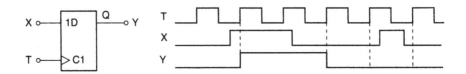

Abb. 11.25. Synchronisation von Impulsen

erkennt man, daß kurze Impulse, die zwischen zwei Taktflanken liegen, nicht registriert werden. Durch einen zusätzlichen Flip-Flop kann man auch kurze Impulse synchronisieren, wie in Abb. 11.26 gezeigt ist. Das zu synchronisierende Signal X wird asynchron auf den Set-Eingang des ersten Flip-Flops gegeben. Geht X wie im zweiten Teil des Zeitdiagramms vor der nächsten aktiven Taktflanke auf 0 zurück, so bleibt Q_1 bis zu dieser Taktflanke auf 1. Infolge der internen Signalverzögerung bleibt Q_1 noch kurzzeitig auf 1, so daß die aktive Taktflanke $Q_1 = 1$ in den zweiten Flip-Flop einspeichern kann.

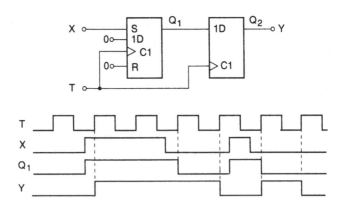

Abb. 11.26. Verbesserte Schaltung für die Impulssynchronisation

Dann wird Q_1 wegen $1D = 0$ zurückgesetzt. $Q_2 = Y$ bleibt bis zur folgenden aktiven Taktflanke auf 1.

11.5 Digitale Speicher

Die Bereitstellung von digitalen Speichern hoher Kapazität mit Hilfe der integrierten Schaltungstechnologie ist eine der Hauptvoraussetzungen für die gewaltige Ausbreitung der Digitaltechnik in allen Bereichen der Technik und des täglichen Lebens. Die modernen Speicher beruhen ausschließlich auf der Halbleitertechnologie.

Eine ganz grobe Einteilung der verschiedenen Speicherfamilien kann dadurch erfolgen, daß man zwischen Speichern, in denen Daten beliebig gespeichert und gelesen werden können, als *Schreib-Lese-Speicher* bezeichnet, und solchen, aus denen die einmal gespeicherten Daten nur gelesen werden können, als *Nur-Lese-Speicher* oder *Festwertspeicher* bezeichnet, unterscheidet. Im weiteren wird sich jedoch zeigen, daß zwischen diesen beiden groben Gruppen fließende Übergänge existieren.

11.5.1 Schreib-Lese-Speicher

Die übliche Kurzbezeichnung für diese Speicher ist *RAM*, die eine Abkürzung für *Random-Access-Memory* ist. Diese Bezeichnung stammt aus der Anfangszeit der Entwicklung größerer Speicherkapazitäten für die ersten Digitalrechner. Dort wurden insbesondere sog. Magnettrommelspeicher benutzt, bei denen die Daten auf der magnetischen Oberfläche eines schnell rotierenden Zylinders mit Hilfe einer Reihe von Magnet-Lese-Schreibköpfen auf Magnetspuren aufgezeichnet wurden. Mit diesem Prinzip konnte immer nur seriell auf die Daten zugegriffen werden. Diese serielle Speichertechnik ist auch heute noch bei der Datenspeicherung auf Disketten, Magnetbändern und Festplatten üblich. Mit der Entwicklung der sog. Kernspeicher, bei denen 1 bit durch die zwei Hysteresezustände eines Magnetringkernes dargestellt wurde, konnte man durch die Matrixanordnung vieler Einzelkerne auf jede beliebige Speicherzelle sofort zugreifen, was man *wahlfreier Zugriff = Random-Access* genannt hat. Obgleich die heutigen Nur-Lese-Speicher auf Halbleiterbasis, die kurz als *ROM = Read-Only-Memory* bezeichnet werden, ebenfalls einen wahlfreien Zugriff auf die Daten erlauben, hat man trotzdem die historisch bedingten Namen RAM und ROM beibehalten.

Bei den RAMs wird zwischen *statischen* und *dynamischen Speichern* unterschieden, die *SRAM* und *DRAM* als übliche Namen führen. Sie unterscheiden sich durch den Aufbau der einzelnen Speicherzelle, die beim SRAM im Prinzip aus einem Flip-Flop und beim DRAM aus einer Kapazität besteht. Im SRAM bleibt eine gespeicherte Information so lange erhalten, wie die Versorgungsspannung bestehen bleibt. Beim DRAM verliert die Kapazität infolge der unvermeidlichen Entladung die Information mehr oder weniger schnell, weshalb sie ständig wieder aufgefrischt werden muß.

Jeder Speicher besteht aus einer großen Anzahl von gleichartigen Speicherzellen. Zur Unterscheidung dieser Zellen werden sie durchnummeriert. Die individuelle Nummer wird als die *Adresse der Speicherzelle* bezeichnet. Für n Speicherzellen wird eine $m = \text{ld}\,n$ lange Dualzahl als Adresse benötigt. Um aus der Adresse die richtige Speicherzelle zu finden, ist ein 1:n-Decoder erforderlich. Ein solcher Decoder wird bei größeren Speicherkapzitäten schnell sehr aufwendig. Deshalb teilt man die Adresse in zwei Teile auf und ordnet die Speicherzellen in einer Matrix an. Man erhält so eine *Zeilenadresse* und eine *Spaltenadresse*. Die Auswahl einer einzelnen Speicherzelle erfolgt dann im Prinzip durch eine UND-Verknüpfung am Kreuzungspunkt der durch die Adresse aktivierten Zeilen- und Spaltenleitung.

Wird mit einer Adresse nur eine einzige Speicherstelle angesprochen, so nennt den Speicher *bitorganisiert*. Daneben gibt es viele Speichertypen (insbesondere bei den Festwert-Speichern), die mit einer Adresse mehrere Speicherzellen ansprechen. Dazu haben mehrere Speichermatrizen gemeinsame Zeilen- und Spaltenleitungen. Solche Speicher tragen die Bezeichnung *wortorganisiert*. Übliche Wortlängen sind 4, 8 und 16 bit. Für 8 bit ist die bekannte Einheit 1 *byte* üblich, während 4 bit oft als 1 *nibble* bezeichnet werden.

Je größer die Speicherkapazität ist, umso mehr Adreßleitungen werden benötigt, d.h. die Anzahl der äußeren Anschlüsse eines Speicherchips wird größer. Deshalb setzt man insbesondere bei den sehr hoch integrierten DRAMs häufig bitorganisierte Speicher ein. Bei den SRAMs ist die Nibblebzw. Byteorganisation vorherrschend. Sollen auch bitorganisierte Speicher bei ihrem Einsatz in Computersystemen mit einer Adresse mindestens 8 Bits auf einmal ansprechen, werden die Adreßleitungen von 8 Speicherchips parallelgeschaltet.

Die Größe der Speicherkapazität wird üblicherweise in Einheiten von $2^{10} = 1024 = 1\text{k}$ (1 Kilo) bei kleineren Kapazitäten und in der Einheit $2^{20} = 1048576 = 1\text{M}$ (1 Mega) bei großen Kapazitäten angegeben, wobei je nach der Speicherorganisation bit oder byte hinzugefügt wird.

Neben den Adreßleitungen hat ein Speicherchip weitere Anschlüsse. Das sind in erster Linie die Datenleitungen, wobei für wortorganisierte Speicher für das Schreiben und das Lesen gemeinsame, bidirektionale Leitungen eingesetzt werden, deren Richtung durch eine Steuerleitung R/W oder auch WE = Write Enable bestimmt wird. Weiterhin ist ein Anschluß CS = Chip Select vorhanden, der den Speicherbaustein freigibt. Hierfür findet man auch getrennte Anschlüsse CE = Chip Enable und OE = Output Enable, der die Schreib-Leseleitungen sperrt oder freigibt. Abbildung 11.27 zeigt ein Beispiel für eine 1k x 4-Organisation. Der Chip-Enable-Anschluß ist für den Aufbau von größeren Speichern aus einzelnen Speicherchips notwendig. Durch ihn kann jeder Einzelchip mit Hilfe einer externen Adreßdekodierung in einen eigenen Adreßbereich gelegt werden.

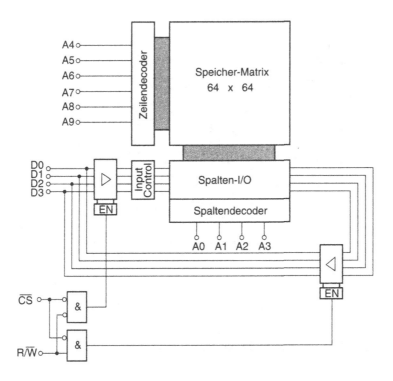

Abb. 11.27. Schema eines 1k x 4bit-Speichers

11.5.1.1 SRAM. Ein SRAM besteht aus einer großen Zahl von Flip-Flop-Speichern, die zunächst die bipolare TTL-Technologie benutzten. Es wurden jedoch bald MOSFETs zum Aufbau der Speicherzelle herangezogen, wobei jedoch die Zugriffszeiten der TTL-Speicher nicht erreicht wurden. Die modernen Speicher setzen in immer größerem Maße die CMOS-Technologie ein, weil diese Technologie den Vorteil des geringen Stromverbrauchs, verbunden mit hoher Integrationsdichte und kurzer Zugriffszeit, bietet.

Eine Speicherzelle mit CMOS-Transistoren ist in Abb. 11.28 dargestellt: Das Flip-Flop wird aus den beiden CMOS-Invertern T_1 - T_3 und T_2 - T_4 gebildet. Die Adressierung der Speicherzelle erfolgt durch die *Wortleitung*, die sich aus der Adressendekodierung ergibt, dargestellt durch den Schalter S_w. Im Ruhezustand sind die beiden Tortransistoren T_5 und T_6 gesperrt (S_w liegt auf Null). Sei angenommen, daß sich der Punkt 2 auf tieferem Potential = Zustand 0 und der Punkt 1 auf höherem Potential = Zustand 1 befindet. Die Adressierung bewirkt ein kurzzeitiges Schalten von S_w auf $+U_w$. Dadurch öffnen die beiden Tortransistoren. Für die rechte Seite besteht jetzt eine Verbindung von $+U_0$ über den Widerstand der Bitleitung $\overline{B}$ und über T_6 und T_2 nach Null. Es fließt also ein Strom, der am Widerstand einen Spannungsabfall von $+U_0$ auf nahe Null bewirkt. In der Bitleitung B kann kein Strom fließen, da T_1 gesperrt ist. Sind die Potentiale von 1 und 2 umgekehrt, so entsteht

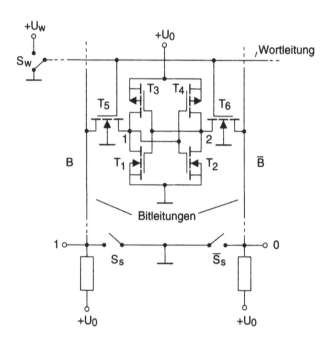

Abb. 11.28. CMOS-Speicherzelle

an der Leitung B der Spannungsimpuls. Beim Setzen des Flip-Flops wird die Wortleitung auch kurz auf $+U_w$ gesetzt, und eine der beiden Bitleitungen wird über den Schreibschalter S_s oder $\overline{S}_s$ auf Null gelegt, während die andere auf $+U_0$ bleibt. Wird z.B. $\overline{B}$ auf Null gesetzt und befindet sich Punkt 2 auf 0, so kann sich nichts ändern. Wird dagegen B auf Null gezogen, so wird durch die Kopplung von 1 auf den Transistor T_2 dieser gesperrt. Punkt 2 geht also in den Zustand 1.

Für die einwandfreie Funktion eines Speichers sind bestimmte Zeitbedingungen einzuhalten, deren Ablauf, abgesehen von verschiedenen Besonderheiten, aus Abb. 11.29 zu entnehmen ist. Beim Schreiben darf der Schreibimpuls WE, der eine minimale Länge (t_{WP} = Write Pulse Width) nicht unterschreiten darf, erst nach einer Zeit t_{AS} = Address Setup Time nach dem Gültigwerden der angelegten Adresse gegeben werden. Diese Zeit ist durch die Dauer der Adreßdecodierung bestimmt. Die Schreibdaten werden mit der Rückflanke des Schreibimpulses übernommen. Sie müssen schon vorher eine bestimmte Zeit stabil sein. Daten und Adressen müssen meistens noch eine gewisse Zeit (t_H = Hold Time) nach Beendigung des Schreibimpulses anstehen. Die Summe aus diesen drei Zeiten wird als die *Schreib-Zyklus-Zeit* bezeichnet. Sie ist also die minimale Zeit, die für fortlaufendes Schreiben in einen Speicher erforderlich ist.

Für das Lesen muß nach dem Anlegen einer gültigen Adresse eine Zeit t_{AA} = Address Access Time abgewartet werden, bevor die Lesedaten zur

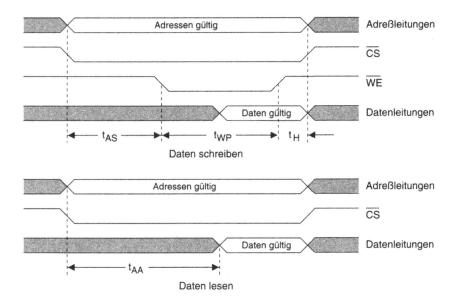

Abb. 11.29. Zeitlicher Ablauf beim Schreiben und Lesen

Verfügung stehen. Diese Zeit wird meist in Datenblättern kurz als *Zugriffszeit* des Speichers angegeben.

11.5.1.2 DRAM. In dem Bestreben, die Integrationsdichte der Speicherchips möglichst hochzutreiben, hat man aus frühen Modifikationen der statischen Flip-Flop-Speicherzelle eine Speicherzelle entwickelt, die nur aus einem MOSFET und einer Kapazität besteht. Abbildung 11.30 zeigt das Prinzip:

Als Kapazität wird die Sperrschichtkapazität zwischen Drain und Substrat ausgenutzt. Der MOSFET dient als Schalter. Mit einem Impuls auf der Wortleitung wird die Verbindung zwischen dem Kondensator und der Bitleitung hergestellt, so daß beim Lesen die Kondensatorspannung registriert werden kann. Zum Schreiben kann der Kondensator über die Bitleitung geladen werden. In Abb. 11.31 ist das Schema eines DRAMs dargestellt.

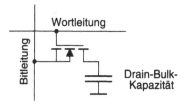

Abb. 11.30. DRAM-Zelle

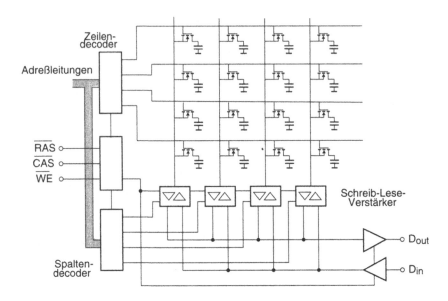

Abb. 11.31. Aufbauprinzip eines DRAM

Ein Lesevorgang läuft im Prinzip folgendermaßen ab: Von den Adreßleitungen, die z.B. von einem Mikroprozessor geliefert werden, wird mit dem Signal RAS = Row Address Strobe die untere Hälfte der Adreßbits zur Zeilendecodierung benutzt. Damit wird eine Zeile = Wortleitung der Speichermatrix ausgewählt. Alle MOS-Schalter dieser ausgewählten Zeile verbinden ihre Speicherkapazität mit der entsprechenden Bitleitung. Am Ende jeder Bitleitung befindet sich ein Sense-Verstärker, der aus dem Spannungswert der jeweiligen Kapazität den logischen Wert 0 oder 1 erzeugt. Dann werden mit dem Signal CAS = Column Address Strobe die höherwertigen Adreßbits zur Decodierung der Spaltenadresse herangezogen. Mit der decodierten Spaltenleitung wird der Ausgang eines Sense-Verstärkers auf den Ausgangsverstärker geschaltet.

Der Kondensator hat bei den modernen, hochintegrierten DRAMs eine sehr kleine Kapazität von $\approx$ 50 fF. Deshalb bewirkt das Auslesen eine so starke Entladung, daß anschließend alle längs der decodierten Zeile liegenden Kondensatoren in einem internen Schreibvorgang wieder auf den vorherigen Wert gebracht werden müssen.

Ein Schreibvorgang läuft in entsprechender Weise ab: Die Zeilenadresse wird decodiert, so daß wieder längs einer Zeile die MOS-Schalter geöffnet werden. Vom Eingangsverstärker wird das Bit auf alle Schreibverstärker gelegt. Mit der decodierten Spalte wird ein Schreibverstärker ausgewählt und das Bit in die entsprechende Speicherzelle geschrieben. Gleichzeitig werden auch alle Kondensatoren längs der decodierten Zeile automatisch wieder auf den alten Wert gebracht, da jedes Öffnen der MOS-Schalter bereits eine Teilentladung bedeutet.

Durch die auch beim Nichtadressieren stets vorhandene Entladung verliert der Kondensator seine Ladung, so daß sie ständig aufgefrischt („Refresh Zyklus") werden muß, woraus sich die Bezeichnung *dynamischer Speicher* ergeben hat. Bei den modernen, hochintegrierten DRAMs mit 60 ns Zugriffszeit erfolgt das Auffrischen alle 16 μs. Im Prinzip muß dazu jede Speicherzelle adressiert werden. Durch das Matrixprinzip reicht aber, wie aus der Beschreibung der Schreib- und Lesevorgänge hervorgeht, die Adressierung einer Zeile aus, um alle Kondensatoren längs der Zeile aufzufrischen. Dadurch gehen nur wenige Prozent der Gesamtzeit für das Refresh verloren.

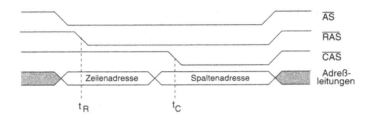

Abb. 11.32. Zeitlicher Ablauf der Adressierung eines DRAMs

Aus dem zeitlichen Ablauf beim Lesen und Schreiben (s. Abb. 11.32) ist ersichtlich, daß die Zeilen- und die Spaltenadresse nacheinander benötigt werden. Dies hat dazu geführt, das man die Anzahl der Adreßanschlüsse an einem DRAM-Baustein halbiert hat und mit RAS und CAS jeweils die Hälfte der Adreßbits anlegt. RAS und CAS werden von einem Adreß-Strobe AS, der z.B von einem Prozessor erzeugt wird, abgeleitet. Zum Zeitpunkt t_R wird die Zeilenadresse und zum Zeitpunkt t_C die Spaltenadresse übernommen. Für die Ansteuerung und die Durchführung des Refresh gibt es entsprechende DRAM-Controller, die alle nötigen Signale zur Verfügung stellen. Das Refresh wird dabei mit modernen Controllern normalerweise in Zeiten durchgeführt, in denen von außen nicht auf den Speicher zugegriffen wird („hidden refresh").

Das zeitliche Verhalten eines DRAMs wird zur groben Charakterisierung durch die *Zugriffszeit* angegeben, wobei unter dieser Zeit die Zeitdauer vom Anlegen einer gültigen Adresse, angezeigt z.B. durch AS, bis zum Ende eines Schreibvorganges verstanden wird. Da beim Lesen stets ein Zurückschreiben der gelesenen Bits erfolgen muß, ist die Zeitdauer eines Lesezyklus etwa doppelt so groß wie die Zugriffszeit.

11.5.2 Festwertspeicher

Die große Gruppe der Festwertspeicher wird unter dem Oberbegriff ROM = Read Only Memory geführt. Daneben wird unter einem ROM speziell ein

Festwertspeicher verstanden, dessen Inhalt beim Herstellungsprozeß festgelegt wird und später in keiner Weise geändert werden kann. Etwas genauer spricht man von einem *Masken-ROM*.

11.5.2.1 Masken-ROM. Das Prinzip eines Masken-ROMs ist in Abb. 11.33 dargestellt: In einer Matrix aus Wort- und Bitleitungen befindet sich an den Kreuzungspunkten, für deren Adresse eine 1 programmiert sein soll, eine Diode. An den Stellen, für deren Adressen eine 0 vorhanden sein soll, fehlt die Diode. Wird die Wortleitung aktiviert, so fließt an den Stellen, an denen eine Diode vorhanden ist, ein Strom, der als 1 interpretiert wird. Eine solche Struktur kann bei der Herstellung des ICs durch eine entsprechende Maske erreicht werden.

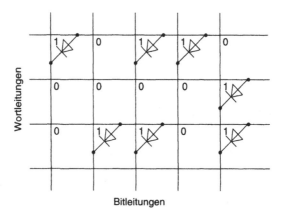

Abb. 11.33. Prinzip des Masken-ROMs

Moderne Masken-ROMs benutzen NMOS- bzw. CMOS-Transistoren an Stelle der Dioden, weil mit Transistoren die internen Zusatzschaltungen kleinere Steuerleistung aufbringen müssen und wesentlich kürzere Zugriffszeiten zu erzielen sind. Dabei kann man so vorgehen, daß bei den Adressen, an denen eine 0 gesetzt sein soll, die Oxidschicht zwischen Gate und Kanal so groß gemacht wird, daß bei den benutzten Steuerspannungen auf den Wortleitungen der Transistor nicht leitend werden kann. Da Masken-ROMs bereits bei der Herstellung programmiert werden müssen, lohnt sich ihr Einsatz nur dort, wo große Stückzahlen gleicher ROMs benötigt werden. ROMs sind zur Hauptsache byteorientiert.

11.5.2.2 PROM. Der nächste technologische Fortschritt bei den Festwertspeichern war die Entwicklung der sog. *Programmable Read Only Memories =* PROM. Hierbei wird ein Speicher hergestellt, dessen Speicherzellen zunächst alle auf 1 gesetzt sind. Die Einzelzelle einer PROM-Matrix besteht im Prinzip aus einer Anordnung, die als Ausgangsschaltung einen bipolaren Transistor mit einer Schmelzsicherung in der Kollektorleitung besitzt. Die Ausgänge der

Einzelzellen sind in einer Wired-Or-Verknüpfung verbunden. Die Programmierung erfolgt durch einen hohen Programmierstrom, der die Schmelzsicherung durchbrennt. An dieser Stelle ist dann eine 0 gesetzt. Diese Programmierung kann der Anwender selbst durchführen. Sie ist jedoch nicht reversibel. PROMs werden jedoch nicht mehr im großen Umfang eingesetzt, da sie durch modernere Bausteine ersetzt werden.

11.5.2.3 EPROM. Der Wunsch, einen Festwertspeicher löschen zu können, um ihn dann erneut zu programmieren, hat zu der Entwicklung der EPROMs = Erasable PROM geführt. Diese Speicher (s. Abb. 11.34) werden in NMOS-oder in der moderneren CMOS-Technologie hergestellt. Die Speicherzelle enthält einen Transistor mit einem isolierten Gate (Floating-Gate), auf das mit Hilfe eines Auswahl-Gates durch Anlegen einer hohen Programmierspannung (≈ 20 V) Ladungen aus dem Kanal injiziert werden können. Dazu werden kurzzeitig im Kanal z.B. durch einen Lawinendurchbruch zwischen Drain und Source Elektronen mit höherer Energie (sog. heiße Elektronen) erzeugt, die die Energieschwelle des Oxids zwischen Kanal und dem Floating-Gate überwinden können. Sind die Ladungen einmal auf dem Gate, so verteilen sie sich dort gleichmäßig und bringen den Transistor in den Leitzustand. Die SiO_2-Schicht zwischen Kanal und Gate besitzt einen sehr hohen Isolationswiderstand und ist so dick (typisch 100 nm), daß die Ladung dort viele Jahre (mindestens 10 bis 20 Jahre) unverändert erhalten bleibt. Soll der Speicher gelöscht werden, so setzt man den Chip einer Bestrahlung mit einer UV-Lampe aus. Nach ca. 20 Minuten ist der Speicher vollständig gelöscht, und alle Speicherzellen enthalten je nach Typ 0 oder 1. Damit die UV-Bestrahlung durchgeführt werden kann, haben die EPROMs ein Quarzfenster über dem Chip eingebaut.

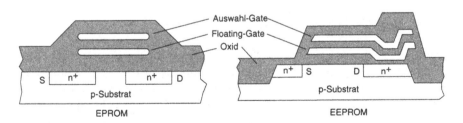

Abb. 11.34. EPROM- und EEPROM-Zelle

11.5.2.4 EEPROM. Einen weiteren Entwicklungsschritt hat man mit den EEPROMs = Electrically Erasable PROM erreicht, bei denen im Gegensatz zu den EPROMs, die man manchmal auch genauer als UVEPROMs bezeichnet, das Löschen elektrisch durchführen kann. Dabei kann man den ganzen Inhalt oder auch einzelne Speicherzellen löschen. Auch hier benutzt man ein Floating-Gate, wobei sich zwischen diesem und dem Drain eine sehr dünne Oxidschicht ($\approx$ 5 nm) befindet. Durch diese Oxidschicht kann dann durch eine entsprechende Spannung auf dem Auswahl-Gate Ladung durch den Tunneleffekt auf das Floating-Gate gebracht und wieder gelöscht werden. Im Unterschied zum RAM dauert das Löschen und Beschreiben wesentlich länger, üblicherweise 10 bis 50 ms. Der Vorteil gegenüber dem UVEPROM besteht vor allem darin, daß das Löschen und erneute Programmieren ohne Ausbau aus der Schaltung vorgenommen werden kann. Die Zahl der möglichen Löschvorgänge ist allerdings auf 10^4 (garantiert) bis 10^6 begrenzt, weil sich durch häufiges Programmieren in der dünnen Oxidschicht Haftladungen ansammeln, die die notwendige Potentialschwelle abbauen.

Manche EEPROM-Typen werden auch als EAROM = Electrically Alterable ROM bezeichnet. Für spezielle Anwendungen hat man ein RAM mit einem EEPROM derart kombiniert, daß beim Abschalten der Betriebsspannung die Daten des RAMs automatisch in das EEPROM geschrieben werden und beim Anlegen der Betriebsspannung wieder in das RAM zurückgeladen werden. Diese Speicherart wird NOVRAM = Nonvolatile RAM genannt.

In bezug auf den externen Zugriff auf die Daten in einem EEPROM gibt es Typen mit parallelem und solche mit seriellem Zugriff. Die seriellen Typen werden vorallem für die extrem zunehmende Vielzahl von „Chipkarten" eingesetzt.

11.5.2.5 Flash-Speicher. Als Alternative zu den UVEPROMs gibt es die Flash-Speicher, die im Unterschied zu einem UVEPROM durch ein elektrisches Signal („Flash") gelöscht werden können, wobei noch der Vorteil einer sektionsweisen Löschung besteht. Sie haben einen ähnlichen Aufbau wie die UVEPROMs. Die Oxidschicht zwischen dem isolierten Gate und dem Kanal des MOSFETs ist jedoch dünner, so daß der Tunneleffekt zum Löschen ausgenutzt werden kann.

11.5.3 Serielle Speicher

Das Schieberegister (s. Abb. 11.23) stellt einen seriellen Speicher dar. Eine Weiterentwicklung des Schieberegisters ist das sog. FIFO = First-In-First-Out Memory. Während bei dem Schieberegister das Einlaufen und das Auslaufen der seriellen Daten synchron erfolgt, können beim FIFO die Eingabe und die Ausgabe völlig unanhängig mit verschiedenen Taktraten ablaufen.

Dazu wird jedes Eingabebit sofort bis zum nächsten freien Speicherplatz in Richtung zum Ausgang weitergegeben. Das FIFO füllt sich also vom Ausgang her wie in einem Silo auf, daher auch die Bezeichnung „Silospeicher". Wird ein Bit am Ausgang herausgeholt, fallen alle höheren Bits automatisch eine Stelle tiefer. Das FIFO findet seinen Einsatz besonders bei der Datenübergabe zwischen Einheiten, die asynchron Daten senden oder empfangen.

Andere serielle Speicher sind der *Eimerkettenspeicher* und der *CCD-Speicher*, auf die aber nicht näher eingegangen wird.

11.5.4 Programmierbare Logikbausteine

Komplexe logische Schaltungen mit Standard-Logikbausteinen zu realisieren stößt sehr schnell an technologische Grenzen wie hoher Platz- und Leistungsbedarf und nicht ausreichende Schaltgeschwindigkeiten. Hier hat die Halbleiterindustrie eine ganze Reihe von Möglichkeiten entwickelt, Logik auf einem Baustein zu integrieren, die meistens unter dem Oberbegriff „ASIC" (Application Specific Integrated Circuit, Anwenderspezifisches IC) zu finden sind. Die Bezeichnungen der angebotenen Typen ist jedoch nicht immer eindeutig, so daß unter denselben Begriffen verschiedene Strukturen zu finden sind. Weiterhin gibt es eine Reihe von firmenspezifischen Bezeichnungen.

Das Grundprinzip war zunächst, auf einem Chip Matrizen aus UND- und ODER-Gattern herzustellen und die Verbindungen zwischen den Gattern vom Anwender programmieren zu lassen. Die gebräuchlichste Grundstruktur dieser „PLDs" (Programmable Logic Devices) ist das „PAL" (Programmable Array Logic) bei der die Verbindungen der ODER-Gatter festgelegt sind und nur die UND-Matrix programmiert werden kann.

In vielen Fällen reicht die in dem PAL vorhandene reine kombinatorische Logik nicht aus. Deshalb werden zusätzliche Elemente wie Flipflops, Addierer, Speicher miteinbezogen, was zu den „Gate Arrays" geführt hat, in denen eine sehr große Anzahl (bis über 10^5) Einzelelemente integriert ist. Die Verbindung der Einzelelemente wird bei der Herstellung des ICs geschaffen, weshalb die Gate Arrays genauer als MPGA (Mask Programmable Gate Array) bezeichnet werden.

Da diese Technik nur für große Stückzahlen sinnvoll ist, hat man die „FPGAs" (Field Programmable Gate Array) entwickelt, die in einem breiten Angebotsspektrum zu finden sind. Die innere Struktur eines FPGAs basiert auf logischen Blöcken, die in großer Anzahl (einige 10^4) vorhanden sind. Für die Verbindung der Logikblöcke untereinander dient eine Matrix von programmierbaren Leitungen, in die alle Logikblöcke eingebunden sind. An der Peripherie dieser Struktur liegen I/O-Zellen, die den Kontakt nach außen bilden. Die programmierbaren Verbindungen werden entweder über Transistorzellen („SRAM-Technik") oder Schmelzsicherungen („Antifuse-Technik") hergestellt. Bei der ersten Technik ist eine wiederholte Programmierung möglich, während die zweite Technik diese Möglichkeit nicht besitzt, die Programmierung bleibt hier aber auch nach dem Abschalten der Versorgungsspannung erhalten. Das SRAM-basierte FPGA benötigt dagegen ein zusätzliches PROM, in dem die Konfiguration gespeichert ist und von dem das SRAM während des Einschaltens initialisiert wird.

In bezug auf die Versorgungsspannung der digitalen Schaltungen zeigt sich ein Wandel von den bisherigen 5 Volt zu kleineren Spannungen, wobei 3,3 Volt sich als ein neuer Standard zu etablieren scheint; aber auch noch niedrigere Spannungen werden angestrebt. Diese Entwicklung beruht einmal auf der Notwendigkeit, die Verlustleistung der hochintegrierten ICs zu reduzieren und

andererseits in dem Zwang, die maximal erlaubten elektrischen Feldstärken
in den immer kleiner werdenden Strukturen nicht zu überschreiten.

11.5.5 Der Halbleitermarkt

Der Halbleitermarkt ist wie kein anderes technisches Gebiet einer stürmischen
Entwicklung unterworfen. Die Halbleiterindustrie bringt ständig neue und verbesserte Produkte auf den Markt. Dies zeigt sich insbesondere an der enorm
großen Vielfalt der Speicherbausteine und den immer leistungsfähigeren Mikroprozessoren. Da deshalb „aktuelle" Angaben sehr schnell überholt sind,
ist in diesem Buch bewußt auf nähere technische Daten über die verfügbaren Bausteine verzichtet worden. Hier ist man gezwungen, sich im konkreten
Anwendungsfall aus Fachzeitschriften oder Marktübersichten zu informieren.

12. Digitale Signalübertragung

In der modernen Signalübertragungstechnik bedient man sich in zunehmendem Maße der Digitaltechnik. Diese hat gegenüber den analogen Verfahren eine Reihe von Vorteilen, als da sind höhere Genauigkeit, Reproduzierbarkeit und eine geringe Störempfindlichkeit. Von Nachteil ist der z.T. wesentlich höhere Schaltungsaufwand, der jedoch durch die modernen integrierten Schaltungen nicht mehr ins Gewicht fällt.

Da der größte Teil der zu übertragenden Signale zunächst analoge Signale sind, muß zuerst eine Umwandlung in die digitale Darstellung erfolgen. Nach der Übertragung und der Verarbeitung der digitalen Signale wird oftmals eine Rückumwandlung in die analoge Form notwendig sein. Hierzu sind entsprechende Schaltungen notwendig, die als *Analog-Digital-Wandler*, abgekürzt *ADW* oder *ADC* bzw. *Digital-Analog-Wandler*, abgekürzt *DAW* oder *DAC* bezeichnet werden. Da ein ADC für die Umwandlung eines analogen Signalwertes Zeit benötigt, kann eine Umwandlung immer nur in bestimmten Zeitabständen erfolgen. Aus dem kontinuierlichen Analogsignal muß daher ein *zeitdiskretes Signal* erzeugt werden, bevor daraus ein digitales Signal entstehen kann. Diesen Vorgang nennt man *Abtastung*.

12.1 Abtastung, Abtasttheorem

Hier muß als erstes geklärt werden, unter welchen Bedingungen vermieden werden kann, daß durch die Abtastung ein Informationsverlust auftritt. Hierauf gibt das sog. *Abtasttheorem* die entscheidende Antwort. Es besagt:

Ein frequenzbandbegrenztes Signal mit der Grenzfrequenz f_g wird in eindeutiger Weise durch diskrete Werte bestimmt, wenn die Abtastung mit einer Frequenz $f_a \geq 2f_g$ durchgeführt wird.

Das Signal wird zurückgewonnen, wenn es über einen idealen Tiefpaß mit der Grenzfrequenz f_g gegeben wird.

Dieses Theorem läßt sich leicht herleiten:

Wird ein Signal $s(t)$ zu äquidistanten Zeitpunkten nT mit einer Deltafunktion abgetastet, so gilt für das entstehende Signal $s_a(t)$:

$$s_a(t) = s(t) \sum_n \delta(t - nT) = \sum_n s(nT)\delta(t - nT) \ . \qquad (12.1)$$

Das abgetastete Signal ist also eine periodische Folge von Deltaimpulsen, die mit den Amplitudenwerten der Funktion $s(t)$ zum Abtastzeitpunkt multipliziert [1] sind. Die Fouriertransformation wandelt das algebraische Produkt im Zeitbereich in ein Faltungsprodukt im Frequenzbereich um (f anstelle von ω verwendet):

$$S_a(f) = S(f) * \frac{1}{T} \sum_n \delta(f - \frac{n}{T}) = \frac{1}{T} \sum_n S(f - \frac{n}{T}) \ . \tag{12.2}$$

Das zur abgetasteten Funktion gehörige Spektrum ist also eine periodische Wiederholung des ursprünglichen Signalspektrums, wie in Abb. 12.1 dargestellt ist.

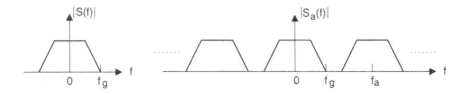

Abb. 12.1. Spektrum des originalen und des abgetasteten Signales

Aus Abb. 12.2 geht unmittelbar hervor, daß aus dem gesamten Spektrum mit Hilfe des idealen Tiefpasses das Originalspektrum herausgefiltert wird, wenn die Frequenzbedingung $f_a \geq 2f_g$ erfüllt ist.

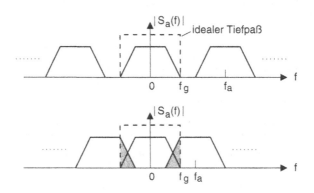

Abb. 12.2. Rückgewinnung des Originalsignales

Ebenso ist zu ersehen, daß bei einer Nichtbeachtung dieser Frequenzbedingung ein Überlappen mit den benachbarten Spektren stattfindet und daher

---

[1] genauer muß es hier heißen, daß die Fläche unter der Deltafunktion mit den Amplitudenwerten gewichtet ist.

eine Signalverfälschung auftritt. Die Frequenzen, die durch das Überlappen auftreten, werden als *Alias-Frequenzen* bezeichnet.

In der Praxis kann eine Abtastung mit einer Deltafunktion nicht realisiert werden, sondern die Abtastimpulse sind immer von der Form der Abb. 1.2, also eine periodische Folge von schmalen Rechteckimpulsen mit der Frequenz f_a, so daß anstelle (12.1) (1.2) benutzt werden muß. Wird hierauf die Fouriertransformation angewendet, so wird das Spektrum Abb. 12.1 noch mit der Fouriertransformierten eines Rechteckimpulses gewichtet. Diese Fouriertransformierte ist die bekannte sinx/x-Funktion, für x ist $(\pi\tau f)$ einzusetzen, wobei τ die Breite des Abtastimpulses ist. Die Nullstellen dieser Funktion liegen bei n/τ. Wird die Funktion $s(t)$ durch eine Treppenfunktion (vgl. Abb. 1.3) angenähert, so ist $\tau = 1/f_a$. Dieser Fall ist in Abb. 12.3 dargestellt.

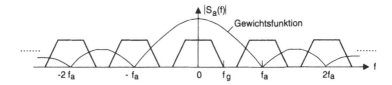

Abb. 12.3. Spektrum bei treppenförmiger Abtastung

Ein vollständiges System für die digitale Übertragung von analogen Signalen muß nach dem Abtasttheorem also aus den folgenden Komponenten bestehen (s. Abb. 12.4):
− Ein Tiefpaß, der das analoge Signal auf eine maximale Frequenz f_g begrenzt.
− Eine Abtast-Halte-Schaltung, die das Signal abtastet und den Abtastwert für die Zeit festhält, die von dem nachfolgenden ADC benötigt wird.
− Ein ADC, der die abgetasteten Amplitudenwerte digitalisiert.
− Ein System für die digitale Verarbeitung und Übertragung.
− Ein DAC, der die digitale Information in analoge Werte zurückverwandelt.
− Ein Tiefpaß mit der Grenzfrequenz f_g und einer möglichst guten Unterdrückung aller Aliasfrequenzen.

12.1.1 Quantisierungsrauschen

Bei der Umwandlung der abgetasteten analogen Amplitudenwerte in die digitale Darstellung müssen die analogen Werte in diskrete Amplitudenstufen eingeordnet werden. Durch diese Diskretisierung, die als *Quantisierung* bezeichnet wird, stimmen die so erhaltenen Amplitudenwerte nicht mehr mit den ursprünglichen Amplituden überein. Es entsteht also ein Fehlersignal, das für beliebige Signale einen mehr oder weniger statistischen Charakter besitzt und deshalb *Quantisierungsrauschen* genannt wird (s. Abb. 12.5).

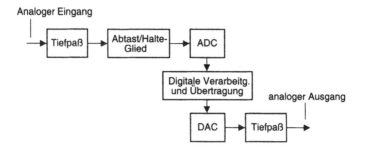

Abb. 12.4. Schema eines digitalen Übertragungssystems

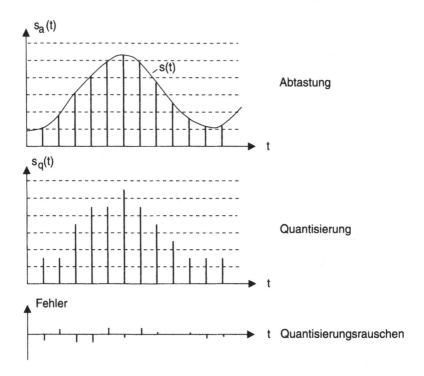

Abb. 12.5. Entstehung des Quantisierungsrauschens

Es ist unmittelbar einleuchtend, daß das Quantisierungsrauschen umso kleiner ist, je größer die Anzahl der Amplitudenstufen ist. Zu einer vereinfachten Berechnung des Quantisierungsrauschens gelangt man mit Hilfe des in Abb. 12.6 gezeigten Schemas.

Aus dem ursprünglichen Analogsignal $f_1(t)$ wird durch die AD- und anschließende DA-Wandlung das stufenförmige Signal $f_2(t)$. Die Anzahl n der Stufen ist durch die Länge m der vom ADC erzeugten Binärzahl gegeben: $n = 2^m$. In der Abbildung ist angenommen, daß der DAC die glei-

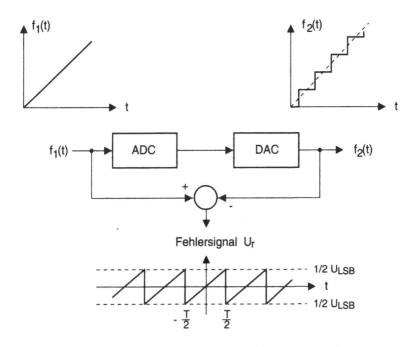

Abb. 12.6. Zur Berechnung des Quantisierungsrauschens

che Auflösung wie der ADC besitzt und daß durch die digitale Übertragung und Verarbeitung kein Verlust an Genauigkeit entsteht. Somit ergibt sich das gezeigte Fehlersignal, wenn man noch voraussetzt, daß die Abtastfrequenz groß gegenüber der Signalfrequenz ist. U_{LSB} ist die Spannung, die der kleinst möglichen Stufe entspricht (LSB = Least Significant Bit).

Zunächst ergibt sich unmittelbar die *Dynamik* der Wandlung, die das Verhältnis von maximaler zu minimaler Signalamplitude ist. Sie ist hier also gerade gleich der Anzahl der Stufen, z.B. bei einer Umwandlung in eine 16 Bit-Binärzahl $2^{16} = 65536 = 96{,}3$ dB.

Das Fehlersignal ergibt eine mittlere Störleistung (bezogen auf den Einheitswiderstand), die sich aus der Sägezahnkurve leicht berechnen läßt:

$$\overline{U_{\mathrm{r}}^2} = \frac{1}{T} \int\limits_{-T/2}^{T/2} U_{\mathrm{r}}^2(t)\mathrm{d}t = \frac{1}{T} \int\limits_{-T/2}^{T/2} U_{\mathrm{LSB}}^2 \left(\frac{t}{T}\right)^2 \mathrm{d}t = \frac{U_{\mathrm{LSB}}^2}{12} \ . \tag{12.3}$$

Ist das Analogsignal ein Sinussignal $U_1(t)$ mit der Amplitude S_1 und wird der Amplitudenbereich von $-S_1$ bis $+S_1$ in n Amplitudenstufen unterteilt, so gilt:

$$U_{1\mathrm{eff}}^2 = \frac{1}{2}S_1^2 = \frac{1}{2}\frac{(nU_{\mathrm{LSB}})^2}{4} = \frac{1}{2}\frac{(2^m U_{\mathrm{LSB}})^2}{4} \ . \tag{12.4}$$

Aus beiden Gleichungen erhält man dann das Signal-Rausch-Verhältnis

$$SNR\,[\text{dB}] = 10\log\frac{U_{1\text{eff}}^2}{U_\text{r}^2} = 6m\,\text{dB} + 1,8\,\text{dB}\ . \qquad (12.5)$$

Zu beachten ist, daß diese Gleichung nur für ein Sinussignal gilt, da andere Signalformen einen anderen Effektivwert besitzen.

12.2 Pulsmodulation (PM)

In der Praxis der technischen Signalübertragung hat man sich nach den reinen analogen Verfahren (s. Kap. 8 über analoge Signalübertragung) zunächst der Übertragung von abgetasteten Signalen ohne die digitale Verarbeitung zugewandt. Dies sind die verschiedenen Verfahren der *Pulsmodulation*.

Bei diesen Verfahren wird eine periodische Impulsfolge durch das analoge Signal moduliert, wobei sich vier verschiedene Möglichkeiten ergeben, wie in Abb. 12.7 dargestellt:

– Pulsamplitudenmodulation (PAM).

Hier erhalten die Impulse den zum Abtastzeitpunkt vorhandenen Amplitudenwert.

– Pulsphasenmodulation (PPM).

Die Phasenverschiebung jedes einzelnen Impulses entspricht dem zum Abtastzeitpunkt gültigen Amplitudenwert.

– Pulsdauermodulation (PDM).

Die Impulsbreite wird proportional zum Wert der zum Zeitpunkt der Abtastung gültigen Amplitude eingestellt.

– Pulsfrequenzmodulation (PFM).

Bei diesem Verfahren wird die Impulsfrequenz durch die Amplitude des abgetasteten Signales verändert.

Gegenüber der Modulation eines sinusförmigen Trägers benötigt ein impulsmoduliertes Signal eine sehr viel größere Bandbreite. Um trotzdem einen vorhandenen Übertragungskanal mit ausreichender Bandbreite mehrfach wie beim Frequenzmultiplexverfahren ausnutzen zu können, setzt man das *Zeitmultiplexverfahren* ein, bei dem mehrere impulsförmige Träger mit ihrem Modulationsinhalt zeitlich gegeneinander versetzt werden, so daß letzlich kein Nachteil gegenüber dem Frequenzmultiplexverfahren besteht. Ein Vorteil des Zeitmultiplexverfahren liegt darin, daß an die Linearität des Übertragungskanales keine so hohen Anforderungen wie beim Frequenzmultiplexverfahren gestellt werden müssen, bei dem Nichtlinearitäten zu einer unerwünschten Intermodulation zwischen den einzelnen Signalen führen.

In Bezug auf die Störsicherheit sind PDM und PFM die geeignetsten Verfahren. Die PM-Verfahren sind vielfältig im Einsatz. So stellt die PFM im Prinzip das Aufzeichnungverfahren von digitalen Daten auf magnetische Datenträger (Diskette, Festplatte, Magnetband) dar. In der Weitverkehrstechnik muß insbesondere für die drahtlose Übertragung das PM-Signal noch auf einen Sinus-Träger aufmoduliert werden.

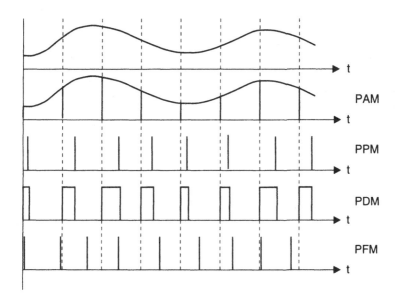

Abb. 12.7. Die Verfahren der Pulsmodulation

Für die modernen Verfahren der Informationsübertragung setzt sich jedoch die Einbeziehung der digitalen Verarbeitung durch, da sie, wie oben angedeutet, wesentliche Vorteile mit sich bringen. Die hierzu notwendigen Komponenten werden im folgenden beschrieben.

12.3 Abtast-Halte-Schaltungen

Eine Abtast-Halte-Schaltung hat die Aufgabe, zu einem bestimmten Zeitpunkt einen Probenwert aus einem Signal zu nehmen und ihn mindestens für die Zeitdauer der Analog-Digital-Wandlung festzuhalten. Eine solche Schaltung (s. Abb. 12.8), besteht im Prinzip aus einem Spannungsfolger am Eingang, einem schnellen Schalter, einem Kondensator, auf dem der Probenwert gespeichert wird, und einem Spannungsfolger am Ausgang. Die Schaltung kann auf zweierlei Weise betrieben werden: Entweder wird der Schalter nur kurzzei-

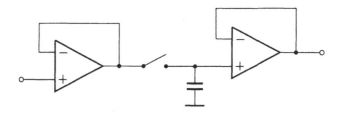

Abb. 12.8. Prinzip einer Abtast-Halte-Schaltung

tig zum Aufladen des Speicherkondensators auf das Eingangssignal geschlossen, oder der Schalter ist geschlossen, so daß die Spannung am Kondensator dem Eingangssignal folgen kann, und der Schalter wird zum Abtastzeitpunkt geöffnet, so daß das dann anliegende Signal festgehalten wird. Diese beiden Betriebsarten werden als *Sample and Hold* bzw. *Track and Hold* bezeichnet.

Der Spannungsfolger am Eingang mit seinem niedrigen Ausgangswiderstand, einem möglichst hohen Ausgangsstrom und einer großen Slewrate muß den Speicherkondensator in möglichst kurzer Zeit über den geschlossenen Schalter aufladen. Die Aufladezeit des Kondensators wird neben den Eigenschaften des Spannungsfolgers durch den endlichen Ein-Widerstand R_{on} des geschlossenen Schalters begrenzt. Ist die Aufladung nur durch diesen Widerstand bestimmt, so ist die Einstellzeit t_e durch $t_e = R_{on}C \cdot G$ gegeben. Der Faktor G hängt von der gewünschten Einstellgenauigkeit ab. Er beträgt 4,6 bzw. 6,9 für eine Genauigkeit von 1% bzw. 0,1%. Zu Erreichung einer kurzen Aufladezeit ist hiernach ein kleiner Kondensator günstig.

Die Anforderungen an den Schalter sind kleiner Ein-Widerstand, sehr großer Aus-Widerstand und hohe Schaltgeschwindigkeit. Außerdem ist eine kleine Kapazität zwischen den Schalterenden im Aus-Zustand wichtig, damit im Aus-Zustand das Ausgangssignal des Eingangsspannungsfolgers nicht auf den Speicherkondensator überkoppeln kann. Als Schalter können Schaltungen mit Dioden oder FETs zum Einsatz kommen.

Der Kondensator muß den gespeicherten Signalwert halten. Durch den endlichen Aus-Widerstand des Schalters, durch Isolationsverluste im Kondensator und durch den Eingangsstrom des Ausgangsspannungsfolgers ist jedoch eine teilweise Entladung unvermeidlich, die durch den Begriff *Haltedrift* spezifiziert wird. Für den Spannungsfolger wird deshalb ein Verstärker mit FET-Eingang eingesetzt. Die Entladung kann durch einen möglichst großen Kondensator reduziert werden. Das steht jedoch im Widerspruch zur Erzielung einer hohen Einstellgeschwindigkeit. Es muß daher für jeden Anwendungsfall ein Kompromiß zwischen der Einstellgeschwindigkeit und der Haltedrift gefunden werden.

12.4 Analog-Digital-Wandler (ADC)

Ein ADC soll einen analogen Signalwert in eine dazu proportionale Zahl umwandeln. Bei den eingesetzten Verfahren kann man verschiedene Methoden unterscheiden.

12.4.1 Parallelverfahren = Flash-ADC

Beim Parallelverfahren vergleicht man die Eingangsspannung mit n Referenzspannungen und stellt fest, zwischen welchen Spannungsstufen sie liegt. Die Prinzipschaltung Abb. 12.9 zeigt eine Möglichkeit dieses Verfahrens. Aus

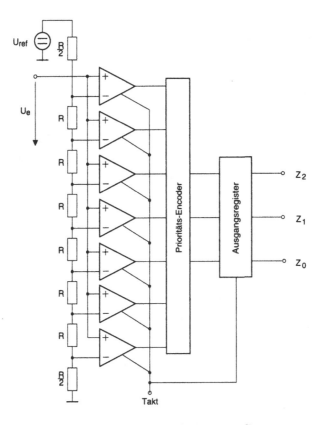

Abb. 12.9. Prinzip des Flash-ADCs

einer Referenzquelle werden über einen Spannungsteiler die nötigen Spannungsstufen hier für $n = 8$ erzeugt und mit der Eingangsspannung über $n - 1$ Komparatoren mit diesen Stufen verglichen wird. Zu einem durch den Takt gegebenen Zeitpunkt werden die Komparatorausgänge freigegeben. Durch den sog. Prioritätsencoder wird die Nummer der höchsten, angesprochenen Komparatorstufe in eine Dualzahl umgewandelt. Diese Dualzahl wird in einem Ausgangsregister gespeichert. Durch eine geeignete Steuerung des Taktsignales kann zur Erhöhung der Umwandlungsgeschwindigkeit ein Freigeben der Komparatorausgänge erfolgen, während das letzte Ergebnis noch im Ausgangsregister steht. Eine analoge Sample/Hold-Schaltung ist hier nicht erforderlich, da eine rein digitale Speicherung bei der Taktflanke erfolgt.

Der große Vorteil dieser Schaltung besteht darin, daß die AD-Wandlung in einem Schritt („flash") ausgeführt wird. Von Nachteil ist jedoch der hohe Schaltungsaufwand. So sind z.B. für einen ADC mit einer Auflösung von 8 bit 255 Komparatoren erforderlich. Da hier sehr hohe Abtastfrequenzen angestrebt werden, wird sehr oft die Schaltung in ECL-Technologie hergestellt.

So gibt es ADCs mit 8 bit Auflösung und einer Abtastrate von einigen 100 MHz.

Mit dem Prinzip der *Stufenumsetzung* Abb. 12.10 kann der Aufwand erheblich erniedrigt werden, man verliert allerdings an Umwandlungsgeschwindigkeit. Diese Prinzip ist auch unter dem Namen „Half-Flash"-Wandlung oder auch „Subranging"-Verfahren bekannt. Dazu wird die Umwandlung in einem ersten Flash-ADC grob durchgeführt und die so gewonnene Dualzahl in einem DAC in eine Analogspannung zurückgewandelt. Diese Spannung wird von der Eingangsspannung subtrahiert und die Differenz einem zweiten Flash-ADC zugeführt, der die Feinunterteilung ausführt.

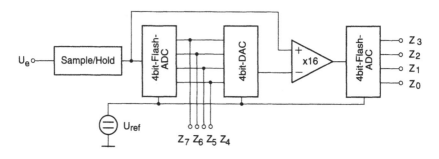

Abb. 12.10. ADC mit Stufenumsetzung

12.4.2 Wägeverfahren = sukzessive Annäherung

Das Prinzip der sukzessiven Annäherung ist in Abb. 12.11 dargestellt. Zu Beginn jeder Umwandlungsphase wird der Speicher gelöscht, d.h. alle Speicherstellen werden auf 0 gesetzt. Dann wird die höchste Speicherstelle auf 1 gesetzt. Der DAC wandelt diese Dualzahl, die der halben maximalen Dualzahl entspricht, in eine Analogspannung um, die so bemessen wird, daß sie gleich der halben maximal möglichen Eingangsspannung ist. Diese Spannung wird mit der Eingangsspannung durch den Komparator verglichen. Ist die Eingangsspannung größer als die DAC-Spannung, so bleibt die Speicherzelle auf 1 gesetzt. Im anderen Fall wird sie wieder gelöscht. In einem nächsten Schritt wird mit der nächst niederen Speicherstelle ebenso verfahren usw. Nach $n+1$ Schritten enthält der Speicher die der Eingangsspannung entsprechende Dualzahl. ADCs nach diesem Verfahren haben typische Auflösungen von 8 bis 16 bit mit Umwandlungszeiten von 0,5 bis 15 μs. Als Technologie wird vorwiegend Bipolar und teilweise CMOS verwendet.

12.4.3 Zählverfahren

Zu den verschiedenen Möglichkeiten dieses Verfahrens gehört in erster Linie das weitverbreitete *Dual-Slope-Verfahren* (s. Abb. 12.12).

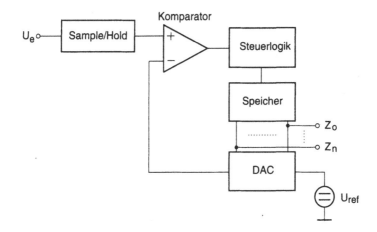

Abb. 12.11. ADC-Prinzip der sukzessiven Annäherung

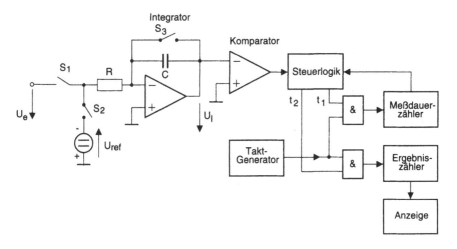

Abb. 12.12. Prinzip des Dual-Slope-Verfahrens

Im Ruhezustand sind die Schalter S_1 und S_2 offen und S_3 geschlossen. Bei Beginn der AD-Wandlung wird S_3 geöffnet und S_1 geschlossen. Damit wird die Eingangsspannung an den Integratoreingang gelegt und integriert. Den Verlauf der Integratorausgangsspannung für zwei verschieden große Eingangsspannungen zeigt das Zeitdiagramm in Abb. 12.13. Die Integration wird für eine durch den Meßdauerzähler festgelegte Zeit t_1 durchgeführt. Am Ende dieser Zeit wird S_1 geöffnet und S_2 geschlossen. Dadurch wird jetzt die konstante, negative Referenzspannung integriert, wobei der Anstieg der Integratorspannung stets der gleiche ist. Diese Integration wird solange fortgesetzt, bis die Spannung Null erreicht ist, was durch den Komparator festgestellt wird. Während dieser Integrationsphase t_2 werden die Impulse des Taktgene-

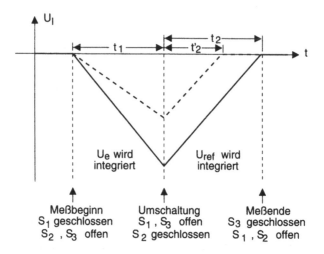

Abb. 12.13. Zeitverlauf bei einem Meßzyklus

rators im Ergebniszähler registriert. Wie aus dem Zeitdiagramm zu ersehen ist, ergeben sich für verschiedene Eingangsspannungen unterschiedliche Zählergebnisse.

Sei T die Periode des Taktgenerators und n_1 die Anzahl der Taktimpulse für den Meßdauerzähler, so gilt: $t_1 = n_1 T$. Nimmt man weiterhin an, daß die Eingangsspannung während der Zeit t_1 konstant bleibt, so folgt für die Integratorspannung U_I nach Ablauf der Zeit t_1:

$$U_I(t_1) = -\frac{1}{RC} \int_0^{t_1} U_e dt = -\frac{U_e n_1 T}{RC} \quad . \tag{12.6}$$

Nach dem Ablauf von t_1 liegt die Referenzspannung an, so daß die Spannung nach der folgenden Gleichung verläuft:

$$U_I(t) = U_I(t_1) + U_{ref} \frac{t}{RC} \quad . \tag{12.7}$$

Hat $U_I(t)$ Null erreicht, ist die Zeit $t_2 = n_2 T$ verstrichen. n_2 ist die Anzahl der gezählten Impulse im Ergebniszähler. Damit gilt:

$$U_{ref} \frac{n_2 T}{RC} = U_e \frac{n_1 T}{RC} \quad \rightarrow \quad n_2 = n_1 \frac{U_e}{U_{ref}} \quad . \tag{12.8}$$

Aus dieser Gleichung wird der große Vorteil dieser Methode ersichtlich: Weder T noch RC treten im Zählergebnis auf. T muß nur während einer Umwandlungsphase konstant sein.

Ist die Eingangsspannung während t_1 nicht konstant, so wird der lineare Mittelwert gebildet. Diese Eigenschaft nutzt man dazu aus, Wechselspannungen, deren Periodendauer ein ganzzahliges Vielfaches der Integrationsdauer t_1 ist, zu unterdrücken. Das wird vor allem zur Eliminierung von Netzbrummstörungen eingesetzt.

Der große Nachteil dieses AD-Verfahrens liegt in der sehr begrenzten Umwandlungsrate von typisch 3 bis einigen 100 Messungen/s. Deshalb wird diese Methode dort herangezogen, wo langsam veränderliche oder konstante Meßergebnisse angezeigt werden sollen. Das ist bei den bekannten Digitalvoltmetern (DVM) der Fall.

Mit zusätzlichen Schaltungen kann das Verfahren noch weiter verbessert werden, wie z.B. automatische Nullpunktskorrektur und automatische Kalibrierung. Durch sorgfältige Schaltungsentwicklung sind Auflösungen von 6 Dezimalstellen und Genauigkeiten im Zehntelpromillebereich möglich.

Für eine hochgenaue Analog-Digital-Wandler von zeitlich langsam veränderlichen Analogsignalen sind die *Spannungs-Frequenz-Wandler = VFC* (Voltage-to-Frequency Converter) geeignet. Wie der Name sagt, wird ein Spannungswert in eine Frequenz umgewandelt. Im Prinzip stellt der VFC einen spannungsgesteuerten Oszillator dar, der eine Impulsfolge, deren Frequenz der angelegten Spannung proportional ist, an seinem Ausgang liefert. Ein anschließender Frequenzzähler kann dann den Spannungswert digital anzeigen.

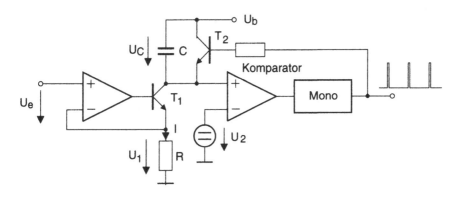

Abb. 12.14. Prinzip des Spannungs-Frequenz-Wandlers

Abbildung 12.14 zeigt das Prinzip des üblicherweise benutzten Umwandlungsverfahrens (Ladungsausgleichverfahren). Als Eingangsschaltung wird ein Spannungsfolger eingesetzt, wobei in den Gegenkopplungszweig die Basis-Emitter-Diode eines Transistors eingefügt ist. Dadurch ist die Spannung U_1 am Emitter praktisch gleich der Eingangsspannung U_e. (Genauer: die Basis-Emitter-Spannung wird um die Schleifenverstärkung v_s reduziert.) Der Strom I durch den Transistor ist also $I = U_e/R$. I lädt den Kondensator C auf die Spannung U_C auf. Da I konstant ist, solange U_e sich nicht ändert, gilt: $U_C = U_e t/RC$. Sobald U_C die Spannung U_2 am Komparator erreicht hat, triggert der Komparatorausgang den Mono-Flop, der einen kurzen Impuls abgibt. Dieser Impuls schaltet T_2 in den Leitzustand, so daß C in einer möglichst kurzen Zeit entladen wird. Hiernach beginnt erneut das Aufladen von C. Der Aufladevorgang läuft umso schneller ab, je größer die Eingangsspannung ist. Ist Δt die Zeit vom Beginn des Aufladevorganges bis zum Entladezeitpunkt, so folgt für die Impulsfrequenz $f = 1/\Delta t = U_e/U_2 RC$. Übliche Werte für den maximalen Frequenzbereich liegen zwischen 100 kHz und 1 MHz.

Den VFC kann man gut als Langzeitintegrator einsetzen, indem die Impulse einfach gezählt werden. Hierbei treten die Driftprobleme wie bei der Verwendung von Integratoren mit Operationsverstärkern nicht auf. Eine weitere Anwendung ergibt sich für den Fall, daß analoge Meßsignale über größere Entfernungen übertragen werden sollen und dabei unter Verwendung von normalen Leitungen große Störungen auftreten. Hier wandelt der VFC das analoge Signal in eine Impulsfolge um, die wesentlich problemloser übertragen werden kann. Auf der Empfangsseite kann dann z.B. ein Frequenzzähler mit nachfolgendem DAC das analoge Signal zurückgewinnen.

12.5 Digital-Analog-Wandler (DAC)

Das einfachste Prinzip einer DA-Wandlung besteht in der Summation gewichteter Ströme entsprechend Abb. 12.15. Die Schalter werden nach den

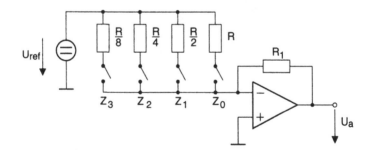

Abb. 12.15. Prinzip eines DACs

Null-Eins-Werten einer in diesem Beispiel 4-stelligen Dualzahl aus- oder eingeschaltet. Dann folgt:

$$U_a = -U_{ref}\frac{R_1}{R}(8Z_3 + 4Z_2 + 2Z_1 + Z_0) \ . \tag{12.9}$$

Diese Schaltung hat für die praktische Realisierung den großen Nachteil, daß die Genauigkeit der Widerstände um so größer sein muß, je höher die Wichtung ist. Soll für die höchste Stelle der Fehler kleiner als die niedrigste Stelle sein, so gilt für den Fehler: $\Delta R/R = 1/2^{n+1}$. Für z.B. $n = 10$ muß eine Genauigkeit von 0,05% gefordert werden. Diese Anforderung ist für die technische Massenfertigung zu hoch.

Deshalb wird eine Schaltung mit fortgesetzter Spannungsteilung mit der Teilung 1:2 eingesetzt. Dabei wird eine Schaltung benutzt, für die der Eingangswiderstand R_e gleich dem Abschlußwiderstand R_a ist. Ein solche Schaltung ist in Abb. 12.16 gezeigt:

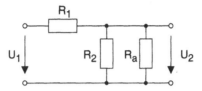

Abb. 12.16. 1:2-Spannungsteiler

$$\frac{U_2}{U_1} = \frac{1}{R_e}\frac{R_2 R_a}{R_2 + R_a} = \frac{R_2}{R_2 + R_a} = \alpha \quad \rightarrow \quad R_a = R_2\frac{1-\alpha}{\alpha} \ .$$

Für den Eingangswiderstand ergibt sich:

$$R_e = R_a = R_1 + \frac{R_2 R_a}{R_2 + R_a} = R_1 + \alpha R_a \quad \rightarrow \quad R_1 = \frac{(1-\alpha)^2}{\alpha}R_2 \ .$$

Für den Dualcode muß $\alpha = 1/2$ sein, und mit der Annahme $R_2 = 2R$ folgt: $R_1 = R$ und $R_a = 2R$. Daraus entsteht dann die Schaltung Abb. 12.17. Die

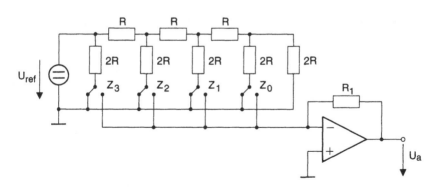

Abb. 12.17. DAC mit fortgesetzter Spannungsteilung

Wechselschalter werden bei dieser Technik meistens durch CMOS-Schalter realisiert. Der Vorteil der Wechselschalter liegt gegenüber der einfachen Schaltung Abb. 12.16 darin, daß die Referenzquelle immer mit dem gleichen Strom belastet wird.

DA-Wandler in Bipolartechnologie, mit denen kürzere Umwandlungszeiten erreicht werden können, benutzen ebenfalls das Wechselschalterprinzip, verbunden mit gewichteten Konstantstromquellen, so daß der Spannungsabfall an den Schaltern nicht zum Tragen kommt.

12.5.1 Kenngrößen bei AD- und DA-Wandlern

Beim praktischen Einsatz der AD- und DA-Wandler müssen ihre Eigenschaften im einzelnen berücksichtigt werden. Der grundsätzliche Quantisierungsfehler ist bereits oben beschrieben. Zu den sog. *statischen Kenngrößen* gehören:

Nullpunktsfehler (Offset-Fehler), wenn die über die Stufen gemittelte Übertragungskennlinie nicht durch den Nullpunkt geht.

Verstärkungsfehler, wenn die Übertragungskennlinie von der Steigung 1 abweicht.

Linearitätsfehler, wenn die Übertragungskennlinie von der Geradenform abweicht. Hier unterscheidet man in totale Nichtlinearität, die die Abweichung von der Geradenform angibt, und differentielle Nichtlinearität, mit der die Abweichung einer einzelnen Stufe vom LSB-Wert angegeben wird. Ist die differentielle Nichtlinearität größer als ein LSB-Wert, so führt sie bei ADCs dazu, daß Zahlen übersprungen werden (Missing Code) und bei DACs zu einem nichtmonotonen Verlauf der Übertragungskennlinie.

Nullpunkts- und Verstärkungsfehler können i.a. abgeglichen werden.

Die *dynamische Kenngröße* ist bei den DACs in erster Linie die Einschwingzeit, die angibt, wie lange es dauert, bis sich der stationäre Wert mit einer Genauigkeit von $1/2\,U_{\mathrm{LSB}}$ eingestellt hat. Falls ein Operationsverstärker nachgeschaltet ist, bestimmt sein Zeitverhalten vorwiegend die Einstellgeschwindigkeit. Sog. Glitches, das sind Störimpulse, können entstehen, wenn die Schalter im DAC nicht alle gleichzeitig schalten.

Bei einem ADC tritt neben der Schaltgeschwindigkeit der Einzelelemente und der teilweise notwendigen Sample-Hold-Schaltung noch durch die zeitliche Unsicherheit des Abtastzeitpunktes (*Apertur-Jitter*) ein zusätzlicher dynamischer Meßfehler auf.

12.5.2 Delta-Sigma-Wandler

In den letzten Jahren hat vor allem im Bereich mittlerer Umwandlungsgeschwindigkeiten (z.B. digitale Audio-Technik) ein neues Prinzip an Bedeutung gewonnen. Dieses neue Prinzip, von seinen Erfindern als *Delta-Sigma-Verfahren* (auch Sigma-Delta-Verfahren oder DS-Verfahren) bezeichnet, wird sowohl für die Analog-Digital- als auch umgekehrt für die Digital-Analog-Wandlung eingesetzt.

Der Vorteil der Delta-Sigma-Wandler gegenüber den bisherigen Wandlern liegt vor allem in der weitgehenden Vermeidung von analogen Schaltungskomponenten, da sie im wesentlichen durch digitale Komponenten aufgebaut werden können. Hier spielen Digitalfilter eine entscheidende Rolle. Diese konnten aber erst durch die moderne hochintegrierte Schaltungstechnologie kostengünstig realisiert werden.

Weiter oben im Kapitel ist gezeigt, daß man unter Beachtung des Abtasttheorems ein analoges, zeitkontinuierliches Signal durch ein zeitdiskretes Signal vollständig darstellen kann. Dabei ist als wesentliche Forderung die Abtastfrequenz mindestens gleich der doppelten maximalen Signalfrequenz zu wählen. Diese notwendige Abtastfrequenz wird auch als *Nyquist-Frequenz* bezeichnet. Die Anzahl der Quantisierungsstufen bestimmt das Signal- Rausch-Verhältnis.

Die Idee, die dem Delta-Sigma-Wandler zugrundeliegt, besteht nun darin, ein bestimmtes Signal-Rausch-Verhältnis nicht durch die Anzahl der Amplitudenstufen zu erreichen, sondern das zeitkontinuierliche Signal mit einer wesentlich höheren Frequenz - man spricht von *Überabtastung* oder *Oversampling* - als der Nyquist-Frequenz abzutasten und dabei nur in einer 1-Bit-Darstellung die Differenz zwischen dem aktuellen und einem vorherigen Signalwert zu benutzen. Es werden also nur 1 und 0 übertragen, jenachdem die Differenz positiv oder negativ ist. So entsteht ein Bitstrom, weshalb solche Wandler auch *Bitstromwandler* genannt werden. Der zeitliche Mittelwert des Bitstromes stellt den analogen Signalwert dar. Mit der Überabtastung (siehe auch Technik der CD [23]) hat man den Vorteil, daß der Abstand zwischen dem Signalspektrum und den periodischen Wiederholungen des Signalspektrums (Aliasband) stark vergrößert wird, so daß die Anforderungen an die Steilheit der analogen Tiefpaßfilter (Antialiasing-Filter) wesentlich geringer sind.

Man kann zeigen, daß das Quantisierungsrauschen durch die Überabtastung ebenso reduziert wird als durch die Verwendung von mehr Amplitudenstufen bei der normalen Abtastung.

13. Mikroprozessoren

Der Mikroprozessor ist ein Bauelement, das im Prinzip in der Lage ist, jeden beliebigen Ablauf von logischen, arithmetischen und sonstigen Funktionsfolgen, die man als Programme bezeichnet, auszuführen. Er stellt in der Reihe der hochkomplexen integrierten Schaltungen die Spitze der technischen Entwicklung dar, die vor über 20 Jahren (1969/70) begann. Heute gibt es eine Vielzahl von verschiedenen Mikroprozessoren, deren Spitzenprodukte die Leistungsfähigkeit früherer Großrechner um ein Vielfaches übertreffen.

Die Mikroprozessoren der ersten Generation (4bit- und 8bit-Prozessoren (die Angabe „n"bit-Prozessoren richtet sich nach der Anzahl der intern parallel verarbeiteten Bits) waren noch relativ einfach aufgebaut. Sie waren in der Lage, die wichtigsten logischen und arithmetischen Befehle, eine Reihe von speicherbezogenen Schreib- und Leseoperationen und einige Datenmanipulationen auszuführen.

Die nachfolgende Prozessorgeneration mit der internen Verarbeitung von 16 bzw. 32 bit erweiterte neben den wesentlich kleineren Befehlsausführungszeiten den Umfang der verfügbaren Befehle sowohl in bezug auf die Anzahl als auch in bezug auf die höhere Komplexität der Befehle. Heute bezeichnet man diese Mikroprozessoren mit ihrem umfangreichen Befehlssatz als *CISC-Prozessoren*. Die Abkürzung CISC steht für Complex Instruction Set Computer. In diese Gruppe gehören z.B. die Prozessoren der 68000-Familie (Hersteller Motorola) mit dem 68000, dem 68010, dem 68020, dem 68030, dem 68040 und dem 68060 und der Intel-Prozessorfamilie 80X86 mit dem 80286, dem 80386, dem 80486 und dem 80586, der unter dem Namen Pentium bekannt ist.

In den letzten Jahren hat man jedoch erkannt, daß insbesondere für die Programmierung moderner Hochsprachen die vielfältigen und teilweise sehr komplexen Befehle der CISC-Prozessoren nicht erforderlich sind, sondern daß man mit einem reduzierten Befehlssatz auskommt, dafür aber eine hohe Verarbeitungsgeschwindigkeit verlangt. Das hat zur Entwicklung der *RISC-Prozessoren* geführt. RISC = Reduced Instruction Set Computer. Diese weichen in ihrer Struktur von den CISC-Prozessoren in verschiedenen Punkten ab. Vertreter dieser Gruppe sind z.B. der SPARC und der PowerPC. Auch die letzten Mitglieder der oben genannten CISC-Familien enthalten bereits Strukturelemente der RISC-Architektur.

13.1 Prinzip des CISC-Mikroprozessors

Der Mikroprozessor besitzt nach außen eine große Anzahl von Anschlüssen, die ihn mit dem notwendigen Speicher und anderen Bausteinen innerhalb eines Computers verbinden. Diese Anschlüsse können in drei Bus-Gruppen eingeteilt werden:

1. *Datenbus.* Über diesen Bus, der bei den bekannten heutigen CISC-Prozessoren in der Regel aus 32 oder sogar 64 (Pentium) Leitungen besteht, tauscht der Mikroprozessor alle Daten und Befehle mit dem Speicher und den sonstigen Bausteinen aus. Dementsprechend sind die Datenleitungen bidirektional.

2. *Adreßbus.* Damit der Mikroprozessor Zugriff auf die gespeicherten Daten hat, muß jedes Byte als kleinste Speichereinheit eindeutig adressiert werden, was durch die Adreßleitungen erfolgt. Auch bei diesem Bus sind 32 Leitungen Standard, so daß im Prinzip $2^{32} = 4$ Gbyte unterschiedliche Adressen angesprochen werden können. Adreßleitungen sind unidirektional.

3. *Kontrollbus.* Für die sichere Übertragung der Daten und Adressen auf den Busleitungen sind eine Reihe von Steuersignalen notwendig. Daneben gibt es je nach Prozessortyp weitere wichtige Kontrolleitungen.

Die innere Struktur eines Mikroprozessors kann im Prinzip in vier Einheiten bzw. Gruppen eingeteilt werden.

1. *Arithmetisch-logische Einheit*, abgekürzt *ALU*, die arithmetische und logische Operationen und Verschiebeoperationen ausführen kann.

2. Schnelle Speichereinheiten, die als *Register* bezeichnet werden. Die wichtigsten sind:

   Befehlsregister,

   div. Adreßregister,

   div. Datenregister,

   Programmzähler,

   Statusregister.

3. *Kontroll- und Steuerlogik*, in der alle nötigen zeitlichen und funktionellen Abläufe erzeugt und koordiniert werden.

4. *Treiber-* und *Empfängerschaltungen* („Puffer" oder „Buffer") für die externen Adreßbus-, Datenbus- und Kontrollbusleitungen.

Die Hinzunahme von externen Einheiten, nämlich Speichern und Ein/Ausgabeeinheiten, macht aus einem Mikroprozessor einen funktionsfähigen Computer. Die Gesamtheit der Schaltungen eines Computers wird als *Hardware* bezeichnet. Der Mikroprozessor selbst wird dann oft aus mehr historischen Gründen die Zentraleinheit = Central Processing Unit = *CPU* genannt.

Die Anweisung, was ein Mikroprozessor ausführen soll, nennt man *Befehl, Instruktion* oder *Operation*. Da der Mikroprozessor auf der binären Logik aufbaut, kann eine Unterscheidung von verschiedenen Befehlen nur durch geeignete Bitkombinationen erfolgen, die als *Befehlscode* (Operationcode) bezeichnet und in einem *Befehlswort* zusammengefaßt werden. Erst die Abfolge von einzelnen Befehlen, die dann ein *Programm = Software* bilden, veranlaßt den Mikroprozessor, seine Hardwareresourcen einzusetzen.

Die klassische Struktur (v. Neumann) eines Computers besteht darin, sowohl die Daten als auch die Programme in gleicher Weise in einem Speicher abzulegen und sie von dorther zu verarbeiten. Da Daten und Befehle beide als Bitkombinationen bestimmter Länge vorliegen und von daher nicht unterscheidbar sind, muß eine Vereinbarung zur Trennung getroffen werden. Dazu dient ein bestimmtes Adreßregister, das den Namen *Programmzähler* (Programm Counter) führt, mit der Festlegung, daß *der Inhalt des Programmzählers die Speicheradresse des nächsten auszuführenden Befehles ist.*

Die Leistungsfähigkeit eines Mikroprozessors wird neben der Ausführungsgeschwindigkeit der Befehle vor allem durch die folgenden drei Eigenschaften bestimmt:

1. Registersatz. Darunter versteht man die internen Register, die dem Benutzer zur Verfügung stehen.
2. Befehlssatz, d.h. welche Befehle im einzelnen zur Verfügung stehen.
3. Adressierungsarten, die angeben, auf welche Weise Daten adressiert werden können.

13.2 Der Mikroprozessor 68000

Im weiteren soll der Mikroprozessor 68000 als ein Beispiel für die Darstellung der Eigenschaften eines Mikroprozessors benutzt werden. Dieser Prozessor ist zwar nach heutigen Maßstäben in bezug auf seine Leistungsfähigkeit veraltet, er weist jedoch eine moderne Struktur auf, die in ihren Grundzügen bei den späteren Nachfolgetypen beibehalten wurde, so daß Programme, die für ihn entwickelt wurden, auch auf den anderen Familienmitgliedern ausgeführt werden können.

Der 68000 wurde von dem amerikanischen Halbleiterhersteller Motorola entwickelt und 1979 auf den Markt gebracht. Er verarbeitet intern 32 bit parallel und führt nach außen 16 parallele Datenleitungen, so daß man ihn als 32bit-Prozessor bezeichnen kann. Zur Adressierung steht ein Adreßbus mit 23 Adreßleitungen und 2 zusätzlichen Signalen zur Verfügung, so daß 16 Mbyte angesprochen werden können.

Abbildung 13.1 zeigt den inneren Aufbau des 68000 im Sinne der oben beschriebenen Struktur. Man erkennt insbesondere, daß sowohl für die Daten- als auch Adressenberechnungen jeweils eine ALU vorhanden ist. Soll ein Befehl ausgeführt werden, so wird er über den Datenbus in das Befehlsregister und den Befehlsdecoder gebracht. Da die verschiedenen Befehle eine ganze Reihe von Einzelvorgängen auslösen, wobei wiederum viele Einzelvorgänge in den Befehlen gleich sind, erzeugt jeder decodierte Befehl eine Adresse in einem sog. *Mikrokontrollspeicher.* Dieser Speicher enthält wiederum Programme, genannt *Mikroprogramm,* die die nötigen Einzelvorgänge

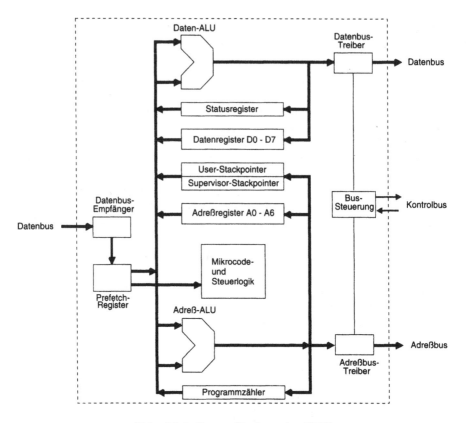

Abb. 13.1. Innere Struktur des 68000

im Mikroprozessor steuern. Diese Methode wird üblicherweise bei den CISC-Prozessoren eingesetzt, und man spricht dann von *mikroprogrammierten Prozessoren.* Beim 68000 erzeugt auch das Mikroprogramm wiederum Adressen für einen *Nanokontrollspeicher,* in dem eine nochmalige Verfeinerung der Einzelvorgänge erfolgt. Erst die Datenleitungen dieses Nanokontrollspeichers steuern die Ausführungseinheit mit ihren 180 Steuerpunkten.

13.2.1 Registersatz

Der 68000 besitzt acht 32 bit breite *Datenregister D0* bis *D7*, die als Byte = 8 bit, Wort = 16 bit oder Langwort = 32 bit angesprochen werden können. Dabei befindet sich das Byte in den Bits 0 ... 7, das Wort in den Bits 0 ... 15 und das Langwort im gesamten Register. Die nächste große Registergruppe wird von den acht ebenfalls 32 bit breiten *Adreßregistern A0* bis *A7* gebildet, Die ersten sieben Register dienen der allgemeinen Verwendung, während das Adreßregister A7 als sog. *Stackpointer* dient und doppelt als *SSP* und *USP* vorliegt. Das Vorhandensein von zwei Stackpointern unter dem gleichen Namen A7 hängt damit zusammen, daß der 68000 zwei Betriebszustände,

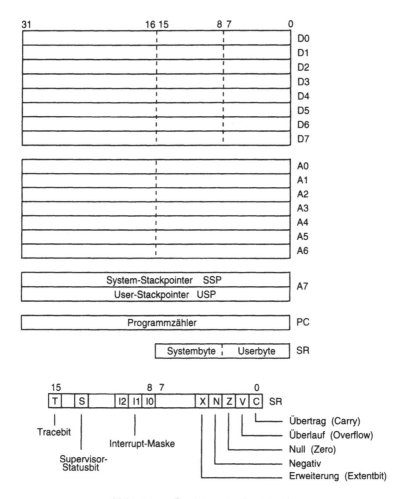

Abb. 13.2. Registersatz des 68000

nämlich den *Supervisormodus* und den *Usermodus* kennt, für die beide ein Stackpointer verfügbar sein muß. Im Supervisormodus sind alle Befehle erlaubt, während im Usermodus einige Befehle verboten sind. Die Bedeutung des Stackpointers wird später deutlich. Adreßregister können in Wort- oder Langwortlänge benutzt werden. Ein weiteres Adreßregister ist der 32 bit breite *Programmzähler PC*. Über bestimmte innere Zustände des Mikroprozessors gibt das *Statusregister SR* Auskunft. Es besteht aus zwei Teilen, dem Systembyte und dem Userbyte. Auf das Systembyte darf nur im Supervisormodus verändernd zugegriffen werden. Im Userbyte des Statusregisters geben die einzelnen Bits das Ergebnis von Befehlsausführungen wieder. Der 68000 gestattet die schrittweise Befehlsausführung zu Diagnostikzwecken. Hierbei wird das Tracebit gesetzt. Das Supervisorbit ist gesetzt, wenn sich der Mikroprozessor im Supervisorzustand befindet. Die Bedeutung der Interruptmaske wird später erklärt.

13.2.2 Befehlssatz

Der 68000 besitzt 57 Grundbefehle, von denen die wichtigsten in Tab. 13.1 aufgeführt sind. Kombiniert man die verschiedenen Befehlstypen, Datentypen und Adressierungsarten so ergeben sich insgesamt über 1000 sinnvolle Einzelbefehle. Der größte Teil der Befehle ist nach einem einheitlichen Schema aufgebaut (s. Abb. 13.3). Der eigentliche Befehlscode ist immer durch

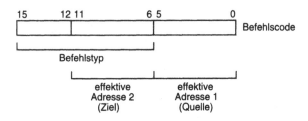

Abb. 13.3. Aufbau des Befehlscodes des 68000

das 1. 16 bit lange Wort eines Befehles gegeben. Die auf den Befehlscode bis zu 4 folgenden Worte haben verschiedene Bedeutung, die durch die spezielle Adressierungsart gegeben ist.

Befehle wirken auf *Operanden*, die in Registern oder externen Speicherstellen abgelegt sind. Sie sind entweder die *Quelle* oder das *Ziel* eines Befehles. Die Unterscheidung der möglichen Adressierungsarten erfolgt im Befehl selbst und wird durch die sog. *effektive Adresse EA* des Operanden festgelegt. Diese effektive Adresse ist 6 bit lang. Bei registerbezogener Adressierung wird mit den höheren 3 Bits die Adressierungsart spezifiziert und mit den anderen 3 Bits die Registernummer. Eine Reihe von Befehlen sind sog. *Zweiadreßbefehle*, da sie sowohl einen Quell- als auch einen Zieloperanden aufweisen.

Für die Bezeichnung der Befehle werden abgekürzte, symbolische Namen (Mnemonik) benutzt. Diese Schreibweise zusammen mit der Angabe der effektiven Adressen für Ziel und/oder Quelle nennt man die *Assembler-Sprache* oder auch die *Maschinen-Sprache*, obgleich diese eigentlich die Darstellung der Befehle durch Bitkombinationen ist. Das typische Format eines Assemblerbefehles ist in vier Felder aufgeteilt:

Adreßfeld	Befehlscode (Mnemonik)	Operandenfeld	Kommentar
	move.x	<EA1>,<EA2>	
		Quelle → Ziel	

x bezeichnet die Operandengröße: b = Byte, w = Wort, l = Langwort. Die Bedeutung des Adreßfeldes ist für das Schreiben von Assemblerprogrammen wichtig, wie weiter unten an Beispielen gezeigt wird.

Tab. 13.1. Die wichtigsten Assembler-Befehle

Mnemonic	Beschreibung	Operation
ADD	Add Binary	Ziel-Operand + Quell-Operand $\rightarrow$ Ziel
ADDA	Add Address	Ziel-Operand + Quell-Operand $\rightarrow$ Ziel
AND	AND-Operation	Ziel-Operand $\wedge$ Quell-Operand $\rightarrow$ Ziel
ASL, ASR	Arithmetic Shift	Ziel-Operand verschoben $\rightarrow$ Ziel
B_{CC}	Branch Conditionally	Wenn CC erfüllt: PC +d $\rightarrow$ PC
BRA	Branch Always	PC + d $\rightarrow$
BSR	Branch to Subroutine	PC $\rightarrow$ –SP, PC + d $\rightarrow$ PC
CLR	Clear an Operand	0 $\rightarrow$ Ziel
CMP	Compare	Ziel-Operand – Quell-Operand
DB_{CC}	Test Condition, Decrement and Branch	Wenn CC nicht erfüllt: $D_n - 1 \rightarrow D_n$, wenn $D_n \neq -1$: PC + d $\rightarrow$ PC
DIVS	Signed Divide	Ziel-Operand/Quell-Operand $\rightarrow$ Ziel
DIVU	Unsigned Divide	Ziel-Operand/Quell-Operand $\rightarrow$ Ziel
EOR	Exclusive OR	Ziel-Operand $\oplus$ Quell-Operand $\rightarrow$ Ziel
JMP	Jump	Ziel $\rightarrow$ PC
JSR	Jump to Subroutine	PC $\rightarrow$ –SP, Ziel $\rightarrow$ PC
LEA	Load Effective Address	Ziel $\rightarrow$ A_n
LSL, LSR	Logical Shift Left/Right	Ziel-Operand verschoben $\rightarrow$ Ziel
MOVE	Move Data from Source to Destination	Quell-Operand $\rightarrow$ Ziel
MULS	Signed Multiply	Ziel-Operand * Quell-Operand $\rightarrow$ Ziel
MULU	Unsigned Multiply	Ziel-Operand * Quell-Operand $\rightarrow$ Ziel
NEG	Negate	0 - Ziel-Operand $\rightarrow$ Ziel
NOT	NOT-Operation	Ziel-Operand-Bits umgekehrt $\rightarrow$ Ziel
OR	OR-Opration	Ziel-Operand $\vee$ Quell-Operand $\rightarrow$ Ziel
ROL, ROR	Rotate Left/Right	Ziel-Operand rotiert $\rightarrow$ Ziel
RTE	Return from Exception	SP++ $\rightarrow$ SR, SP++ $\rightarrow$ PC
RTS	Return from Subroutine	SP++ $\rightarrow$ PC
SUB	Subtract Binary	Ziel-Operand – Quell-Operand $\rightarrow$ Ziel

Bei den zu Steuerung des Programmablaufes wichtigen Branchbefehlen B_{CC} gibt es eine ganze Reihe von Bedingungen für Programmverzweigungen, wie aus Tab. 13.2 zu entnehmen ist. Die einzelnen Bedingungen werden aus den Zuständen der Bits N (Negative-Bit), Z (Zero-Bit), V (Overflow-Bit) und C (Carry-Bit) aus dem Statusregister abgeleitet. Diese Bits werden bei der Ausführung von den meisten Befehlen je nach dem Ergebnis des Befehles verändert. Ist z.B. bei dem SUB-Befehl das Ergebnis 0, so wird das Z-Bit auf 1 gesetzt. Ein folgender BEQ-Befehl (Branch if Equal Zero) würde dann eine Programmverzweigung zur Folge haben.

Tab. 13.2. Mögliche Bedingungen bei Branch-Befehlen

Bedingung	Beschreibung	Prüfung
CC	Carry-Bit gelöscht	$C = 0$?
CS	Carry.Bit gesetzt	$C = 1$?
EQ	gleich Null	$Z = 1$?
F	falsch	niemals wahr
GE	größer oder gleich	$N \oplus V = 0$?
GT	größer	$Z \vee (N \oplus V) = 1$?
HI	höher	$C \vee Z = 0$?
LE	kleiner oder gleich	$Z \vee (N \oplus V) = 1$?
LS	niedriger oder gleich	$C \vee Z = 1$?
LT	weniger	$N \oplus V = 1$?
MI	negativ	$N = 1$?
NE	ungleich Null	$Z = 0$?
PL	positiv	$N = 0$?
T	wahr	immer wahr
VC	kein Overflow	$V = 0$?
VS	Overflow	$V = 1$?

13.2.3 Adressierungsarten

Zur Klärung der Bedeutung der effektiven Adresse müssen die Adressierungsarten im einzelnen betrachtet werden, von denen der 68000 14 verschiedene Möglichkeiten aufweist, die in den folgenden Abbildungen erklärt werden.

Bei den Adressierungsarten kann zwischen der *direkten Adressierung* und der *indirekten Adressierung* unterschieden werden. Bei der direkten Adressierung folgt auf das Befehlswort im Speicher unmittelbar die Adresse des Operanden, auf den der Befehl wirken soll. Im Gegensatz dazu wird bei der indirekten Adressierung teilweise im Befehlswort selbst und/oder in darauffolgenden Worten nur die Methode der Adressenberechnung angegeben.

13.2.4 Direkte Adressierung

Bei dieser Adressierung gibt es vier verschiedene Unterarten, die sich dadurch ergeben, ob der Operand sich im Speicher oder einem Register innerhalb des Mikroprozessors befindet, und eine spezielle Adressierung eines Operanden.

13.2.4.1 Direkte Adressierung mit einer 16 bit langen Adresse. Die 16 bit lange Adresse des Operanden folgt unmittelbar auf das Befehlscodewort (s. Abb. 13.4). Der Hersteller des 68000, Motorola, nennt diese Adressierung „absolut kurz". Mit einer 16 bit langen Adresse können 64k Speicherstellen angesprochen werden, wobei es hier eine Besonderheit gibt: Im 68000 werden Adressen intern stets mit 32 bit verarbeitet, da die Breite der Adreßregister 32 bit beträgt. Die Adressen bei der hier betrachteten Adressierung laufen nur von 0 bis $FFFF. Sobald die Adresse $8000 erreicht ist (dann ist das

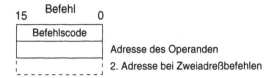

Abb. 13.4. Direkte Adressierung mit einer 16 bit langen Adresse

höchstwertige Bit 1), werden die höheren Adreßbits auf 1 gesetzt, so daß intern die Adresse $FFFF8000 entsteht („Sign Extension"). Nach außen gibt der 68000 jedoch nur eine 24 bit breite Adresse, so daß die interne Adresse als $FF8000 auf dem Adreßbus erscheint. Dieses Verfahren hat zur Folge, daß der 64k breite Adreßbereich in einen Bereich 0 bis $0FFF und einen Bereich $FF8000 bis $FFFFFF aufgeteilt wird. Der obere dieser beiden Bereiche wird sehr häufig als Adreßbereich für Ein/Ausgabe-Bausteine verwendet, weshalb dieser Bereich als „short-i/o-range" bezeichnet wird.

13.2.4.2 Direkte Adressierung mit einer 32 bit langen Adresse. Hier wird die Adresse des Operanden aus zwei, auf das Befehlswort folgende Teiladressen gebildet, wobei die höherwertige Teiladresse an der ersten Stelle liegt (s. Abb. 13.5). Motorola spricht bei dieser Adressierung von „absolut lang".

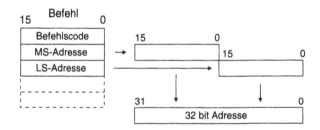

Abb. 13.5. Direkte Adressierung mit einer 32 bit langen Adresse

13.2.4.3 Direkte Adressierung eines Datenregisters. Der Befehl besteht hier nur aus einem Wort, wenn an dem Befehl nur Datenregister beteiligt sind (s. Abb. 13.6). Ist bei einem Zweiadreßbefehl ein Operand im Speicher, so folgen auf das Befehlswort ein oder zwei Adreßworte, je nachdem es sich um eine kurze (16 bit) oder lange (32 bit) Adresse handelt.

13.2.4.4 Direkte Adressierung eines Adreßregisters. Diese Adressierung wird benutzt, wenn die Quelle oder das Ziel eines Befehles ein Adreßregister ist. Sie unterscheidet sich von der vorherigen Adressierung dadurch, daß die Operandengröße nur Wort oder Langwort sein kann. Ist die Operandengröße Wort, so werden im Zielregister die oberen Adreßbits (Bit 16 bis 31) dann auf 1 gesetzt, wenn im Operanden das höchstwertige Bit 1 ist, vgl.

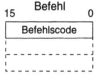

Abb. 13.6. Direkte Adressierung eines Datenregisters

die Adressierung „absolut kurz". Das Befehlsformat ist ansonsten das gleiche wie bei der direkten Adressierung eines Datenregisters.

13.2.4.5 Unmittelbare Adressierung eines Operanden. Diese Adressierung, die auch als „Konstantenadressierung" bezeichnet wird, bietet die Möglichkeit, einen Operanden der Größe Byte, Wort oder Langwort direkt nach dem Befehlswort anzugeben (s. Abb. 13.7).

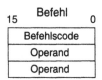

Abb. 13.7. Unmittelbare Adressierung eines Operanden

13.2.5 Indirekte Adressierung

Die indirekte Adressierung zeichnet sich dadurch aus, daß im Befehlswort die Berechnungsmethode für die Operandenadresse angegeben wird. Dabei ist immer mindestens ein Adreßregister beteiligt. Indirekte Adressierungen unter Benutzung von Adreßregistern haben wesentliche Vorteile gegenüber direkten Methoden.

13.2.5.1 Indirekte Adressierung mit einem Adreßregister. Die Adresse des Operanden befindet sich hier in einem Adreßregister (s. Abb. 13.8). Das bezogene Adreßregister wird in der Assemblerschreibweise als Zeichen für die indirekte Adressierung in Klammern gesetzt.

13.2.5.2 Indirekte Adressierung mit einem Adreßregister und Postinkrement. Diese Adressierung ist eine Erweiterung der vorherigen, indem die in einem Adreßregister befindliche Operandenadresse nach der Ausführung des Befehles automatisch um die Operandengröße (1, 2 oder 4) erhöht wird (s. Abb. 13.9). Wie weiter unten an Programmbeispielen deutlich wird, ist diese Adressierung und auch die folgende bei der Verarbeitung von Datenfeldern sehr nützlich.

Abb. 13.8. Indirekte Adressierung über ein Adreßregister

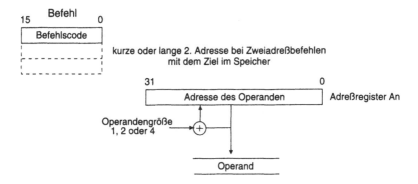

Abb. 13.9. Indirekte Adressierung über ein Adreßregister mit Postinkrement

13.2.5.3 Indirekte Adressierung mit einem Adreßregister und Pre-dekrement. Im Unterschied zu der obigen Methode wird hier die Operandenadresse in dem bezogenen Adreßregister um die Operandengröße erniedrigt, bevor der Befehl ausgeführt wird (s. Abb. 13.10). Diese und die obige Adressierungsmethode dienen der Verwaltung von *Stacks*, s. weiter unten.

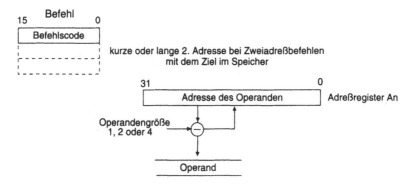

Abb. 13.10. Indirekte Adressierung über ein Adreßregister mit Predekrement

13.2.5.4 Indirekte Adressierung mit einem Adreßregister und einer Adreßdistanz. Die Operandenadresse wird hier durch die Addition des Inhaltes eines Adreßregisters und eines Wortes = Adreßdistanz („Offset"), das direkt auf das Befehlswort folgt, gebildet, indem die Adreßdistanz als eine vorzeichenbehaftete Zweierkomplementzahl interpretiert wird (s. Abb. 13.11).

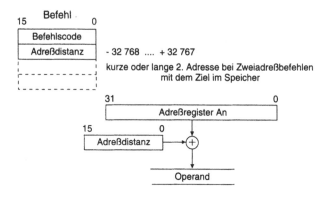

Abb. 13.11. Indirekte Adressierung über ein Adreßregister mit Adreßdistanz

13.2.5.5 Indirekte Adressierung mit einem Adreß-, einem Indexregister und einer Adreßdistanz. Mit dieser Methode (s. Abb. 13.12), werden die meisten Möglichkeiten, einen Operanden anzusprechen, geboten. Die Operandenadresse berechnet sich aus der Summe des Inhaltes eines Adreßregisters, einer vorzeichenbehafteten 8 bit langen Adreßdistanz und dem vorzeichenbehafteten Inhalt eines Indexregisters. Dabei kann das Indexregister sowohl ein Daten- als auch ein Adreßregister sein. Zusätzlich kann für das

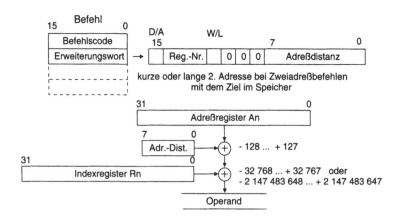

Abb. 13.12. Indirekte Adressierung über ein Adreßregister mit Adreßdistanz und Indexregister

Indexregister die Größe Wort oder Langwort gewählt werden. Für alle diese Angaben reicht das Befehlwort nicht aus. Deshalb wird ein Erweiterungswort angehängt.

13.2.5.6 Indirekte Adressierung mit Bezug auf den Programmzähler. Der Programmzähler (PC) ist ebenfalls ein Adreßregister aber mit der besonderen Bedeutung, daß sein Inhalt die Adresse des nächsten Befehles in einem Programm ist. Als Adreßregister kann er ebenso wie die allgemeinen Adreßregister A0 bis A7 für die indirekte Adressierung herangezogen werden. Wegen der Besonderheit des PCs spricht man jedoch von *PC-relativer Adressierung*. Im Prinzip sind die beiden PC-relativen Adressierungen, „PC-relativ mit Adreßdistanz" (s. Abb. 13.13), und „PC-relativ mit Index und Adreßdistanz" genauso aufgebaut wie die entsprechenden, oben behandelten Adressierungsarten.

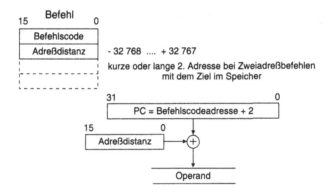

Abb. 13.13. PC-relative Adressierung mit Adreßdistanz

Es besteht jedoch ein wichtiger Unterschied: Da der PC nach der Befehlsdecodierung schon auf das folgende Wort zeigt, ist sein Inhalt um 2 erhöht. Dieser so entstehende Inhalt ist die Basisadresse für die weitere Bestimmung der Operandenadresse.

Diese Adressierung ist sehr wichtig, da sie es ermöglicht, in einem Programm keine absoluten Adressen zu verwenden. Solche Programme nennt man *verschiebbar* oder *relokativ*, da sie beliebig in einem Speicher abgelegt werden können. Diese Möglichkeit ist für moderne Computerkonzepte unerläßlich.

13.2.5.7 Branch-Befehle. Die Branch-Befehle benutzen für die Angabe der Sprungadresse ebenfalls die PC-relative Adressierung mit einer vorzeichenbehafteten Adreßdistanz, die 8 oder 16 bit lang sein kann, wobei die 8 bit lange Distanz im Befehlswort selbst untergebracht ist und die 16 bit lange Distanz auf das Befehlswort folgt.

13.2.6 Unterprogramme, der Stack

Programmteile, die in einem größeren Programm an verschiedenen Stellen in identischer Form auftreten, werden nur einmal als *Unterprogramme* formuliert. Damit ein Unterprogramm innerhalb eines Hauptprogrammes aufgerufen werden kann, gibt es die Befehle *BSR = Branch to Subroutine* und *JSR = Jump to Subroutine*. BSR benutzt die PC-relative Adressierung. Dadurch ist der Adreßabstand zwischen der aufrufenden Programmstelle und dem Beginn des Unterprogrammes auf einen Bereich −32768 .... +32767 begrenzt. JSR kann dagegen die direkte Adressierung und die indirekte Adressierung mit Ausnahme der Postinkrement- und Predekrementadressierung einsetzen.

BSR und JSR laden den Programmzähler PC mit der Anfangsadresse des Unterprogrammes, so daß der Prozessor als nächste Operation den ersten Befehl des Unterprogrammes ausführt (s. Abb. 13.14). Damit nun der Prozessor nach der Beendigung des Unterprogrammes an der richtigen Stelle im Hauptprogramm fortfahren kann, muß der Inhalt des PCs vor dem Sprung zum Unterprogramm gespeichert werden. Dazu dient der sog. *Stack*, auch Stapel- oder Kellerspeicher genannt, der sich im Speicher an irgendeiner sinnvollen Adresse befindet. Diese Adresse wird durch den Inhalt des Adreßregisters $A7 = Stackpointer\ SP$ festgelegt. BSR und JSR bewirken das Retten der

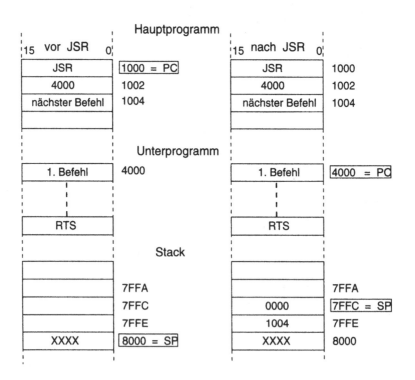

Abb. 13.14. Unterprogrammaufruf

Rücksprungadresse auf dem Stack. Am Ende eines Unterprogrammes muß
der Befehl *RTS = Return from Subroutine* eingesetzt werden, der die Rücksprungadresse wieder in den PC einlädt, so daß das Hauptprogramm an der
richtigen Stelle fortgesetzt wird (s. Abb. 13.15).

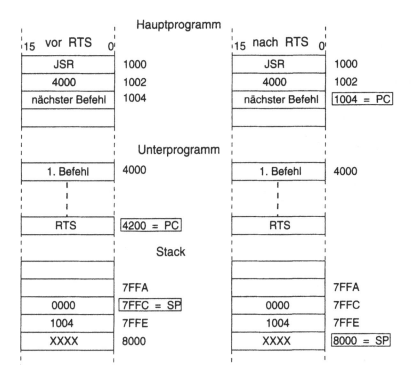

Abb. 13.15. Rücksprung zum Hauptprogramm

Die Stackoperationen laufen in folgender Weise ab: Bevor die Rücksprungadresse auf dem Stack abgelegt wird, wird der Stackpointer entsprechend der
Adressierungsart „indirekte Adressierung mit Predekrement" um 4 erniedrigt
(der PC ist 4 byte lang). Beim Zurückholen der Rücksprungadresse durch den
Befehl RTS wird anschließend der Stackpointer mit der Adressierung „indirekte Adressierung mit Postinkrement" um 4 erhöht. Aus dieser Arbeitsweise
wird die Bezeichnung „Stack oder Stapelspeicher" oder auch „Last-In-First-
Out = LIFO" verständlich.
    Der Stack wird keineswegs nur für den Unterprogrammablauf benutzt. Er
dient ganz allgemein für das temporäre Zwischenspeichern von Daten, wo von
in Programmen intensiver Gebrauch gemacht wird.

13.2.7 Programmbeispiele

Die folgenden Programmbeispiele sollen zeigen, wie eine Reihe von Befehlen im Zusammenhang mit den Adressierungsarten eingesetzt werden. Die Beispiele sind als Unterprogramme geschrieben worden, bei denen die Parameter in Registern übergeben werden. Alle sonst im Unterprogramm benutzten Register werden auf dem Stack beim Eintritt in das Unterprogramm abgelegt und vor dem Verlassen wieder zurückgeladen.

13.2.7.1 1. Beispiel. Inkrementieren aller Speicherplätze in einem Speicherbereich mit bestimmter Länge. Die Startadresse des Speicherbereiches wird in A0 und die Länge in D0 übergeben. In diesem Programm wird der Befehl DBRA benutzt, der zu der Gruppe der DBcc-Befehle gehört und nur einen Schleifenzähler bildet, während die anderen DBcc-Befehle außerdem noch eine Bedingung prüfen.

```
        movem.l   d0/a0,-(a7)      benutzte Register retten
        subq      #1,d0            d0 = Schleifenzaehler
loop    addq.b    #1,(a0)+         Speicherstelle inkrementieren
        dbra      d0,loop          Zaehlschleife
        movem.l   (a7)+,d0/a0      Register zuruecksetzen
        rts
```

13.2.7.2 2. Beispiel. Berechnung einer ganzzahligen Wurzel aus einer positiven 16 bit langen Zahl Y. Die Berechnung erfolgt durch eine Iterationsformel:

$$X_{i+1} = \frac{1}{2}\left(X_i + \frac{Y}{X_i}\right) \ .$$

Die Iteration soll max. 1000 Schritte durchlaufen oder abbrechen, wenn $X_{i+1} = X_i$. Die Zahl Y wird in D0 übergeben. Es wird mit $X_1 = 1$ gestartet. Am Programmende enthält D1 die errechnete Wurzel. In D2 steht der Unterschied zwischen dem Quadrat der Wurzel und Y.

```
        tst.w     d0               Y = 0?
        beq       null             ja
        movem.l   d3/d5,-(a7)      Register retten
        and.l     #$0000ffff,d0    oberes Wort loeschen wg. divu
        move.l    d0,d2            Y kopieren
        move.q    #1,d1            Startwert X = 1
        move.w    #999,d5          Schleifenzaehler

loop    move.w    d1,d3            d3 = X(i)

        divu      d1,d0            Y/X(i), Ergebnis in d0
        add.w     d0,d1            Y/X(i) + X(i)
        asr.w     #1,d1            Division durch 2
        move.l    d2,d0            d0 wieder auf Y setzen
```

```
        sub.w    d1,d3           X(i+1) - X(i),
                                 Ergebnis in d3
        dbeq     d5,loop
        move.w   d1,d3
        mulu     d1,d3           X(i+1)*X(i+1)
        sub.w    d3,d2           Differenz zu Y
        movem.l  (a7)+,d3/d5     Register zurueckschreiben
        rts

null    clr.w    d1              wenn Y = 0
        clr.w    d2
        rts
```

13.2.7.3 3. Beispiel. Umwandlung einer Hexadezimalzahl in eine ASCII-Zeichenkette, die über einen UART-Baustein (s. später) ausgegeben werden soll. Die Startadresse der Hexzahl wird in A0 und die Anzahl der Bytes in D1 übergeben. Das eigentliche Ausgabeprogramm wird hier nicht weiter betrachtet.

```
        movem.l  d0-d2/a0/a1,-(a7) Register retten
        lea      table(pc),a1     a1 = Tabellenanfang
        subq     #1,d1            Schleifenzaehler
        crl.l    d0               d0 loeschen

loop    move.b   (a0),d0          1. Byte
        lsr.b    #4,d0            obere 4 Bits verschieben
        move.b   (a1,d0),d2       ASCII-Zeichen nach d2
        bsr      out              Ausgabeprogramm

        move.b   (a0)+,d0         Byte wieder nach d0
        and.b    #$0f,d0          obere 4 Bits loeschen
        move.b   (a1,d0),d2
        bsr out
        dbra     d1,loop

        movem.l  (a7)+,d0-d2/a0/a1 Register wieder zurueck
        rts

table   dc.b     '0123456789'
        dc.b     'ABCDEF'

out     equ      *
                 .
                 .
                 .
        rts
```

```
dc.b = Define Constant mit der Operandengroesse Byte
equ  = Zuweisung eines Wertes, * = Inhalt des PCs
```

13.2.8 Hardware des 68000

Der 68000 wurde ursprünglich mit einem 64-poligen Dual-In-Line Gehäuse gefertigt. Heute erhält man ihn vor allem in dem kleineren, quadratischen „Pin-Grid" Gehäuse mit 68 Anschlüssen. Die Anschlüsse können entsprechend dem allgemeinen Schema eines Mikroprozessors in die drei großen Gruppen: Datenbus, Adreßbus und Steuerbus eingeteilt werden, wobei die Steuerleitungen in mehrere Untergruppen aufspalten. In Abb. 13.16 sind alle Anschlüsse eingezeichnet und zu den verschiedenen Gruppen zusammengefaßt.

Für die Steuerung der internen Abläufe wird ein *Takt* benötigt, der 8, 10, 12 oder 16 MHz je nach Prozessorausführung betragen kann.

Der *Adreßbus* besteht aus 23 Adreßleitungen A1 bis A23, mit denen 8 MWorte (1 Wort = 16 bit) adressiert werden können. Die byteweise Adressierung erfolgt durch 2 zusätzliche Ausgänge, $\overline{\text{LDS}}$ und $\overline{\text{UDS}}$ (s.unten).

Der *Datenbus* besitzt 16 Datenleitungen D0 bis D15. Adreß- und Datenbus lassen sich in den Tristate schalten (s. unten).

Ein wesentliches Hardwaremerkmal des 68000 ist die *asynchrone Bussteuerung*, die in folgender Weise abläuft (s. Abb. 13.17 für einen Lesevorgang): Der Prozessor gibt als ersten Schritt eine Adresse auf dem Adreßbus

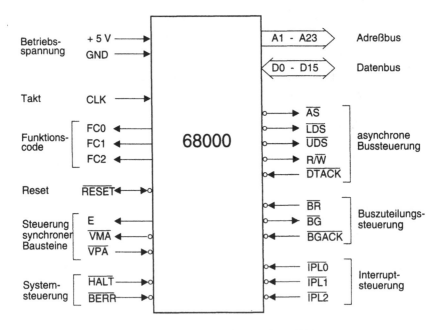

Abb. 13.16. Anschlüsse des 68000

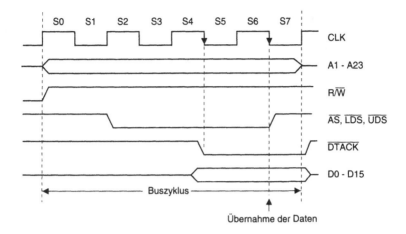

Abb. 13.17. Asynchrone Bussteuerung eines Lesevorganges

aus. Dann aktiviert der Prozessor die Leitung R/$\overline{\text{W}}$, je nachdem Daten gelesen (R/$\overline{\text{W}}$ = High) oder geschrieben (R/$\overline{\text{W}}$ = Low) werden sollen. Der Prozessor zeigt mit dem Signal $\overline{\text{AS}}$ = *Adreß-Strobe* die Gültigkeit der Adresse an. Gleichzeitig werden die Signale $\overline{\text{LDS}}$ = *Lower-Data-Strobe* oder/und $\overline{\text{UDS}}$ = *Upper-Data-Strobe* aktiviert und zwar in folgender Weise: Diese beiden Signale werden von der internen Adreßleitung A0 gesteuert, indem bei A0 = 0 und der Operandengröße Byte $\overline{\text{UDS}}$ und bei A0 = 1 $\overline{\text{LDS}}$ aktiv (d.h. Low) wird. Ist die Operandengröße Wort, so werden beide Daten-Strobes Low.

Die adressierte Einheit (z.B. eine Speicherstelle) antwortet mit dem Signal $\overline{\text{DTACK}}$ = *Data-Acknowledge* und übernimmt die Daten oder gibt die Daten auf den Datenbus, je nachdem ein Schreib- oder Lesezyklus vorliegt

Der Vorteil dieser asynchronen Bussteuerung besteht darin, daß der Prozessor sich automatisch an die Zugriffsgeschwindigkeit der adressierten Bausteine anpassen kann. Trifft das Data-Acknowledge-Signal nicht zum frühest möglichen Zeitpunkt (Übergang von S4 nach S5) ein, so schiebt der Prozessor automatisch Wartezyklen in seinen internen Zeitablauf ein.

Die Einrichtung der beiden Daten-Strobes ermöglicht es, mit einer Adreßangabe sowohl einen Byte- als auch einen Wortzugriff durchzuführen je nachdem, welche der Daten-Strobes aktiviert sind. In der Schaltung Abb. 13.18 können die beiden byteorientierten Speicherblöcke getrennt oder zusammen adressiert werden. Worte (16 bit) werden immer auf geradzahligen Adressen angesprochen. Bytes werden innerhalb eines Wortes so gezählt, daß das höherwertige Byte die gleiche Adresse wie das Wort besitzt. Ist daher eine Byte-Speicherstelle mit den Datenleitungen D0 bis D7 verbunden, so ist die Adresse ungeradzahlig und ein Byte an den Datenleitungen D8 bis D15 hat eine geradzahlige Adresse. Für diese Anordnung von Bytes ist die Bezeichnung „Big Endian" üblich. Die umgekehrte Anordnung von Bytes innerhalb

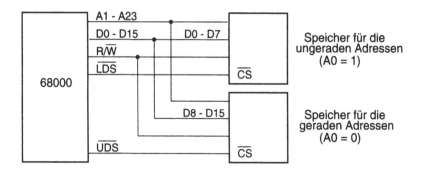

Abb. 13.18. Adressierung von Speicherblöcken

eines Wortes wird „Little Endian" genannt. Sie wird bei den Intel-Prozessoren der 80X86-Familie benutzt.

Moderne Mikroprozessorkonzepte bieten die Möglichkeit des Einsatzes mehrerer Prozessoren, die auf gemeinsame Speicher und andere Bausteine zugreifen können. Darüberhinaus gibt es bei schnellen Datentransfers (z.B. von Magnetplattenspeichern) die Notwendigkeit, daß direkt unter Umgehung des Mikroprozessors auf einen Speicher zugegriffen werden kann (sog. DMA = *Direct Memory Access*). Für diese Anwendungen muß es möglich sein, daß ein Mikroprozessor in einem solchen größeren System die Kontrolle über Adreß- und Datenbus und die Bussteuerung abgibt. Hierzu dienen die Signale der *Buszuteilungssteuerung*, wobei Folgendes abläuft:

Eine externe Einheit setzt die Leitung $\overline{\text{BR}}$ = *Bus Request* auf Low. Der Prozessor antwortet nach Abschluß seines gerade laufenden Zyklus mit dem Signal $\overline{\text{BG}}$ = *Bus Grant* und setzt Daten- und Adreßbus und die Steuersignale der asynchronen Bussteuerung in den Tristate. Die anfordernde Einheit sendet daraufhin das Signal $\overline{\text{BGACK}}$ = *Bus Grant Acknowledge*, nachdem sichergestellt ist, daß $\overline{\text{AS}}$ und $\overline{\text{DTACK}}$ inaktiv sind und keine andere Einheit auf den Bus zugreifen will, d.h. es darf nicht schon vorher ein $\overline{\text{BGACK}}$ anliegen. Die Buszuteilung bleibt so lange bestehen, wie $\overline{\text{BGACK}}$ auf Low bleibt. Wird $\overline{\text{BR}}$ zurückgenommen, bevor $\overline{\text{BGACK}}$ aktiv wird, ignoriert der Prozessor die Busanforderung und fährt mit seiner Arbeit fort. Hierdurch wird vermieden, daß der Prozessor durch Störimpulse blockiert wird.

Die drei Leitungen FCx zeigen den *Funktionscode* an, der Auskunft darüber gibt, ob sich der Prozessor im Supervisor- oder im User-Mode befindet. Weiterhin kann an ihm unterschieden werden, ob ein Zugriff im Programm- oder im Datenbereich erfolgt. Die näheren Einzelheiten sollen hier nicht weiter interessieren.

Neben der asynchronen Bussteuerung gibt es noch Signale für eine *synchrone Steuerung*. Sie sind eingerichtet worden, weil es bei der Markteinführung des 68000 noch keine kompatiblen Ein/Ausgabebausteine gab. Hier standen nur Bausteine der älteren 6800-Mikroprozessor-Familie zur Verfügung, die auf den synchronen 6800-Mikroprozessor angepaßt waren.

Der Anschluß $\overline{\text{RESET}}$ dient dazu, den Prozessor in einen definierten Ausgangszustand nach dem Einschalten der Betriebsspannung zu versetzen. Wie dieser Vorgang abläuft wird weiter unten beschrieben. $\overline{\text{RESET}}$ kann aber auch als Ausgangssignal betrieben werden, wenn der Befehl RESET ausgeführt wird, wodurch z.b. Peripheriebausteine definiert zurückgesetzt werden können.

Die $\overline{\text{HALT}}$-Leitung ist ebenfalls bidirektional. Als Ausgang signalisiert der Prozessor, daß er die Befehlsausführung auf Grund besonderer Fehlerbedingungen eingestellt hat und sich im HALT-Zustand befindet. Wird von außen die $\overline{\text{HALT}}$-Leitung auf Low gesetzt, so stoppt der Prozessor nach der Beendigung des gerade laufenden Buszyklus und führt alle Tristate-Leitungen in den hochohmigen Zustand.

Der $\overline{\text{BERR}}$-Eingang wird dazu benutzt, dem Prozessor mitzuteilen, daß extern Schwierigkeiten bei dem gerade laufenden Zyklus aufgetreten sind. Ein Beispiel dazu ist das Ausbleiben des $\overline{\text{DTACK}}$-Signales von einer angesprochenen, externen Einheit. In diesem Fall würde der Prozessor ständig im Wartezustand bleiben. Dieses kann verhindert werden, indem man eine Kontrollogik („Watchdog-Timer") verwendet, die vom Adreß-Strobe aktiviert wird und die $\overline{\text{BERR}}$-Leitung auf Low setzt, wenn das $\overline{\text{DTACK}}$-Signal nicht nach einer bestimmten Zeit eingetroffen ist.

Die drei Eingänge $\overline{\text{IPLx}}$ dienen der *Interruptverarbeitung*, die im folgenden in einem allgemeineren Zusammenhang beschrieben wird:

Moderne Prozessorkonzepte beinhalten immer die Möglichkeit, den Programmablauf in einem Rechner durch besondere Ereignisse, die völlig asynchron zum laufenden Programm auftreten können, zu unterbrechen, damit der Prozessor auf solche Ereignisse reagieren kann. Diese Ereignisse können im Rechner selbst auftreten oder von der angeschlossenen Peripherie kommen. Typisches Beispiel hierzu ist die Betätigung einer Tastatur bei der Texteingabe. Es wäre in diesem Beispiel sehr ungünstig, wenn der Prozessor in einer Programmschleife ständig darauf warten würde, bis eine Taste gedrückt ist.

In der 68000-Prozessorfamilie werden die verschiedenen den Prozessor unterbrechenden Ereignisse als *Ausnahmebedingungen (Exceptions)* bezeichnet. Das Auftreten einer Ausnahmebedingung soll den Prozessor zu einer Reaktion zwingen. Der Prozessor muß dazu sein laufendes Programm anhalten und ein neues Programm, das der speziellen Ausnahmebedingung angepaßt ist, beginnen. Dazu sind grundsätzlich zwei Schritte notwendig: 1. Da das unterbrochene Programm fortgeführt werden soll, wenn die Ausnahmebehandlung abgeschlossen ist, muß der augenblickliche Programmzähler gerettet werden. 2. Der Programmzähler muß auf die Adresse des Ausnahmeprogramms gesetzt werden. Diese Adresse muß daher für die spezielle Ausnahmebedingung bekannt sein. Beim 68000 und seinen Nachfolgern gibt es hierzu eine Adreßtabelle, in der jeder besonderen Ausnahmebedingung eine eindeutige Adresse

Tab. 13.3. Exception-Vektor-Tabelle

Adresse Hexadezimal	Bedeutung des Vektors	Vektor-Nr. Hexadezimal
000	Anfangsadresse des System- Stackpointers (bei RESET)	00
004	Anfangsadresse des Programm- zählers (bei RESET)	01
008	Busfehler	02
00C	Adreßfehler	03
010	nicht implementierter Befehl	04
014	Division durch Null	05
018	Befehl CHK	06
01C	Befehl TRAPV	07
020	Privilegverletzung	08
024	Trace	09
028	Befehlscode 1010 Emulator	0A
02C	Befehlscode 1111 Emulator	0B
030	reserviert	0C
034	reserviert	0D
038	reserviert	0E
03C	nicht initialisierter Interrupt	0F
040-05C	reserviert	10-17
060	falscher Interrupt	18
064-07C	Interrupt-Autovektoren	19-1F
080-0BC	Trap-Befehlsvektoren	20-2F
0C0-0FC	reserviert	30-3F
100-3FC	Anwender-Interruptvektoren	40-FF

zugeordnet ist. Diese Adreßtabelle, Tab. 13.3, enthält 256 Adressen, die auch als *Vektoren* bezeichnet werden, und die ganze Tabelle wird *Ausnahmevektortabelle = Exception-Vektor-Tabelle* genannt.

Im einzelnen verfährt der 68000 beim Auftreten einer Ausnahmebedingung folgendermaßen:

Der Prozessor geht in den Supervisor-Zustand. Im Statusregister werden S = 1 und T = 0 gesetzt. Die Inhalte des Statusregisters und des Programmzählers vor Eintritt der Ausnahme werden auf dem System-Stack abgelegt. Dann wird der Programmzähler je nach der Art der Ausnahmebedingung mit der zugehörigen Adresse aus der Exception-Tabelle geladen. Der Prozessor setzt also seine Abarbeitung von Befehlen an dieser Adresse fort. Wird in dem Ausnahmeprogramm der Befehl RTE = Return from Exception ausgeführt, so stellt der Prozessor den alten Betriebszustand wieder her, indem er den Programmzähler und das Statusregister aus dem System-Stack zurückholt. Die einzelnen Ausnahmebedingungen haben die folgenden Bedeutungen:

RESET. Nach dem Anlegen der Betriebsspannung ist vorgeschrieben, daß die $\overline{\text{RESET}}$- und die $\overline{\text{HALT}}$-Leitung für 100 ms auf Low gehalten werden müssen. Nach der Zurücknahme des Low-Pegels setzt der Prozessor den System-Stackpointer gleich dem Inhalt der Adresse 0 und holt aus der Adresse 4 den Inhalt für den Programmzähler, so daß der Prozessor definiert mit einem Programm beginnen kann. Befindet sich der Prozessor bereits im Betriebszustand und soll er zurückgesetzt werden, so genügt ein 4 Taktzyklen langes Low-Signal am $\overline{\text{RESET}}$-Eingang.

Busfehler. Dieser Ausnahmevektor wird verwendet, wenn die $\overline{\text{BERR}}$-Leitung auf Low gelegt wird.

Adreßfehler. Dieser Fehler tritt auf, wenn bei Wort- oder Langwort-Verarbeitung auf eine ungerade Adresse zugegriffen wird.

Illegaler Befehl. Die Bitkombinationen $4AFA, $4AFB und $4AFC führen zu dieser Ausnahme. Man kann diese Ausnahme bewußt verwenden, wie z.b. zum Setzen von sog. „Breakpoints" in Diagnoseprogrammen.

Division durch Null erklärt sich selbst.

Befehl CHK. Befindet sich der Prozessor außerhalb des durch den CHK-Befehl definierten Adreßbereiches, so tritt dieser Vektor in Kraft.

Befehl TRAPV. Ist im Statusregister das Overflowbit V gesetzt, wenn der Befehl TRAPV ausgeführt wird, holt sich der Prozessor diesen Vektor.

Privilegverletzung. Wird im User-Modus ein Befehl ausgeführt, der nur im Supervisor-Mode erlaubt ist, so führt dies zu einer Privilegverletzung.

Trace. Ist das Trace-Bit im Statusregister gesetzt, so wird nach jedem Befehl in das durch diesen Vektor definierte Programm gesprungen.

Befehlscode 1010 und 1111 *Emulator.* Diese Bitkombinationen für die obersten 4 Bits im Befehlswort gehören zu den nicht implementierten Befehlen und führen zu diesen Ausnahmevektoren. Hier besteht die Möglichkeit, diese Vektoren zur Definition eigener Befehle oder auch zum Aufruf von Systemfunktionen zu benutzen.

TRAP-Befehle. TRAP-Befehle können in einem Programm gegeben werden, wobei 16 verschiedene, durch Nummern gekennzeichnete möglich sind. Sie können als „Software-Interrupt" aufgefaßt werden. Sie werden häufig in Betriebssystemen benutzt.

Interruptvektoren. Für die Unterbrechung des Prozessors durch ein externes Ereignis dienen die drei Leitungen $\overline{\text{IPLx}}$. Wird eine oder werden mehrere dieser Leitungen auf Low gelegt, so führt der 68000 eine Ausnahmebehandlung durch. Die drei Leitungen definieren acht Bitkombinationen, von denen die Kombination 111 keinen Interrupt bedeutet, so daß sieben verschiedene Interrupts (7 „Interruptebenen") möglich sind. Sie besitzen eine Prioritätsreihenfolge, wobei 000 (Ebene 7, alle Interruptleitungen sind auf Low) die höchste Priorität darstellt. Ein Interrupt führt jedoch mit Ausnahme der Ebene 7 (NMI = Non Maskable Interrupt) nicht notwendigerweise zur Durchführung einer Ausnahmebehandlung. Der Prozessor vergleicht nämlich die Priorität des Interrupts mit den 3 Bits der Interruptmaske im Statusregister (s. Abb. 13.2). Ein Interrupt wird nur weiterverarbeitet, wenn seine Priorität höher als der Inhalt der Interruptmaske ist. Ist dies der Fall, wird die Ausnahmebehandlung, wie beschrieben, eingeleitet. Weiterhin wird die Interruptmaske neu auf die Priorität des Interrupts gesetzt. Dann gibt der 68000 die folgenden Signale aus:

1. FC0 - FC2 = 111 als Interruptbestätigung IACK
2. A1 - A3 = Prioritätsnummer des Interrupts
3. $\overline{AS}$ = 0 und $\overline{LDS}$ = 0

Die interrupterzeugende Einheit empfängt die Interruptbestätigung IACK und generiert daraufhin das Signal $\overline{DTACK}$. Der Prozessor erwartet dann auf den Datenleitungen D0 - D7 die Nummer eines Interruptvektors aus dem Bereich $40 bis $FF. Diese Nummer wird um zwei Stellen nach links verschoben, so daß durch diese Nummer die entsprechende Interruptadresse der Exceptiontabelle bestimmt wird. Jetzt kann der Prozessor den Interrupt bearbeiten. Tritt während der Interruptbestätigung ein Busfehler auf (z.B. weil $\overline{DTACK}$ nicht aktiviert wird), so wird durch Setzen von $\overline{BERR}$ der Exceptionvektor „falscher Interrupt" für die weitere Verarbeitung herangezogen.

Sind die externen, interrupterzeugenden Einheiten nicht in der Lage, die richtige Interruptvektornummer zu liefern, so sollen sie den Vektor $0F erzeugen, der zu der Behandlung „nicht initialisierter Interrupt" führt.

Kann eine externe Einheit überhaupt keinen Interruptvektor erzeugen, so kann diese Einheit an Stelle des $\overline{DTACK}$-Signales das $\overline{VPA}$-Signal der synchronen Bussteuerung auf Low setzen. Dann benutzt der Prozessor entsprechend der Priorität auf den $\overline{IPLx}$-Leitungen automatisch einen „Autointerruptvektor" aus dem Exception-Tabellenbereich $64 - $7C zur weiteren Interruptbehandlung.

13.3 Ein/Ausgabe-Bausteine

Für den Anschluß von peripheren Einheiten (z.B. Bildschirm, Tastatur, Drucker, Massenspeicher, Prozeßperipherie) gibt es geeignete Bausteine, die die nötige Verbindung zwischen den Geräten und dem Mikroprozessor herstellen. Solche Bausteine bilden oft das Herzstück von komplexeren Verbindungseinheiten, für die die Bezeichnung *Schnittstelle* gebräuchlich ist. Üblicherweise sind diese Bausteine für einen bestimmten Mikroprozessor konzipiert. Sie sind jedoch i.a. so beschaffen, daß sie auch mit anderen Mikroprozessortypen zusammengeschaltet werden können.

Von dem Mikroprozessor aus gesehen, besitzen Ein/Ausgabe-Bausteine eine Reihe von internen, adressierbaren Speicherstellen, die hier auch als *Register* bezeichnet werden, so daß diese Bausteine vom Mikroprozessor genauso wie Speicherstellen behandelt werden. So kann der Befehlssatz des Mikroprozessors ohne spezielle Ein/Ausgabe-Befehle auf diese Bausteine angewendet werden. Da diese Behandlung von Ein/Ausgabe-Operationen früher nicht üblich war, hat man die Bezeichnung „Memory Mapped I/O" eingeführt.

Für die Ein/Ausgabe von Daten gibt es eine ganze Reihe von verschiedenen Verfahren und Interfacebausteinen. So werden in üblichen Computern

Interfaceeinheiten (oft auch Controller genannt) für die Tastatur, für die grafische Ausgabe, für den Datentransfer zu Festplatten und Diskettenlaufwerken, für das Drucken, für serielle Datenübertragung, für Netzwerke u.a. benötigt. Als Beispiele für solche Interfacebausteine sollen eine parallele und eine serielle Schnittstelle betrachtet werden.

Werden Daten zwischen einem Datensender und einem Datenempfänger übertragen, so muß für einen sicheren Datentransfer eine Steuerung, ein sog. *Übertragungsprotokoll*, zwischen Sender und Empfänger vereinbart werden.

13.3.1 Parallele Schnittstelle

Bei einer parallelen Schnittstelle werden mehrere Bits gleichzeitig übertragen, wobei dann für jedes Bit eine eigene Leitung vorhanden sein muß. Ein typisches Beispiel für eine solche Schnittstelle ist die Ausgabe von Text auf einem Drucker. Hierbei werden für jedes Zeichen 8 bit verwendet.

Das hier und in vergleichbaren Schnittstellen eingesetzte Übertragungsprotokoll ist der *Quittungsbetrieb*, auch *Handshake-Protokoll* genannt. Hierbei wird folgendermaßen vorgegangen:

Der Datensender gibt sein Datenbyte auf die Datenleitungen und sendet, nachdem die Datenleitungen ihren stabilen Zustand eingenommen haben, auf einer Steuerleitung einen Impuls („Strobe"), der dem Datenempfänger das Vorhandensein von gültigen Daten anzeigt. Der Datenempfänger quittiert den Empfang der Daten auf einer weiteren Steuerleitung durch ein Signal (eine Flanke oder ein Impuls). Erst nach dem Empfang dieses Quittungssignales durch den Datensender darf dieser das nächste Datenbyte auf die Datenleitungen legen.

Ein Baustein für eine parallele Schnittstelle ist der 68230 (PIT = Parallel Interface/Timer), der zwei jeweils 8 bit breite Parallel-Ports A und B mit zugehörigen Steuerleitungen und einen 8 bit breiten Mehrzweck-Port C enthält (s. Abb. 13.19). Zur Programmierung und zur Datenübertragung und für den Timer stehen 23 8 bit breite Register zur Verfügung. Dementsprechend besitzt der 68230 eine Vielzahl von Möglichkeiten, von denen hier nur die der parallelen Ein/Ausgabe und nicht die Timerfunktionen behandelt werden sollen. Für den Parallelbetrieb werden auch nur die wichtigsten Eigenschaften beschrieben. Für eine vollständige Information müssen die Datenblätter herangezogen werden. Die beiden Ports A und B verfügen für die Ein- und Ausgabe über Doppelpuffer, was bei entsprechender Programmierung des PITs benutzt werden kann. Eine Doppelpufferung ist dann von Vorteil, wenn Datensender und Datenempfänger etwa die gleiche Übertragungsgeschwindigkeit besitzen, weil dann durch einen überlappenden Betrieb der Datendurchsatz gesteigert werden kann.

Auf der Mikroprozessorseite existieren neben dem 8 bit breiten Datenbus und den nötigen Steueranschlüssen fünf Adreßeingänge, mit denen die 23 internen Register ausgewählt werden können.

Mikroprozessorseite   Peripherieseite

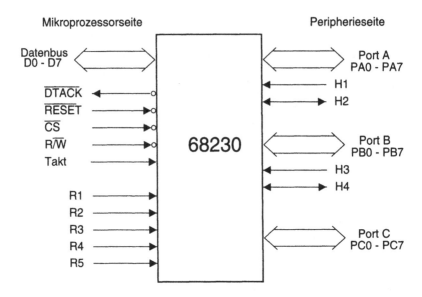

Abb. 13.19. Anschlüsse des 68230

Für die parallele Ein/Ausgabe stellt der 68230 mehrere Modi zur Verfügung:

Mode 0 Port A und B können unabhängig voneinander für die Eingabe
oder die Ausgabe von Daten benutzt werden.

Mode 1: Beide Ports bilden zusammen ein 16 bit breites Parallelinterface
für die Datenein- oder -ausgabe.

Mode 2: Port B stellt einen bidirektionalen Ports dar.

Mode 3: Port A und B bilden zusammen einen bidirektionalen,
16 bit breiten Port.

Für die hier interessierende Ein/Ausgabe soll nur der Mode 0 Verwendung
finden. Dazu werden von den Registern die folgenden benötigt (s. Abb. 13.20):

Port General Control Register PGCR
Port A oder B Data Direction Register PADDR oder PBDDR
Port A oder B Control Register PACR oder PBCR
Port A oder B Data Register PADR oder PBDR
Port Status Register PSR

Der Betriebsmodus wird im PGCR durch die Bits 6 und 7 eingestellt. Für
Mode 0 sind diese Bits also zu löschen, was automatisch nach einem RESET
der Fall ist, da PGCR insgesamt gelöscht wird. Die Richtung der Portleitun-
gen wird in PADDR und PBDDR eingestellt, indem eine 0 die zu dem Bit
gehörige Leitung als Eingang und eine 1 die Leitung als Ausgang schaltet.
Nach dem RESET sind alle Bits gelöscht, die Ports also als Eingang geschaltet. In die Register PADR und PBDR werden die Daten vom Mikroprozessor

Adresse

0	Port Mode Control	H34 Enable	H12 Enable	H4 Sense	H3 Sense	H2 Sense	H1 Sense	PGCR
2	Bit7	Bit6	Bit5	Bit4	Bit3	Bit2	Bit1	Bit0	PADDR
3	Bit7	Bit6	Bit5	Bit4	Bit3	Bit2	Bit1	Bit0	PBDDR
6	Port A Submode		H2 Control		H2 Int Enable	H1 SRQ Enable	H1 Stat Control	PACR
7	Port B Submode		H4 Control		H4 Int Enable	H3 SRQ Enable	H3 Stat Control	PBCR
8	Bit7	Bit6	Bit5	Bit4	Bit3	Bit2	Bit1	Bit0	PADR
9	Bit7	Bit6	Bit5	Bit4	Bit3	Bit2	Bit1	Bit0	PBDR
D	H4 Level	H3 Level	H2 Level	H1 Level	H4S	H3S	H2S	H1S	PSR

Abb. 13.20. Register des PIT 68230

geschrieben, wenn es sich um Ausgabe-Daten handelt, oder gelesen, wenn über einen Port Daten eingegeben werden.

Die Register PACR und PBCR bestimmen weitere Betriebsarten und legen die Bedeutung der Steuerleitungen H1 bis H4 fest. Bei den Submodi unterscheidet man:

1. Submode 00: Doppelt gepufferte Eingabe oder einfach gepufferte Ausgabe.
2. Submode 01: Doppelt gepufferte Ausgabe oder nicht zwischengespeicherte Eingabe („non-latched input").
3. Submode 1X: Einfach gepufferte Ausgabe oder nicht zwischengespeicherte Eingabe.

Die Unterscheidung zwischen Ein- und Ausgabe wird durch die Datenrichtungsregister getroffen.

Die Steuerleitungen H1 und H3 sind immer Eingangsleitungen. Wird an ihnen ein „aktiver" Pegelwechsel (Flanke) erkannt, so werden im Port Status Register PSR die Bits H1S und H3S gesetzt. Die Bits H1-Sense und H3-Sense in PGCR entscheiden darüber, ob ein Pegelwechsel von High nach Low – die Sense-Bits müssen dann 0 sein – als ein aktiver Übergang erkannt wird oder umgekehrt ein Wechsel von Low nach High – die Sense-Bits sind dann 1.

Die Steuerleitungen H2 und H4 können Eingang oder Ausgang sein. Die Richtung wird durch das Bit5 in PACR bzw. PBCR gewählt, indem Bit5 = 0 die Leitungen zu Eingängen und Bit5 = 1 die Leitungen zu Ausgängen macht. Für den Fall, daß H2 und H4 Eingänge sind, haben sie die gleichen Eigenschaften wie H1 und H3.

Ist H2 bzw. H4 ein Ausgang, so gibt es, gesteuert durch Bit4 und Bit3 in PACR bzw. PBCR, vier unterschiedliche Zustände:

Bit4 Bit3 = 00:
Der Ausgang nimmt einen Pegel an, der gleich dem invertierten Wert von H2- bzw. H4-Sense in PGCR ist.

Bit4 Bit3 = 01:
Der Ausgangspegel ist gleich der Wert von H2-bzw. H4-Sense.

Bit4 Bit3 = 10:
Der durch H2- bzw. H4-Sense definierte Wert erscheint am Ausgang, wenn im Submode 01 Daten über das Port Daten Register PADR bzw. PBDR in das doppelt gepufferte Ausgangsregister geschrieben werden oder wenn im Submode 00 weitere Daten in das doppelt gepufferte Eingangsregister eingelesen werden können. Der Ausgangspegel bleibt so lange erhalten, bis an H1 bzw. H3 eine aktive Flanke erkannt wird („interlocked handshake protocoll"). Das Statusbit H1S bzw. H3S wird automatisch gelöscht, wobei es noch Steuerungsmöglichkeiten gibt, die hier übergangen werden.

Bit4 Bit3 = 11:
Hier bleibt der Pegel an H2 bzw. H4 nur für die Dauer von maximal vier Taktzyklen erhalten, so daß ein kurzer Impuls entsteht („pulsed handshake protocoll").

Im Statusregister PSR kann in den Bits 4 bis 7 unabhängig von der Programmierung der Steuerleitungen der Pegel der H1 - H4-Leitungen abgefragt werden.

13.3.1.1 Centronics-Schnittstelle. Als ein Beispiel für den Einsatz des 68230 soll die bekannte Centronics-Drucker-Schnittstelle herangezogen werden. Die Schnittstelle benutzt am Drucker standardmäßig einen 36-poligen Amphenol-Stecker mit der folgenden Signalbelegung:

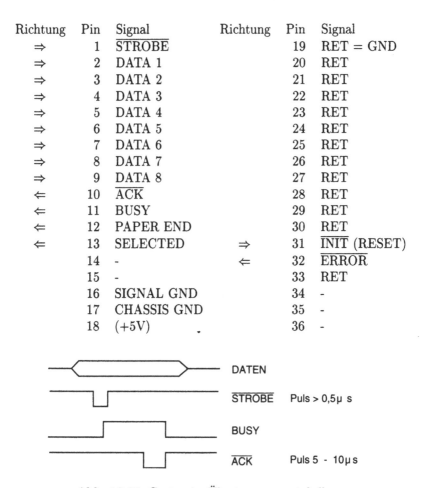

Richtung	Pin	Signal	Richtung	Pin	Signal
⇒	1	$\overline{\text{STROBE}}$		19	RET = GND
⇒	2	DATA 1		20	RET
⇒	3	DATA 2		21	RET
⇒	4	DATA 3		22	RET
⇒	5	DATA 4		23	RET
⇒	6	DATA 5		24	RET
⇒	7	DATA 6		25	RET
⇒	8	DATA 7		26	RET
⇒	9	DATA 8		27	RET
⇐	10	$\overline{\text{ACK}}$		28	RET
⇐	11	BUSY		29	RET
⇐	12	PAPER END		30	RET
⇐	13	SELECTED	⇒	31	$\overline{\text{INIT}}$ (RESET)
	14	-	⇐	32	$\overline{\text{ERROR}}$
	15	-		33	RET
	16	SIGNAL GND		34	-
	17	CHASSIS GND		35	-
	18	(+5V)		36	-

DATEN

$\overline{\text{STROBE}}$ Puls > 0,5µ s

BUSY

$\overline{\text{ACK}}$ Puls 5 - 10µ s

Abb. 13.21. Centronics-Übertragungsprotokoll

Abbildung 13.21 zeigt das Übertragungsprotokoll der Centronics-Schnittstelle. DATEN und $\overline{\text{STROBE}}$ werden vom Prozessor über den PIT an den Drucker geschickt. Der Drucker antwortet mit den Signalen BUSY und $\overline{\text{ACK}}$. Im Prinzip reicht es aus, nur eines dieser Antwortsignale zu benutzen. In Abb. 13.22 ist die Zusammenschaltung des PIT mit dem Prozessor dargestellt, wobei auch schon die erforderlichen Verbindungen für eine Interruptsteuerung eingezeichnet sind. Da die Datenleitungen des PITs mit dem Datenbus D0 - D7 verbunden sind, liegen die Register des PITs auf ungeraden Byteadressen. Die in Abb. 13.20 angegebenen Registeradressen müssen jeweils mit 2 multipliziert werden und dann muß 1 dazu addiert werden.

Die Programmierung des PITs soll hier nicht in der Assemblersprache, sondern als ein Beispiel in der höheren Programmiersprache „C" erfolgen, in der ebenso wie in der Assemblersprache die explizite Adressierung einzelner Speicherstellen mit Hilfe der „Zeiger" möglich ist.

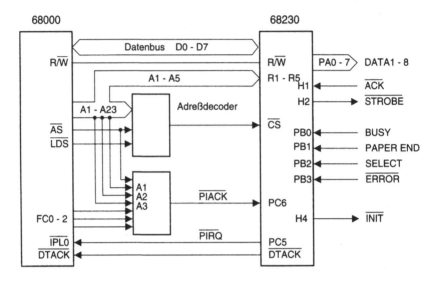

Abb. 13.22. Druckeransteuerung mit dem 68000 und dem 68230

```c
/* Definition der Register */

#define PIT 0xFF0000    /* Basisadresse des PITs */
#define PGCR PIT+1      /* Port General Control Reg. */
#define PADDR PIT+5     /* Port A Data Direction Reg. */
#define PBDDR PIT+7     /* Port B Date Direction Reg. */
#define PACR PIT+0xD    /* Port A Control Reg. */
#define PBCR PIT+0xF    /* Port B Control Reg. */
#define PADR PIT+0x11   /* Port A Data Reg. */
#define PBDR PIT+0x13   /* Port B Data Reg. */
#define PSR PIT+0x1B    /* Port Stauts Reg. */
#define PSRR PIT+3      /* Port Service Request Reg. */
#define PIVR PIT+0xB    /* Port Interrupt Vector Reg. */


/* Definition der Zeiger auf die verschiedenen Register */

unsigned char *pgcr  = (unsigned char *)PGCR;
unsigned char *paddr = (unsigned char *)PADDR;
unsigned char *pbddr = (unsigned char *)PBDDR;
unsigned char *pacr  = (unsigned char *)PACR;
unsigned char *pbcr  = (unsigned char *)PBCR;
unsigned char *padr  = (unsigned char *)PADR;
unsigned char *pbdr  = (unsigned char *)PBDR;
unsigned char *psr   = (unsigned char *)PSR;
unsigned char *pssr  = (unsigned char *)PSSR;
unsigned char *pivr  = (unsigned char *)PIVR;
```

```
/* Initialisierung des PITs */
int init_{\rm p}it()
{
    *pgcr = 0x30;           /* Mode 0, H12 und H34 enable */
    *paddr = 0xFF;          /* Port A auf Ausgang setzen */
    *pbddr = 0;             /* Port B auf Eingang setzen */
    *pacr = 0x79;           /* Port A Submode 01,
                                    pulsed handshake */
    *pbcr = 0xA0;           /* Port B Submode 1X,
                                    H4 = High */

    if((*pbdr & 4) == 0)    /* SELECT testen, ist der Drucker
                                    eingeschaltet? */
    {
        printf(" Drucker ist nicht eingeschaltet \n");
        return -1;          /* -1 als Fehlermeldung */
    }
    *pbcr = *pbcr | 8;      /* H4 = Low, INIT fuer
                                    den Drucker */
    *pbcr = *pbcr & 0xF7; /* H4 wieder auf High */
    return 0;}

/* Ein Zeichen ausgeben */
int schreiben(char zeichen)
{
    while((*pbdr & 1) == 1); /* Warten, bis Drucker
                                    nicht mehr busy */
    if((*pbdr & 2) != 0)     /* Papierende testen */
    {
        printf(" Papier einlegen\n");
        return -1,           /* -1 als Fehlermeldung */
    }
    if((*pbdr & 8) != 0)     /* Druckerfehler testen */
    {
        printf(" Druckerfehler\n");
        return -1;
    }
    *padr = zeichen;         /* Zeichen ausgeben */
    while((*psr & 1) == 0);  /* H1S-Bit testen,
                                    warten auf Acknowledge */
    return 0;
}
```

Diese Steuerung hat den Nachteil, daß der Prozessor bei der Abfrage des H1S-Bits in einer Warteschleife verbleibt, deren Dauer von der Druckgeschwindigkeit abhängt. Dieser Nachteil kann umgangen werden, wenn die Interruptmöglichkeit eingesetzt wird. Dazu müssen die beiden Register PSRR und PIVR im PIT herangezogen werden (s. Abb. 13.23). Das PSRR bestimmt, in welcher Weise einige der Anschlüsse des Ports C benutzt werden. Im Zusammenhang mit der Interrupterzeugung $\overline{\text{PIRQ}}$ und der Interruptbestätigung $\overline{\text{PIACK}}$ interessieren nur die Bits 3 und 4. Wenn sie beide = 1 sind, so trägt der Pin PC5 die Funktion $\overline{\text{PIRQ}}$ und der Pin PC6 die Funktion $\overline{\text{PIACK}}$, wie im Schaltbild Abb. 13.22 gezeigt.

Adresse

1	*	Service Request Select	Interrupt Pin Function Select	Port Interrupt Priority Control	PSSR

5	Interrupt Vector Number		*	*	PIVR

Abb. 13.23. PIT-Register für die Interruptsteuerung

Die Bits 0 - 2 entscheiden über die Prioritätsreihenfolge der H1S- bis H4S-Statusbits. Sind alle drei Bits = 0, so hat H1S die höchste und H4S die niedrigste Priorität.

Das PIVR enthält den Interruptvektor, der für den Interruptablauf beim 68000 erforderlich ist. Die Bits 0 und 1 werden gesetzt, je nachdem welches Statusbit zu einem Interrupt führt. Nach dem RESET besitzt das PIVR den Wert $F, so daß bei einem zufälligen Interrupt aus dem 68230 zu dem Vektor „nicht initialisierter Interrupt" in der Exception-Vektortabelle des 68000 gesprungen wird.

```
/* Initialisierung des PITs fuer die Interruptsteuerung */

void init_{\rm i}nterr()
{
    *pssr = 0x18;       /* PC5- und PC6-Funktion definieren */
    *pivr = 0x60;       /* Interruptvektor 0x60
                             als Beispiel setzen */
    *pacr = *pacr | 2;  /* H1-Interrupt freigeben */
    return;
}
```

Eine weitere Programmierung der Druckersteuerung unter Einbeziehung des Interrupts ist in diesem Rahmen nicht sinnvoll, da Funktionen des benutzten Betriebssystem herangezogen werden müssen.

13.3.2 Serielle Schnittstelle

In einer Reihe von Verfahren für die Datenübertragung und die Datenspeicherung liegt die Information in einer bitseriellen Form vor, so z.B. bei der Kommunikation zwischen einem Terminal und einem Rechner, bei der Datenaufzeichnung auf Disketten, auf Festplatten und auf Compact Discs und bei der digitalen Übertragungstechnik im Fernsprech- und Datennetz.

Da das bitserielle Format aus einem Strom von Null- und Einswerten besteht, wird grundsätzlich neben dem Datenstrom noch ein Synchronisationstakt benötigt, der die Bits im Datenstrom zeitlich identifiziert. Der Synchronisationstakt kann auf einer separaten Leitung geführt werden, was als *synchrone Übertragung* bezeichnet wird, oder es kann zwischen Datensender und Datenempfänger eine Taktfrequenz vereinbart werden, ohne daß eine zusätzliche Taktleitung erforderlich ist. In diesem Fall spricht man von *asynchroner Übertragung*. Moderne Verfahren der synchronen Übertragung vermischen nach einem komplizierten Verfahren Datenstrom und Taktsignal zu einem einzigen Bitstrom. Auf diese Verfahren wird nicht weiter eingegangen.

13.3.2.1 Asynchrone Übertragung. Die asynchrone Übertragung wird insbesondere bei einem relativ langsamen Austausch von Textzeichen eingesetzt, was hier weiter betrachtet werden soll.

Die bei dem asynchronen Verfahren vereinbarte Taktfrequenz ist allein noch nicht ausreichend. Es muß zusätzlich noch die Phase zwischen dem Senderoszillator und dem Empfängeroszillator synchronisiert werden, damit eine eindeutige zeitliche Festlegung der Bitpositionen erfolgen kann. Für diese notwendige Synchronisation legt man einen *Übertragungsrahmen* fest, der aus einem *Startbit*, den *Datenbits* für ein Zeichen und den *Stopbits* besteht (s. Abb. 13.24), und der ursprünglich aus der Fernschreibtechnik stammt.

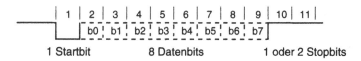

Abb. 13.24. Übertragungsrahmen

Das Startbit synchronisiert mit seinem 1 → 0-Übergang den Empfängeroszillator für jeden empfangenen Rahmen aufs neue. Nach den Datenbits müssen Stopbits gesendet werden, damit das nächste Startbit sicher erkannt werden kann. Die notwendige Festlegung der Taktfrequenzen („Baudraten"), die in bit/s = baud (bd) gemessen werden, des Übertragungsrahmens („Frame"), der zu verwendenden Stecker und der Spannungspegel erfolgt durch die sog. *V.24-Norm* (amerikanisch: RS-232C).

Für die Baudraten gibt es eine Reihe von Standardwerten, wobei die wichtigsten sind: 50, 75, 110, 150, 300, 600, 1200, 2400, 4800, 9600, 19200, 38400 baud. Im Übertragungsrahmen können 5, 6, 7 oder 8 Datenbits vorhanden sein. Zusätzlich kann ein *Paritätsbit* angehängt werden, wobei zwischen gerader und ungerader Parität gewählt werden kann. Für Spannungspegel gelten für den High-Pegel +3 ... 15 V und für den Low-Pegel -3 ... -15 V. Neben den zwei Datenleitungen für Senden und Empfangen gibt es noch eine ganze Reihe von Kontrolleitungen. Daten werden in negativer Logik und Kontrollsignale in positiver Logik übertragen. Neben dieser Definition der 1- und 0-Werte durch Spannungspegel gibt es auch noch die Möglichkeit, eine Stromschleife (20 mA-Schnittstelle oder Current-Loop) zu benutzen.

Diese Norm wurde für die Verbindung von seriellen Datenendeinrichtungen = DEE (Data Terminal Equipment = DTE) mit Modems = Datenübertragungseinrichtungen = DÜE (Data Communication Equipment = DCE) entwickelt. Ein Modem dient zur Umsetzung der digitalen Signalpegel auf frequenz- oder phasengetaktete Signale, die über Telefonleitungen übertragen werden können.

Stecker und Buchse für die V.24-Schnittstelle enthalten 25 Stifte (Pins), die wichtigsten sind in der folgenden Tabelle aufgeführt.

Pin	Bedeutung	Signalrichtung an der DTE
1	Schutzerde	
2	Sendedaten, Transmit Data (TX oder TD)	⇒
3	Empfangsdaten, Receive Data (RX oder RD)	⇐
4	Sendeteil einschalten, Request To Send (RTS)	⇒
5	Sendebereitschaft, Clear To Send (CTS)	⇐
6	Betriebsbereitschaft, Data Set Ready (DSR)	⇐
7	Betriebserde, Common	
8	Empfangssignalpegel, Data Carrier Detect (DCD)	⇐
20	DEE betriebsbereit, Data Terminal Ready (DTR)	⇒

Die Richtung dieser Signale an der DTE paßt in einer 1:1-Verbindung mit den Anschlüssen an einer als DCE gekennzeichneten Schnittstelle zusammen. Dazu sind die Pins an der DCE entsprechend anders belegt. Insbesondere ist die Belegung der Pins 2 und 3 gegenüber der DTE vertauscht. Auch die Steuerleitungen liegen an den DCE-Pins so, daß ein DTE-Ausgang mit einem DCE-Eingang und umgekehrt verbunden wird. Welche der Steuerleitungen jedoch für die Datenübertragung tatsächlich benutzt werden, muß in jedem Fall aus den Handbüchern der zu verbindenden Geräte entnommen werden.

Da die V.24-Schnittstelle häufig auch zwischen Geräten mit der DTE-Belegung der Pins eingesetzt wird, darf kein 1:1-Kabel genommen werden, sondern es müssen im Kabel die notwendigen Leitungsvertauschungen vorgenommen werden, so daß immer nur Ausgänge mit Eingängen verbunden sind. Das bedeutet, daß insbesondere die Leitungen der Pins 2 und 3 gekreuzt werden müssen. Sind keine Steuerleitungen bei der Verbindung erforderlich, so genügen die Leitungen 2, 3 und 7.

Im Zeichen der fortschreitenden Miniaturisierung und Erhöhung der Komplexität von Geräten, ist der 25-polige V.24-Anschluß wegen seiner Größe oftmals nicht unterzubringen. Daher gibt es neben diesem Anschluß einen kleineren 9-poligen Anschluß, der dann nur wenige Steuerleitungen zur Verfügung stellt.

Für den Aufbau einer V.24-Schnittstelle zwischen dem seriellen Ein/Ausgabegerät und dem Mikroprozessor gibt es entsprechende Bausteine, sog. *Universal Asynchronous Receiver Transmitter = UART*. Für den 68000 gibt es mehrere Möglichkeiten, von denen die eine der Baustein 68681 ist, der zwei UARTs enthält. Er besitzt eine Reihe von Registern, die eine umfangreiche Programmierung erlauben wie Anzahl der Datenbits, Länge des Stopbits, Wahl der Parität, Wahl der Baudrate und Interruptmöglichkeiten, was hier jedoch nicht weiter betrachtet werden soll.

Für die Übertragung von Text hat man im sog. *ASCII-Code* (ASCII = American Standard Code for Information Interchange) festgelegt, welche Bitkombinationen für die Textzeichen verwendet werden sollen (s. Tab. 13.4). Dabei werden 7 Bits eingesetzt, so daß sich 128 verschiedene Zeichen darstellen lassen. Die ersten zwei Spalten sind nicht druckbare Kontrollzeichen, die von einer Tastatur mit der CTRL-Taste und gleichzeitig einem Buchstaben aus der 4. oder 5. Spalte erzeugt werden können. Daneben gibt es den von der Firma IBM verwendeten EBCDIC-Code, der mit 8 Bits arbeitet.

Tab. 13.4. ASCII-Tabelle

			b6 →	0	0	0	0	1	1	1	1
			b5 →	0	0	1	1	0	0	1	1
			b4 →	0	1	0	1	0	1	0	1
			→	0	1	2	3	4	5	6	7
b3	b2	b1	b0	↓							
0	0	0	0	0	NUL	DLE	SP	0	@	P	'	p
0	0	0	1	1	SOH	DC1	!	1	A	Q	a	q
0	0	1	0	2	STX	DC2	"	2	B	R	b	r
0	0	1	1	3	ETX	DC3	#	3	C	S	c	s
0	1	0	0	4	EOT	DC4	$	4	D	T	d	t
0	0	0	1	5	ENQ	NAK	%	5	E	U	e	u
0	1	1	0	6	ACK	SYN	&	6	F	V	f	v
0	1	1	1	7	BEL	ETB	'	7	G	W	g	w
1	0	0	0	8	BS	CAN	(	8	H	X	h	x
1	0	0	1	9	HT	EM	)	9	I	Y	i	y
1	0	1	0	10	LF	SUB	*	:	J	Z	j	z
1	0	1	1	11	VT	ESC	+	;	K	[	k	{
1	1	0	0	12	FF	FS	,	<	L	\	l		
1	1	0	1	13	CR	GS	-	=	M	]	m	}
1	1	1	0	14	SO	RS	.	>	N	∧	n	~
1	1	1	1	15	SI	US	/	?	O	_	o	DEL

13.4 Die 680X0-Familie

Der Mikroprozessor 68000 wurde in der Folgezeit der Ausgangspunkt für eine
ganze Prozessorfamilie, bei der alle Mitglieder zum 68000 kompatibel sind,
so daß Programme, die für einen Prozessor geschrieben wurden, auch auf
allen nachfolgenden Prozessortypen lauffähig sind. Diese Eigenschaft läßt sich
relativ leicht durch das Prinzip der Mikroprogrammierung verwirklichen.

13.4.1 68010

Der erste Nachfolger des 68000 war der 68010, der im wesentlichen noch
den gleichen Aufbau wie sein Vorgänger hat. Er besitzt jedoch eine wichtige
Erweiterung, der ihn für *virtuelle Betriebssysteme* einsatzfähig macht.

Virtuelle Betriebssysteme - UNIX ist z.B. ein solches - stellen für Programme einen größeren Adreßbereich (*virtueller Speicher*) zur Verfügung als
tatsächlich an Arbeitsspeicher (RAM) vorhanden ist, indem ein externer Speicher in Form einer Festplatte in den Adreßraum mit einbezogen wird. Wird
beim 68010 eine solche externe Adresse angesprochen, so tritt ein Busfehler auf, durch den eine Ausnahmebehandlung eingeleitet wird. Hierbei wird
im Unterschied zum 68000 der gesamte innere Prozessorzustand auf dem Sy-
stemstack gerettet. Dann kann der angesprochene Adreßbereich vom externen Speicher in den Arbeitsspeicher geladen werden. Falls im Arbeitsspeicher
hierfür kein Platz vorhanden ist, muß zuvor ein Teil des Arbeitsspeichers auf
die Festplatte ausgelagert werden („Swap-Vorgang"). Nach Beendigung des
Programmes kann der Prozessor seinen alten Zustand vollkommen wieder
herstellen, so daß der unterbrochene Programmablauf weitergeführt werden
kann. Zur weiteren Unterstützung dieser Betriebsart wurde eine Speicherverwaltungseinheit („Memory Management Unit = MMU") entwickelt, so daß
auf 68010-Systemen das UNIX-Betriebssystem portiert werden konnte.

Eine weitere wichtige Eigenschaft von virtuellen Betriebssystemen ist der
Schutz der einzelnen Programme gegen den Zugriff von anderen Programmen.
Insbesondere muß das Betriebssystem gegen einen unkontrollierten Zugriff
gesichert werden. Dieser Schutz gehört mit zu den Aufgaben einer MMU.

13.4.2 68020

Mit der Einführung des 68020 gab es die erste wesentliche Erweiterung des
68000-Prinzips. Nach außen hin erhielt der 68020 einen vollen 32 bit breiten
Datenbus und einen vollen 32 bit Adreßbus. Dadurch konnte der Datendurchsatz erheblich verbessert werden, da 4 Bytes auf einmal gelesen oder geschrieben werden können. Durch die 32 Adreßbits ist jetzt ein linearer Adreßbereich bis 4 Gbyte gegeben. Auch die ALU wurde auf volle 32 bit ausgelegt. Die
Adressierungsarten sind um eine „Memory Indirekt Adressierung" erweitert,
wobei zur Berechnung der effektiven Adresse noch der Inhalt einer Speicherzelle hinzugefügt wird. Im Befehlssatz gibt es eine Reihe von neuen Befehlen.

Weiterhin sind ein paar neue Register zum Registersatz hinzugekommen. Die Ausführungsgeschwindigkeit der Befehle wurde durch einen verbesserten Mikrocode, durch das moderne Prinzip des sog. *Pipelining* und Einbau eines 256 byte großen *Befehls-Cache* wesentlich gesteigert.

Unter dem Pipeline-Prinzip versteht man, daß ein Befehl in mehrere nacheinander auszuführende Teilschritte zerlegt wird, wobei jeder Teilschritt durch ein eigenes Rechenwerk bearbeitet wird. Wenn also z.B. eine Befehlsausführung aus fünf Teilschritten besteht und fünf Pipeline-Stufen vorhanden sind und jeder Teilschritt einen Prozessortakt an Zeit benötigt, so liegt nach fünf Taktzyklen das Ergebnis vor. Der große Vorteil dieses Verfahren liegt nun darin, daß der nächste Befehl in eine Pipeline-Stufe eintreten kann, sobald der vorherige Befehl diese Stufe verlassen hat. In dem Beispiel würden sich daher fünf Befehle gleichzeitig in der Pipeline befinden. Pro Prozessortakt würde also ein Befehlsergebnis am Ausgang der Pipeline vorliegen. Der 68020 besitzt eine dreistufige Pipeline.

Ein Cache ist ein Speicherbereich mit möglichst kurzer Zugriffszeit, der zwischen dem Prozessor und dem Hauptspeicher eingebaut ist. Er kann sich auf dem gleichen Chip („On-Chip Cache") wie der Prozessor befinden oder als externer Baustein (als SRAM) vorliegen. Da insbesondere die Befehle eines Programmes aufeinander folgen, so lange kein Sprungbefehl auftritt, ist es günstig, den Speicherabschnitt mit den Befehlen als Block vom Hauptspeicher in den Cache zu laden, von dem aus dann der Prozessor mit hoher Geschwindigkeit auf die einzelnen Befehle zugreifen kann. Aber auch für den Zugriff auf Daten kann ein Cache eingesetzt werden, wie es bei den nachfolgenden Prozessoren der Fall ist.

Zum 68020 wurde ein Coprozessor 68881 („Floating Point Processor FPP") für die Durchführung von Gleitkommaoperationen entwickelt, der neben den arithmetischen Operationen auch die Wurzelfunktion, die trigonometrischen und die transzendenten Funktionen beinhaltet. Dazu wurde der Befehlssatz um die entsprechenden Gleitkommabefehle erweitert. Für die Unterstützung virtueller Speicher kam eine verbesserte Speicherverwaltungseinheit („Paged Memory Management Unit PMMU") hinzu, die den Speicher in einzelnen geschützten „Pages" verwaltet.

13.4.3 68030, 68040, 68060

Der 68030 bringt neben einer kürzeren Befehlsausführungszeit weitere Verbesserungen: Neben dem Befehls-Cache von 256 byte ein Daten-Cache mit 256 byte, eine eingebaute PMMU und ein angepaßter FPP 68882.

Für den 68040 sind die beiden Caches auf 4 kbyte erweitert. Ein zum 68882 kompatibler FPP ohne die trigonometrischen und transzendenten Funktionen ist auf dem Chip integriert. Die Befehls-Pipeline ist weiter verbessert, und intern existieren getrennte Busse für die Befehle und die Daten mit jeweils eigener Verarbeitung. Teilweise werden einzelne Funktionen zur Beschleunigung nicht in Mikrocode sondern als fest verdrahtete Hardware ausgeführt

(RISC-Prinzip). Für den Einsatz in Multiprozessorsystemen besteht eine sog. „Bus Snooping Logik", die dafür sorgt, daß erkannt wird, wenn von einem anderen Prozessor auf den Hauptspeicher zugriffen wird und sich gerade dieser Teil im Daten-Cache befindet. Dann verändert diese Logik die Daten im Cache so, daß eine Datenkohärenz mit dem Hauptspeicher erzielt wird.

Das vermutlich letzte Mitglied der 68000-Familie, der 68060 (einen 68050 gibt es nicht), erreicht eine nochmalige Leistungssteigerung. Dies wird u.a. durch eine doppelte Integer-Pipeline bewirkt, so daß Integer-Operationen parallel durchgeführt werden können. Die beiden Caches sind nochmals erhöht worden und haben jetzt 8 kByte Kapazität.

Prozessoren mit mehreren parallel arbeitenden Ausführungseinheiten bezeichnet man als *Superskalar-Prozessoren*, ein Prinzip, das besonders bei den RISC-Prozessoren eingesetzt wird.

13.5 Die Intel-Mikroprozessoren 80X86

Den weltweit größten Einsatz haben die Prozessoren der Intel-80X86-Familie, da sie die CPU in den IBM-kompatiblen Personal Computern (PCs) bilden. Die ersten PCs waren mit dem 8086-Prozessor ausgestattet. Durch den massiven Einsatz der Firma IBM auf dem Gebiet der PC-Vermarktung zu Beginn der achziger Jahre ist es gelungen, den PC mit dem 8086 zu einem der wichtigsten Universalrechner zu machen. In der Folgezeit wurde eine sehr rasch wachsende PC-Softwarebasis entwickelt. Von der Hardwareseite wurde der 8086 bald von nachfolgenden Prozessorgenerationen abgelöst, die eine immer höhere Leistung zur Verfügung stellten. So umfaßt der 8086 ca. 20.000 Transistoren und leistet bei einer Taktfrequenz von 8 MHz 0,2 MIPS (Millionen Instruktionen pro Sekunde). Der aktuelle Pentium-Prozessor beinhaltet $3,1 \cdot 10^6$ Transistoren und liefert bei einer Taktfrequenz von 66 MHz max. 110 MIPS. Die Taktfrequenz ist inzwischen bis auf 166 MHz erhöht worden.

Um jedoch den enormen Softwarevorrat, der auf der Basis des 8086 entwickelt wurde, nicht ungenutzt zu lassen, übernahmen alle späteren Prozessoren wie auch bei der 68000-Familie den Befehls- und Registersatz des 8086 und bieten einen 8086-Modus als Betriebsart an, so daß die 8086-Software nach wie vor (auch mit ihren Beschränkungen wie z.B. das Betriebssystem MSDOS) auf den moderneren Hochleistungsprozessoren lauffähig ist.

Für einen Überblick auf die wesentlichen Eigenschaften der 80X86-Prozessoren zu bekommen, sollen zunächst der Registersatz und die Adressenberechnung bei dem 8086 beschrieben werden.

13.5.1 8086

13.5.1.1 Registersatz. Der 8086 besitzt eine Reihe von Daten- und Adreßregistern, die alle 16 bit breit sind (s. Abb. 13.25). Diese Register lassen sich

in sieben Vielzweckregister (AX, BX, CX, DX, BP, SI, DI), vier Segmentregister (CS, DS, SS, ES), einen Stack-Pointer (SP), einen Befehlszähler (IP)
und ein Statusregister (FLAGS) einteilen.

Die Register AX, BX, CX, DX und FLAGS lassen sich auch byteweise
ansprechen. Obgleich die Vielzweckregister, wie ihr Name sagt, für sehr verschiedene Zwecke eingesetzt werden können, sind die einzelnen Register in
der Regel doch bestimmten Aufgaben und Befehlen zugeordnet. So ist z.B.
das Register AX („Accumulator") insbesondere für arithmetische Operationen
zuständig. Das Register CX („Count") wird für Zähloperationen eingesetzt.
Die Register SP, BP, SI DI dienen vor allem als Zeiger für den Zugriff auf
Datenbereiche.

Mit den Segmentregistern wird der Adreßbereich eines aktiven Programmes in verschiedene, jeweils 64 kbyte große *Segmente* eingeteilt. Die Segmentregister bestimmen dabei die Basisadresse dieser Segmente. Das wichtigste
Segment ist das *Code-Segment*, das den Programm-Code, also die Befehle
enthält. Der 16 bit breite Befehlszähler IP adressiert innerhalb dieses Segmentes die einzelnen Befehle. Durch die Beschränkung auf 16 bit kann ein
Programm nicht länger als 64 kbyte sein. In dem *Daten-Segment* sind die
zu einem aktiven Programm zugehörigen Daten abgespeichert. Das *Stack-
Segment* enthält Daten, die über Stack-Befehle angesprochen werden sowie
die Rücksprungadressen bei Unterprogrammaufrufen und üblicherweise auch
die lokalen Daten eines Programmes. Das *Extra-Segment* wird als ein weiteres
Daten-Segment benutzt.

13.5.1.2 Speicheradressierung. Der 8086 besitzt 20 Adreßleitungen (A0
... A19), bei denen die Leitungen A0 ... A15 gleichzeitig auch die 16 Datenleitungen D0 ... D15 darstellen („Multiplex-Bus"). Die Umschaltung zwischen

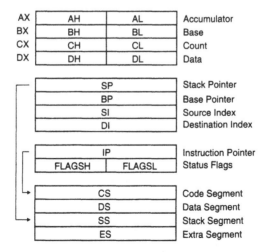

Abb. 13.25. Registersatz des 8086

Adressen und Daten wird durch ein Prozessorsignal gesteuert. Mit den 20 Adreßleitungen können 1 Mbyte adressiert werden. Da die Segmentregister jedoch nur 16 bit breit sind, könnten diese nur maximal 64 kbyte erreichen. Daher wird der Inhalt der Segmentregister im Prozessor automatisch um 4 bit nach links verschoben, so daß eine 20 bit lange Adresse entsteht, wobei die entstehenden unteren 4 bit auf 0 gesetzt werden.

Eine physikalische Adresse entsteht beim 8086 grundsätzlich aus einem auf 20 bit erweiterten Segmentregisterinhalt und einem *Offset*, der je nach dem Typ des Datensegmentes und der Adressierungsart verschieden berechnet wird. Für das Code-Segment wird der Offset allein durch den Befehlszähler gebildet.

Die Adressierungsarten des 8086 kennen auch die direkte und die indirekte Adressierung. Sie unterscheiden sich jedoch von den Adressierungsarten des 68000 insbesondere dadurch, daß mit Ausnahme der direkten Register- und unmittelbaren Adressierung immer ein Segmentregister bei der Berechnung der absoluten Adresse einbezogen wird. Im Normalfall ist bei der Datenadressierung das Daten-Segmentregister DS das Bezugsregister. Die komplizierteren indirekten Adressierungen benutzen zusätzlich die Register SI oder DI.

Neben dem Memory Mapped I/O gibt es auch im Unterschied zum 68000 zwei Befehle IN und OUT, mit denen *I/O-Ports* adressiert werden können. IN liest den Inhalt eines Ports in das Register AX, und OUT schreibt den Inhalt von AX in den Port. Zur Unterscheidung von Portadressen von normalen Speicheradressen gibt es ein spezielles Prozessorsignal. Im einfachsten Adressierungsfall können 256 8 bit breite oder 128 16 bit breite Ports erreicht werden. Bezieht man in die Adressenberechnung das Register DX mit ein, so stehen 65536 8-bit-Ports bzw. 32768 16-bit-Ports zur Verfügung.

Die Behandlung von Interrupts wird in vergleichbarer Weise wie beim 68000 durchgeführt. Hier gibt es ebenfalls eine Vektortabelle mit 256 möglichen Interruptadressen.

13.5.2 80386

Nachfolgetypen des 8086 sind der 80186 und der 80286, der durch zusätzliche Adreßleitungen 16 Mbyte adressieren kann und bereits die Betriebsart „Protected Mode" kennt.

Ein großen Schritt in Richtung höherer Leistung und weiterer Einsatzmöglichkeiten stellt der 80386 dar. Er besitzt wie der 68020 einen 32 bit breiten Datenbus und einen 32 bit breiten Adreßbus, so daß damit auch ein linearer Adreßbereich von 4 Gbyte vorhanden ist. Alle internen Register mit Ausnahme der Segmentregister sind 32 bit breit. Außerdem gibt es eine Reihe weiterer Register, die vor allem der Speicherverwaltung (MMU) dienen.

Der 80386 kennt drei verschiedene Betriebsmodi: *Real Mode, Protected Mode* und *Virtual 8086 Mode*. Der Real Mode wurde eingeführt, damit der 80386 aus Kompatibilitätsgründen wie der 8086 betrieben werden kann. Der

Mode, der die Eigenschaften des Prozessors voll ausnutzen kann, ist der Protected Mode, in dem es möglich ist, Programme gegen einen unberechtigten Zugriff von außen zu schützen. Dieser Mode wird im folgenden beschrieben, wobei aber nicht auf alle Details eingegangen wird.

13.5.2.1 Protected Mode. Die Berechnung der Adresse eines Operanden erfolgt im Protected Mode völlig anders als im Real Mode. Die Segmentregister, die im Real Mode die Basisadresse eines 64 kbyte großen Segmentes bestimmen, werden jetzt im Protected Mode anders interpretiert, sie stellen sog. *Segmentselektoren* dar (s. Abb. 13.26). Die beiden niederwertigen Bits

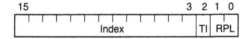

Abb. 13.26. Aufbau eines Segmentselektors

geben die *Privilegierungsstufe RPL* (RPL = Requested Privilege Level) an, ab der ein Programm auf das Segment zugreifen darf. RPL = 0 ist dabei die höchste Stufe. RPL im Segmentselektor des Code-Segmentes wird als *aktuelle Privilegierungsstufe CPL* bezeichnet (CPL = Current Privilege Level). Ein aktives Programm mit einem gegebenen CPL darf nur auf ein Daten-Segment mit gegebenem RPL zugreifen, wenn CPL ≤ RPL.

Programme mit einer niederen Privilegierungsstufe PL (höheres CPL) können nur in genau definierten Ausnahmefällen in ein Programm mit einer höheren PL (niedrigeres CPL) eindringen. Dazu setzt der 80386 sog. *Gates* ein, die zu den Interrupts gehören.

Der 13 bit lange *Index* im Segmentselektor wird zur Adressierung eines *Segmentdeskriptors* in der *globalen* oder *lokalen Deskriptortabelle* benutzt. Die Deskriptortabelle ist eine Liste im Speicher, die die jeweils 8 byte großen Segmentdeskriptoren enthält.

Abbildung 13.27 zeigt das Format eines Segmentdeskriptors. Die 32 Basisbits geben die Startadresse des durch die Adressierungsart ausgewählten Segmentes an. Sie entsprechen den 32 Adreßleitungen des 80386. Damit kann der Beginn eines Segmentes innerhalb eines 4 Gbyte großen Adreßraumes festgelegt werden. Die Größe eines Segmentes ist durch die 20 Limitbits gegeben, so daß ein Segment auf 1 Mbyte begrenzt ist, wenn die *Granularität* (Bit G im Segmentdeskriptor) auf Byte-Granularität eingestellt ist. Wird je-

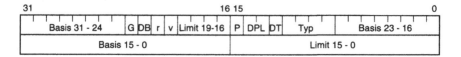

Abb. 13.27. Aufbau eines Segmentdeskriptors

doch Page-Granularität mit der Page-Größe von 4 kbyte gewählt, so kann ein Segment 4 Gbyte betragen. Eine solche Segmentierung kommt nur für große Computersysteme infrage. Im PC-Bereich ist ein 1 Mbyte-Segment meistens ausreichend. Neuere Betriebssysteme (z.b. OS/2 und Windows NT) benutzen jedoch ein *flaches Speichermodell* (flat model), bei dem alle Programme in einem einzigen 4 Gbyte großen Segment ablaufen. Die Speicheraufteilung wird dann in Pages vorgenommen.

Die globale Deskriptortabelle (GDT) beschreibt mit den Segmentdeskriptoren Segmente, die allen Programmen zur Verfügung stehen, vorausgesetzt daß die Privilegierungsstufen bzw. die Gates den Zugriff gestatten. Eine lokale Deskriptortabelle (LDT) ist normalerweise nur dem geraden aktiven Programm zugeordnet. Das Bit TI (Tabellenindikator) im Segmentselektor zeigt an, welche Tabelle benutzt werden soll. Durch die 13 Indexbits können 8.192 verschiedene Segmente innerhalb einer Deskriptortabelle definiert werden. Die Basisadresse der globalen Deskriptortabelle im Speicher wird durch ein extra Prozessorregister (GDTR = Global-Descriptor-Table-Register) festgelegt. Da in einem Multitasking-Betriebssystem mehrere Programme aktiv sein können, muß für jedes Programm eine lokale Deskriptortabelle vorhanden sein. Die Basisadresse dieser individuellen Tabellen wird wiederum in der globalen Deskriptortabelle angegeben. Die Basisadresse der zum gerade aktiven Programm gehörenden Deskriptortabelle wird im Prozessor im Register LDTR (Local-Descriptor-Table-Register) festgehalten. Da jedes Programm auch Zugriff auf die globale Deskriptortabelle hat, ergibt sich ein Maximum von 16.383 Segmenten (der nullte Eintrag in GDT darf nicht verwendet werden).

Ist durch Segmentselektor und Segmentdeskriptor die Basisadresse eines Segmentes bestimmt worden, so wird die Operandenadresse durch die Addition des durch die Adressierungsart festgelegten Offsets zu der Basisadresse berechnet. Dieser gesamte Adressierungsvorgang benötigt sehr viel mehr Schritte als die einfache Adreßberechnung im 8086. Damit hierdurch die Prozessorleistung nicht verschlechtert wird, gibt es intern im 80386 zu jedem Segmentregister ein 64 bit breites Segment-Deskriptor-Cache-Register, in das der selektierte Segmentdeskriptor aus dem Speicher automatisch geladen wird. Jeder folgende Zugriff auf das Segment benutzt dann das entsprechende interne Register als Bezugsregister, so daß kein Zeitverlust auftritt.

Insgesamt ergibt sich durch diese aufwendige Adressierung mit den maximal möglichen 16.383 Segmenten pro Programm ein sehr großer logischer Adreßraum. Der physikalische Adreßbereich wird immer wesentlich kleiner sein, so daß im 80386 auch das virtuelle Speicherkonzept herangezogen wird. Im Segmentdeskriptor zeigt das Bit P (Presentbit) an, ob sich das Segment im Speicher befindet (P = 1) oder nicht (P = 0). Im letzteren Fall wird es dann von der Festplatte geladen, was durch einen entsprechenden Interrupt eingeleitet wird.

13.5.2.2 Virtual 8086 Mode. Die Nutzung der großen Vielfalt an Software, die für den Real Mode entwickelt wurde, im Protected Mode machte die Einführung des Virtual 8086 Mode notwendig. Ohne auf die näheren Einzelheiten einzugehen, kann gesagt werden, daß dieser Mode den Betrieb von Real-Mode-Programmen ermöglicht, daß aber die Schutzmechanismen des Protected Mode beibehalten werden. Die Hardware des 80386 und der *Virtual-8086-Monitor* stellen dem Benutzer virtuell einen 8086-Rechner mit allen Komponenten des Computers zur Verfügung. Diese Möglichkeit ist z.B. beim dem DOS-Fenster von Windows gegeben.

13.5.3 80486 und Pentium (80586)

Die Eigenschaften der 80386-Nachfolger sollen nur summarisch erwähnt werden. Bei dem 80486 werden schon verschiedene RISC-Elemente eingesetzt. Besonders häufig benutzte Befehle sind nicht mehr mikroprogrammiert sondern festverdrahtet, so daß sie besonders schnell ausgeführt werden können, und die Befehle werden in einer fünfstufigen Pipeline verarbeitet. Durch diese Maßnahmen ist ein 80486 bei gleichem Prozessortakt um den Faktor drei schneller als der 80386.

Neben diesen Verbesserungen integriert der 80486 einen FPP, der beim 80386 noch als 80387 separat vorhanden ist, und einen Cache-Speicher mit 8 kbyte zusammen mit einem Cache Controller.

Der Pentium hat in erheblich größerem Umfang RISC-Elemente implementiert als der 80486. Er hat mehr Befehle festverdrahtet und besitzt in der Ausführungseinheit durch zwei separate Integer-Pipelines und eine Gleitkomma-Pipeline eine Superskalararchitektur. Weiterhin gibt es sowohl für Befehle als auch für Daten je einen 8 kbyte großen Cache-Speicher, die über den 64 bit breiten externen Datenbus gefüllt werden. Dabei ist er voll binärkompatibel zu allen seinen Vorgängern. Deshalb ist sein Registersatz bis auf ein paar Zusätze mit dem des 80386 identisch, und er kennt dieselben Betriebsarten wie dieser.

13.6 Prinzip des RISC-Prozessors

Umfangreiche Untersuchungen über den Zusammenhang von Prozessorarchitekturen und Compilern (vor allem C) haben gezeigt, daß die Häufigkeitsverteilung der benutzten Befehle eines Prozessors in erheblichem Maße von der verwendeten Sprache abhängt. In dem Bestreben, möglichst effektive Compiler zu entwickeln, die zu optimalen Laufzeiten eines Programmes führen sollen, hat man aus den Analysen erkannt, daß der Entwurf einer Prozessorarchitektur mit der Compilerentwicklung eine Einheit bilden sollte. Hier hat sich insbesondere herausgestellt, daß vom Prozessor wesentlich weniger Befehle verlangt werden. Komplexe Programmsteuerungen werden durch den

Compiler übernommen. Das Vorhandensein von reduzierten Befehlssätzen hat dann auch zu der Bezeichnung „RISC" geführt. Neben der Abhängigkeit zwischen Compiler und Prozessor haben verschiedene neue Hardwarekonzepte zu einer wesentlichen Verkürzung der Befehlsausführungszeiten beigetragen. Einige dieser Konzepte haben auch, wie oben gezeigt, bei den CISC-Prozessoren Eingang gefunden.

Im Laufe der Entwicklung hat sich eine Reihe von RISC-Eigenschaften herausgebildet, die mehr oder weniger in den verschiedenen RISC-Prozessoren implementiert sind. Zu diesen Eigenschaften gehören:

- Wenige Befehlstypen und Adressierungsarten. Die Eigenschaft „wenige Befehle" ist bei den neueren Prozessoren schon nicht mehr so strikt vertreten. Es gibt Prozessoren mit über 100 Befehlen, so daß RISC im neueren Sinn als eine Abkürzung für *Reduced Instruction Set Cycle* gelesen wird.
- Möglichst einheitliches Befehlsformat (in der Regel ein 32-bit-Wort) mit gleichbleibender Bedeutung der Bitfelder. Dadurch reduziert sich der Dekodieraufwand.
- Keine Mikroprogrammierung. Alle Befehle werden durch eine festverdrahtete Logik ausgeführt, so daß sich sehr kurze Befehlsausführungszeiten ergeben.
- Zugriffe auf den Hauptspeicher nur durch die Befehle LOAD und STORE. Alle sonstigen Operationen finden zwischen Registern statt. Das erfordert einen möglichst umfangreichen Registersatz.
- Nicht-zerstörende Arbeitsweise, die besagt, daß die Operanden nach einer Befehlsausführung unverändert erhalten bleiben. Befehle arbeiten deshalb in der Regel mit drei Operanden.
- Befehls-Pipelining, wodurch pro Taktzyklus ein Befehl (CPI = Cycles Per Instruction = 1) ausgeführt werden kann.
- Superskalararchitekturen, d.h. mehrere parallel arbeitende Ausführungseinheiten, was zu CPI < 1 führt.
- Super-Pipelining, die interne Pipeline-Frequenz liegt höher als die externe Prozessortaktfrequenz.
- Intern getrennte Busse für Daten und Befehle (sog. Harvard-Struktur) mit oftmals jeweils eigenen Cache-Speichern.

Welche dieser RISC-Strukturmerkmale in dem einzelnen Prozessor vorzufinden sind, muß im Einzelfall untersucht werden. Als ein Beispiel für einen RISC-Prozessor sollen im folgenden die Haupteigenschaften des PowerPCs beschrieben werden.

13.6.1 Der PowerPC

Die Firma IBM hat 1990 mit der POWER-Architektur (POWER = Performance Optimization With Enhanced RISC) eine neue Rechnerfamilie für leistungsfähige Workstations und UNIX-Server auf den Markt gebracht. Obgleich diese Prozessoren mit über 250 Befehlen nicht mehr im eigentlichen

Sinn als RISC zu bezeichnen sind, haben sie die sonstigen typischen RISC-Eigenschaften.

Auf der Grundlage dieser Architektur haben die Firmen IBM, Motorola und Apple gemeinsam die PowerPC-Architektur entwickelt, deren Prozessoren den Intel-Prozessoren auf dem PC- und Workstationmarkt Paroli bieten sollen. Diese Architekturdefinition enthält sowohl eine interne 32 Bit- als auch eine 64 Bit-Struktur.

Das erste Mitglied dieser neuen Familie mit einer 32 Bit-Struktur ist der PowerPC 601, der aus Kompatibilitätsgründen die meisten POWER-Befehle erkennt, obgleich viele dieser Befehle nicht zur Definition der PowerPC-Architektur gehören. Ein weiteres Familienmitglied ist der 603, der etwa die gleiche Leistung wie der 601 besitzt aber durch weniger POWER-Befehle, einen kleineren Cache und weniger Anschlüsse eine geringere Chipfläche benötigt. Der 604 erreicht durch eine höhere interne Taktfrequenz, einen größeren Cache und mehr parallelarbeitende Ausführungseinheiten etwa die doppelte Leistung des 601. Mit dem 620 als vorläufig letztem Mitglied ist ein Prozessor mit interner 64 Bit-Struktur geplant.

Abbildung 13.28 zeigt ein Blockschaltbild der inneren Struktur des 601. Es sind drei getrennte Ausführungseinheiten vorhanden: die *Integer Unit*, die *Floating Point Unit* und die *Instruction Unit* mit der *Instruction Queue* und der *Branch Prediction Unit*, so daß der 601 im günstigsten Fall bis zu drei Befehle pro Takt ausführen kann. Ein 32 kbyte großer *Cache* dient zur Zwischenspeicherung sowohl für Befehle als auch für Daten. Die *Memory Management Unit* (MMU) ist für die Übersetzung der logischen in physikalische Adressen zuständig. Sie unterstützt einen virtuellen Speicher von 2^{52} bytes = 4 Petabytes und einen physikalischen Adreßraum von 2^{32} bytes = 4 Gigabytes. Zwischen Cache und dem Interface zu den externen Daten- und Adreßbus ist eine *Memory Unit* eingefügt, die eine Mehrfachpufferung von Daten und Adressen ermöglicht.

Die Instruction Queue („Befehlswarteschlange") besitzt acht Speicherplätze und kann daher acht Befehle aufnehmen. Die freien Plätze werden in einem einzigen Takt parallel aus dem Cache geladen. Aus den vier unteren Speicherplätzen werden die drei Ausführungseinheiten versorgt, wobei die Instruction Unit sich nur aus dem untersten Speicherplatz bedienen kann. Wird ein Befehl aus der Queue entnommen, so rutschen die oberen Befehle automatisch nach, so daß keine Löcher entstehen.

Die Branch Prediction Unit soll möglichst frühzeitig bei einem Sprungbefehl das Sprungziel erkennen, damit die neuen Befehle rechtzeitig in die Instruction Queue geladen werden können. Bei unbedingten Sprungbefehlen ist das Sprungziel eindeutig. Wesentlich häufiger sind jedoch bedingte Programmsprünge, wobei sich das Sprungziel erst aus dem Ergebnis einer Datenmanipulation ergibt. Die Branch Prediction Unit müßte also auf das Ergebnis warten. Damit diese Wartezeit nicht ungenutzt verstreicht, wird auf Verdacht einer der Programmzweige in der Pipeline der Integer oder der Floa-

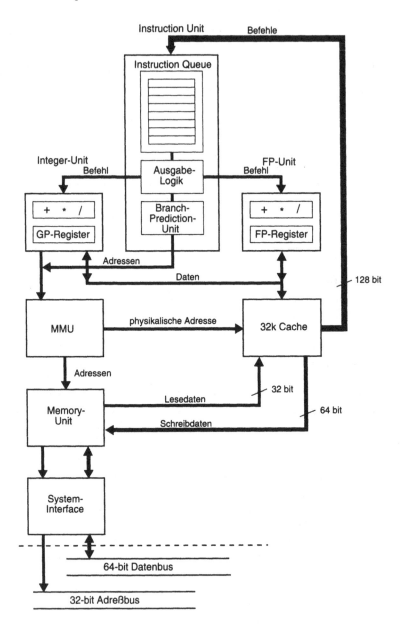

Abb. 13.28. Vereinfachtes Blockschaltbild des PowerPC 601

ting Point Unit durchgeführt, wobei vor der Ausführung des letzten Schrittes, dem Zurückschreiben des Ergebnisses, getestet wird, ob der gewählte Zweig der richtige war. War er der falsche Weg, so werden die bis dahin ausgeführten Befehle aus der Pipeline entfernt.

Die Integer Unit besteht aus drei Blöcken: der ALU für alle Additionen, Subtraktionen, logischen Befehle und Shiftoperationen, dem Multiplizierer und dem Dividierer. In der ALU benötigen alle Befehle nur einen Takt. Multiplikationen dauern 5 bis 10 Takte und Divisionen sogar 36 Takte lang. In der Integer Unit werden auch die Adreßberechnungen für die Load/Store-Befehle durchgeführt. Zu der Integer Unit gehören die 32 *General Purpose Register* (GPR), die alle 32 bit breit sind und Quelle und Ziel aller arithmetischen und logischen Operationen darstellen.

In der Floating Point Unit können Addition, Subtraktion, Multiplikation und Division mit einfacher und doppelter Genauigkeit vorgenommen werden. Zu diesem Zweck stehen 32 *Floating Point Register* (FPR) mit einer einer Breite von 64 bit zur Verfügung. Einfach genaue Rechnungen benötigen nur einen Taktzyklus, während doppelt genaue Rechnungen doppelt so lange Zeit in der Pipeline verbleiben.

Nach außen bietet der 601 einen 64 bit breiten Datenbus und einem 32 bit breiten Adreßbus. In einem einzigen Buszyklus können daher acht Bytes auf einmal gelesen oder geschrieben werden.

Alle *Befehle* bestehen einheitlich aus einem 32 Bit-Wort, in dem alle Informationen über die Art des Befehles und die Adressierungsart der Operanden vorhanden sind. Es gibt keine befehlsabhängigen Zusatzworte wie beim CISC-Prozessor. Mit Ausnahme der Load/Store-Befehle finden alle Operationen zwischen Registern statt, wobei bei den Operationen mit zwei Operanden (z.B. Addition) das Ergebnis in ein drittes Register geschrieben wird.

Für die Adressierung eines Operanden im Speicher bei den Load/Store-Befehlen gibt es nur wenige Adressierungsarten. Bei einem Integer-Operanden sind drei Arten vorhanden:
− Register Indirect with Immediate Index Adressing.
Die Adresse wird hier als Summe aus einem vorzeichenexpandierten 16 Bit-Offset, der im Befehlswort steht, und dem Inhalt eines GPRs berechnet.
− Register Indirect with Index Adressing.
Hier ergibt sich die Adresse als Summe aus dem Inhalt von zwei GPRs.
− Register Indirect Adressing.
Die Operandenadresse ist durch den Inhalt eines GPRs gegeben. Ist das Register GPR0 gewählt, so wird die Adresse 0 angesprochen.
Bei Floating Point Operanden fehlt die letzte Adressierungsart.

Für die Berechnung der Sprungadresse bei Sprungbefehlen kennt der 601 ebenfalls mehrere Adressierungsarten:
− Branch Relative Address Mode.
Die Sprungadresse wird aus der Summe der Bits 7 bis 31 des Befehles (die Bit-Zählweise erfolgt umgekehrt wie sonst üblich, d.h. das Bit 0 ist das höchstwertige Bit!) und der Adresse des unbedingten Sprungbefehles gebildet. Die Bits 0 bis 6 werden auf 0 oder auf 1 gesetzt, je nachdem das Bit 7 0 oder 1 ist (Vorzeichenexpandierung).

– Branch Conditional Relative Address Mode.

Diese Adressierungsart wird bei bedingten Sprungbefehlen eingesetzt. Die Berechnung der Sprungadresse bei erfüllter Sprungbedingung wird analog zur obigen Methode berechnet, indem die Bits 17 bis 31 des Befehles bei der Summenbildung benutzt werden.

– Branch to Absolute Address Mode.

Bei dieser Adressierungsart wird aus den Bits 7 bis 31 eines unbedingten Befehles vorzeichenexpandiert die absolute Sprungadresse gebildet. Durch Setzen eines bestimmten Bits im Befehl kann die auf den Befehl folgende Adresse in das sog. Link-Register (Link-Register-Update) gesetzt werden.

– Branch Conditional to Absolute Address.

Hier bilden bei einem bedingten Sprungbefehl analog zu oben die vorzeichenexpandierten Bits 17 bis 31 die Sprungadresse. Für das Link-Register gilt das gleiche wie oben.

– Branch Conditional to Link Register Address Mode.

Bei erfüllter Sprungbedingung bildet der Inhalt des Link-Registers die Sprungadresse. Ein Link-Register-Update kann ebenfalls erfolgen.

– Branch Conditional to Count Register.

Im Unterschied zur obigen Methode bildet hier der Inhalt des Count-Registers die neue Adresse.

14. Anhang

14.1 Der Operationsverstärker 741

Der Operationsverstärker mit der Typenbezeichnung 741 ist einer der ersten integrierten Universalverstärker, der auch heute noch bei nicht zu hohen Anforderungen eingesetzt wird. Sein interner Aufbau (s. Abb. 14.1), der in der Abbildung dargestellt ist, zeigt den allgemeinen dreistufigen Aufbau: Eingangsstufe, Zwischenstufe und Endstufe. Für die Einstellung der Ruheströme und die notwendigen Konstantstromquellen dienen drei Stromspiegel.

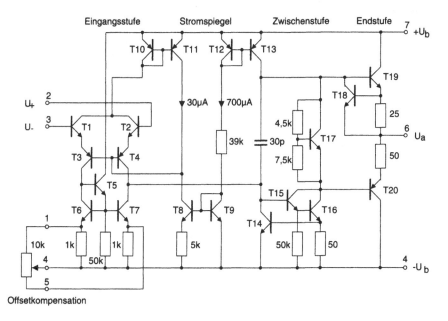

Abb. 14.1. Die interne Schaltung des Operationsverstärkers 741

Die *Eingangsstufe* ist ein Differenzverstärker, der aus den beiden pnp-Transistoren T3 und T4 gebildet wird. Die Emitter dieser beiden Transistoren sind über die Emitterfolger T1 und T2 mit dem Stromspiegel T10/T11 verbunden. T1 und T2 als Emitterfolger sorgen für einen hohen Eingangswiderstand. Die Arbeitswiderstände des Differenzverstärkers stellen die Transistoren T6 und T7 dar, die jeweils stromgegengekoppelte Emitterschaltungen sind. Sie haben einen großen Ausgangswiderstand (s. Abschnitt 5.4), so daß eine hohe Verstärkung erzielt wird. T5 legt mit dem 50kΩ-Widerstand den Arbeitspunkt der Transistoren T6 und T7 fest. Die beiden Zweige des Differenzverstärkers sind als Basisschaltung ausgeführt. Die Basis wird durch den Stromspiegel T8/T9 festgehalten.

Die *Zwischenstufe* ist aus den Transistoren T15 und T16 (Darlingtonschaltung) als stromgegengekoppelte Emitterschaltung mit dem Stromspiegel T12/T13 als Arbeitswiderstand aufgebaut. Durch den Stromspiegel wird auch in dieser Stufe eine hohe Verstärkung erreicht. Zwischen dem Ausgang und dem Eingang dieser Zwischenstufe liegt der Kondensator von 30 pF als frequenzabhängige Spannungsgegenkopplung. Durch ihn wird die untere Grenzfrequenz so weit zu tiefen Frequenzen verschoben, daß der 741 bis zur Verstärkung von 1 stabil ist (universell frequenzgangkompensiert).

Aus den Transistoren T19 und T20 wird die *Endstufe* als Komplementär-Gegentaktendstufe gebildet. Der Transistor T17 mit festeingestelltem Arbeitspunkt ergibt den notwendigen Potentialunterschied zwischen den Basisanschlüssen von T19 und T20, so daß T19 für positive und T20 für negative Ausgangsspannungen im Leitzustand ist. T18 schützt den Ausgangstransistor T19 gegen Kurzschluß bei positiver Ausgangsspannung am Ausgang. Ebenso sorgt T14 dafür, daß bei Kurzschluß bei negativer Ausgangsspannung T20 nicht überlastet wird.

Mit dem externen 10kΩ-Potentiometer an den Anschlüssen 1, 4 und 5 kann der Spannungsoffset der Eingangsstufe kompensiert werden.

Weiterführende Literatur

1. Lüke, D. Signalübertragung. Springer, Heidelberg 1979
2. Föllinger, O. Laplace- und Fourier-Transformation. Hüthig, Heidelberg 1986
3. Weber, H. Laplace-Transformation für Ingenieure der Elektrotechnik. Teubner, Stuttgart 1978
4. Hilberg, W. Impulse auf Leitungen. Oldenbourg, München 1981
5. Möschwitzer, A. Grundlagen der Halbleiter- und Mikroelektronik Bd. 1 und 2. Hanser, München 1992
6. Tietze, U. Schenk, Ch. Halbleiter-Schaltungstechnik. Springer, Heidelberg 1993
7. Bell, D. A. Operational Amplifiers. Prentice Hall, New Jersey 1990
8. Fliege, N. Lineare Schaltungen mit Operationsverstärkern. Springer, Heidelberg 1979
9. Lancaster, D. Das Aktiv-Filter-Kochbuch. IWT-Verlag, Vatterstetten 1982
10. Ebel, T. Regelungstechnik. Teubner, Stuttgart 1987
11. Lutz, H. Wendt, W. Taschenbuch der Regelungstechnik. Harri Deutsch, Frankfurt 1995
12. Mann, H. Schiffelgen, H. Einführung in die Regelungstechnik. Hanser, München 1989
13. Thiel, U.L. Schaltnetzteile. Francis, Poing 1995
14. Mäusl, R. Analoge Modulationsverfahren. Hüthig, Heidelberg 1992
15. Müller, R. Rauschen. Springer, Heidelberg 1979
16. Paul, N. Optoelektronische Halbleiterbauelemente. Teubner, Stuttgart 1985
17. Mäusl, R. Digitale Modulationsverfahren. Hüthig, Heidelberg 1991
18. Götz, H. Einführung in die digitale Signalverarbeitung. Teubner, Stuttgart 1990
19. Märtin, Chr. Rechnerarchitektur. Hanser, München 1994
20. Flik, Th. Liebig, H. Mikroprozessortechnik. Springer, Heidelberg, 1994
21. Messmer, H.-P. Pentium. Addison-Wesley, Bonn 1994
22. von Staudt, H.M. Das professionelle PowerPC-Buch. Francis, Poing 1994
23. Biaesch-Wiebke, Cl. CD-Player und R-DAT-Recorder. Vogel, Würzburg 1989

Index

Springer-Verlag und Umwelt

Als internationaler wissenschaftlicher Verlag sind wir uns unserer besonderen Verpflichtung der Umwelt gegenüber bewußt und beziehen umweltorientierte Grundsätze in Unternehmensentscheidungen mit ein.

Von unseren Geschäftspartnern (Druckereien, Papierfabriken, Verpackungsherstellern usw.) verlangen wir, daß sie sowohl beim Herstellungsprozeß selbst als auch beim Einsatz der zur Verwendung kommenden Materialien ökologische Gesichtspunkte berücksichtigen.

Das für dieses Buch verwendete Papier ist aus chlorfrei bzw. chlorarm hergestelltem Zellstoff gefertigt und im pH-Wert neutral.

Druck u. Verarbeitung: Druckerei Triltsch, Würzburg